中国食品药品安全舆情
年度报告　2017

主编　吴少祯　喻国明

中国医药科技出版社

内 容 提 要

食药安全关系着民众的健康状况和生命安全，也是健康传播研究中的一个重要议题。本书将食药安全舆情事件的热度评价体系应用于2016年热点舆情事件中，选择介绍了排名前20位的食药安全舆情事件、排名前10位的舆情人物以及排名前8位的食药安全热点政策，并对食药安全舆情事件的传播常规模型进行总结分析，以把握食药安全舆情事件发生的特征，更好地指导食药安全舆情事件的应对与传播。

本书主要供食品药品监管部门、新闻传播机构及健康相关研究部门专业人员参考使用，也可供食品药品相关产业人员或大众阅读。

图书在版编目（CIP）数据

中国食品药品安全舆情年度报告.2017 / 吴少祯，喻国明主编.— 北京：中国医药科技出版社，2017.7

ISBN 978-7-5067-9409-1

Ⅰ．①中… Ⅱ．①吴… ②喻… Ⅲ．①食品安全—舆论—研究报告—中国—2017 ②药品管理—舆论—研究报告—中国—2017 Ⅳ．① TS201.6 ② R954

中国版本图书馆 CIP 数据核字（2017）第 144110 号

美术编辑 陈君杞
版式设计 也 在

出版 中国医药科技出版社
地址 北京市海淀区文慧园北路甲 22 号
邮编 100082
电话 发行：010 - 62227427 邮购：010 - 62236938
网址 www.cmstp.com
规格 710 × 1000mm $\frac{1}{16}$
印张 23 $\frac{3}{4}$
字数 303 千字
版次 2017 年 7 月第 1 版
印次 2017 年 7 月第 1 次印刷
印刷 北京盛通印刷股份有限公司
经销 全国各地新华书店
书号 ISBN 978-7-5067-9409-1
定价 **198.00 元**

编委会

前　言

　　《中国食品药品安全舆情年度报告（2017）》是由中国健康传媒集团食品药品舆情监测中心与北京师范大学新闻传播学院、中国人民大学新闻与社会发展研究中心联手编撰的。这部食品药品专业舆情报告也是今年3月中国健康传媒集团与北京师范大学合作成立的中国食品药品安全与健康传播研究中心结出的首个丰硕成果。

　　食品药品安全事关人民群众的身体健康和生命安全，与百姓生活息息相关，始终是社会和媒体广泛关注的热点和焦点。新型传播格局下，食品药品安全风险呈现出浓厚的舆情触发特征。探索如何建立科学、有效的食品药品安全传播机制，如何在食品药品安全领域发出"最强音"，放大"好声音"，增强正面信息传播的吸引力、感染力，加强舆情应对的能动性、针对性和有效性，对各级食品药品监管部门来说非常必要。因此，我们以2016年度食品药品热点舆情事件为样本，对食品药品舆情的特征与传播规律进行了深入研究，并形成此书，以期对食品药品监管系统和食品医药行业舆情监测、应对、研究有所裨益。

　　我们通过对2016年食药安全舆情事件的热度评价研究，初步确立了有关研究的变量与操作化指标及指标赋权方法，建构了食药安全舆情事件的社会热度评价体系。在此基础上，通过梳理热点舆情事件的时间和地域分布，影响范围和涉及主体，以及在传播方面的首发平台、发酵周期、持续时长、传播路径等影响因素，并将食药舆情事件与一般性的社会舆情事件做横向比较，总结出了2016年食药舆情事件的常规模型。

本书主要数据来源为：中国健康传媒集团食品药品舆情监测系统、北京师范大学新闻传播学院大数据舆情分析系统、中国人民大学新闻与社会发展研究中心舆情监测系统。对于书中内容有以下说明：本书同一图表中同时提及"食药局""食品药品监管局"等同一单位的不同称呼，系来源于舆情监测系统自动抓取的媒体报道内容，分析时如实反映，未做加工；书中涉及的一些单位、机构名称也来自系统自动抓取，部分表述不规范的机构名称或简称，编者未做修正；舆情事件分析中涉及的人员姓名和职务均为事件发生时，媒体报道所用的姓名和当时的职务。

《中国食品药品安全舆情年度报告（2017）》的编撰和出版得到了各级食品药品监管部门和相关高校、研究机构及有关领导、学者的大力支持，在此谨向给予支持的单位和个人致以诚挚的谢意。由于时间仓促，疏漏和不足之处在所难免，敬请广大读者批评指正。

编者

2017 年 6 月

目　录

第一篇

食药安全舆情事件的社会
热度评价与常态模型建构

第一章　食药舆情热点事件的社会
　　　　热度评价体系　/　002
第二章　食药舆情热点事件的常态
　　　　模型分析　/　008
第三章　食药舆情热点事件的应对
　　　　与传播策略　/　019

第二篇

20 个热点舆情事件的
个案追踪分析

第四章　2016 年食药舆情热点
　　　　事件总结　/　024
第五章　食药舆情热点事件的
　　　　个案追踪分析　/　027

第三篇

对食药舆情事件 10 名重要
当事人的舆情分析

第六章　2016 年食药舆情热点人物
　　　　的总体特征　/　238
第七章　对重要当事人的舆情
　　　　分析　/　243

第四篇

2016 年食药领域重点
政策舆情分析

第八章　2016 年重点食药政策
　　　　舆情特点　/　322
第九章　重点政策舆情研判　/　326

附录：2016 年食品药品舆情大事记

食药安全舆情事件的社会热度评价与常态模型建构

——2016 年食药舆情热点事件分析

第一章
食药舆情热点事件的
社会热度评价体系

一、研究缘起

食药安全关系到民众的健康状况，渗透在日常生活的方方面面，食药安全议题在我国具有特殊的重要性。当前，从中央到地方都高度重视食药安全问题，2015年，新修订的《食品安全法》施行；2016年，《网络食品安全违法行为查处办法》《食品生产经营风险分级管理办法》等法规相继发布。食药安全作为策略传播的一部分，也影响着国家形象的良好传播（韩纲，2016）。如何把握食药安全信息议题与事件的传播渠道，如何减少受众信息获取不平衡与知识沟，其首要基础是依据大数据舆情的支撑，及时把握食药安全事件的舆情进程，准确评测食药安全事件的议题热度，从而有针对性地开展健康信息干预，有效制定食药安全信息传播策略。

食品药品安全问题是健康传播研究中的一个重要议题，其研究特点是突发公共卫生事件的传播路径、影响范围、波及场域、重要或危害程度等。健康传播在我国已有近30年的研究历史，从概念的引入到本土化的研究，各学科领域相互交织，成为研究的"十字路口"。目前，对于食品药品安全领域的研究，综合了传播学、管理学、医药学、伦理学等各领域，其研究方法多为质性的案例探讨、理论研究、道德推理以及量化的问卷调查。随着互联网深入介入人们的日常生活，关于食品药品安全议题的话语从卫生宣传转向双向对话，议题场域也从线下扩展到线上，以线上舆情事件突发为主要呈现方式的食药安全问题成为各方关注的焦点。

二、舆情研判的理论依据

目前，对于食药安全网络舆情事件的热度探讨较多，但是缺乏有效的舆情热度评价体系。所谓综合评价是对多属性体系结构描述的对象系统做出全局性、整体性的评价。指标体系的建立是进行预测和评价研究的前提和基础，它是将抽象的研究对象按照其本质属性和特征的某一方面的标识分解成为可操作化的元素，并赋予相应权重的过程。食品安全风险结合了风险传播的主观建构性特征以及食品安全领域的专业化特征两个方面，一方面需要考虑主流新闻媒体的报道热度，另一方面由于"传者去中心化以及大众生活的社交媒体化"，也需要考虑网络关注热度与发帖热度，比如微博、微信、论坛中食药安全信息的传播特征。在舆情研究中，舆情事件热度可以基于文本关键词温度、时间跨度长短来评测，另外舆情事件透明度、舆情事件倾向性也是网络舆情事件评测中非常重要的调节变量。

三、建构食药安全舆情事件的社会热度评价体系

（一）初步确立变量与操作化指标

基于以上分析，本研究初步构建了食药安全舆情事件的热度评价体系，包括四项变量指标：①舆情事件报道热度，以新闻报道量为操作化指标；②网民关注热度，以网络搜索量为操作化指标；③网络发帖热度，以微信、微博、论坛发帖量为操作化指标；④时间热度，以事件在网络场域持续天数为操作化指标。此外，还包括两项调节变量指标：①舆情事件透明度，初步拟定以网络搜索量与新闻报道量叠加拟合；②舆情事件倾向性，以舆情软件分析生成的正向 / 负向值为操作化指标。如下表 1-1 所示。

表 1-1　食药安全舆情事件的热度评价指标初步确立

概念	指标	操作化
网络事件舆情热度	变量 报道热度	新闻报道量
	关注热度	网络搜索量
	发帖热度	微信发帖量
		微博发帖量
		论坛发帖量
	时间热度	持续天数
	调节变量 舆情事件透明度	网络搜索量
		新闻报道量
	舆情事件倾向性	正向 / 负向值

（二）食药安全舆情事件库选择

由于食药安全舆情事件涉及专业度较高，且存在相关新闻机构的研究基础，因此研究围绕 2016 年中国健康传媒集团《食药舆情》周报的封面热点事件（每周热度最高的事件）共 58 例展开，暂不区分食品安全事件与药品安全事件。在舆情采集系统中收集相关操作化指标数据，并对整体数据进行标准化处理，对"发帖热度""舆情事件透明度"两变量进行拟合。

（三）指标赋权方法

目前对于评价指标的赋权方法主要有两种，一种为基于专家经验的主观赋权法，包括德尔菲法、层次分析法等；另一种为基于计算的评价指标赋权法，包括因子分析、灰关联、熵值法等。常用的方法是将主观赋权法与计算赋权法相结合，既能够避免主观判断的误差性，又能够避免过度依赖指标数据而忽略其实际意义的做法。开展本研究，第一步是依据相关研究成果的文献综述选择并初步确定指标与操作化变量（如表 1-1）；第二步是在基于常用方法"相关分析 - 主成分分析"相结合的基础上，初步筛选有效指标；第三步是结合专家判断法确定指标赋值，建立分层结构的指标体系。

（四）本项研究之舆情社会热度评价指标体系的确定

首先，基于 SPSS 软件的相关分析，发现报道热度、关注热度、时间热度、微博发帖量、微信发帖量、论坛发帖量、事件透明度七个指标的 Pearson 相关性较高，基本上都符合在 0.01 水平（双侧）上显著相关。"发帖热度"指标中的微博发帖量、微信发帖量、论坛发帖量 3 个二级指标相关性都不明显，因此全部保留这 3 个指标。但是"事件倾向性"指标与其他平行指标相关性较小，因此删除这个一级指标。如表 1-2 "筛选结果"列所示。

其次，基于主成分分析，筛选出主成分中因子负载大的指标，发现在 95% 的置信区间内，除"事件透明度"之外，报道热度、关注热度、时间热度、发帖热度 4 个一级指标对评价结果有显著影响，因此保留这四个指标，并选择主成分负载系数。如表 1-2 "系数"列所示。

最后，根据专家评分法，综合相关研究文献综述，将系数简化为常用整数值的赋权百分比，如表 1-2 "赋权"列所示。

表 1-2　本项研究中食药安全舆情事件的社会热度评价指标

概念	指标	操作化	筛选结果	系数	赋权
网络事件舆情热度	变量	报道热度	新闻报道量	保留	0.37	30
		关注热度	网络搜索量	保留	0.27	30
		发帖热度	微信发帖量	保留	0.34	10
			微博发帖量			10
			论坛发帖量			10
		时间热度	持续天数	保留	0.12	10
	调节变量	事件透明度	网络搜索量	主成分分析删除且观测不明晰	/	0
			新闻报道量			
		事件倾向性	正向 / 负向	相关分析删除	/	0

因此，研究得出舆情热度计算方式如下。

报道热度：（新闻报道量 / 新闻最大报道量）×30，取值范围为［0，30］。

关注热度：（网络搜索峰值 / 网络最大搜索峰值）×30，取值范围为［0，30］。

发帖热度：（微信发帖量 + 论坛发帖量 + 微博发帖量）/ 发帖量总和，取值范围为［0，30］。

时间热度：（事件持续天数 / 持续最多的天数）×10，取值范围为［0，10］。

四、2016 年食药安全舆情事件的热度评价研究

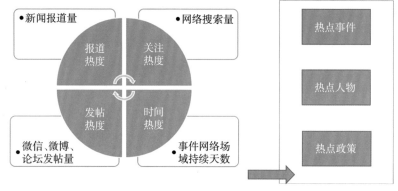

图 1-1　2016 年食药安全舆情事件的热度评价研究

如图 1-1 所示，研究将食药安全舆情事件的热度评价体系应用于 2016 年热点舆情事件中，筛选出排名前 20 的食药安全舆情事件（表 1-3），并以同样方式筛选出排名前 10 的食药安全舆情人物与排名前 15 的食药安全热点政策。随后在第二部分对食药安全舆情事件的传播常态模型进行总结分析。

表 1-3　2016 年食药安全舆情事件 TOP20

排序	食药安全舆情事件	排序	食药安全舆情事件
1	魏则西事件	11	药品电子监管码事件
2	山东非法经营疫苗案	12	劣质奶粉的洋马甲
3	35 家餐饮服务单位食品检出罂粟壳成分	13	韩寒武汉餐厅被关停
4	宫颈癌疫苗获准在中国上市	14	儿童体内检出兽用抗生素
5	哈尔滨"天价鱼"事件	15	北京活鱼下架事件

排序	食药安全舆情事件	排序	食药安全舆情事件
6	小苏打"饿"死癌细胞传闻	16	打疫苗后肾衰竭事件
7	各地查处"饿了么"网络平台无证经营餐馆	17	汉丽轩"鸭肉变牛肉"事件
8	"狗肉节"的争议	18	过期乳品"借壳"烘焙点心
9	日本辐射海鲜"洗白"流入中国	19	"问题气体致盲"传闻
10	朋友圈养生帖鸡汤文暗藏虚假广告	20	麦当劳弃用"抗生素"鸡肉

第二章

食药舆情热点事件的
常态模型分析

通过对 2016 年食药领域 20 个热点舆情事件进行总结，梳理热点舆情事件的时间分布和地域分布，问题集中的行业，影响的范围和涉及的主体，在传播方面的首发平台、发酵周期、持续时长、传播路径等，并将食药舆情事件与一般性的社会舆情事件做横向比较，总结 2016 年食药舆情事件的常态模型。

一、热点舆情事件的时间分布：2~4 月为一年当中的盛发期

总体上说，食药舆情事件相对集中在 2~4 月。根据中国人民大学舆论研究所对 2009~2013 年五年间总体社会网络舆情事件的分析，普遍的社会网络舆情事件集中爆发的时间为每年 4 月和 5 月（即春夏之交），这种时间分布与个体的激素变化水平（研究表明，春夏之交人的情绪水平处于一年当中最不稳定的时期）有一定关系。而对于食药舆情事件来说，集中爆发的时间与普遍的社会舆情事件相比提前了一些，这与 2 月的春节假期百姓会大量采购食材或频繁外出就餐（如哈尔滨"天价鱼"事件）以及 3 月份的"3·15晚会"曝光的非法经营案例（如"饿了么"无证经营事件）有一定关系。

相对来说，基于 2016 年的食品药品热点舆情事件，5 月、6 月和 7 月间舆情事件处于相对低位运行的状态，不仅事件爆发次数较少，而且性质相对比较缓和，比如 5 月份的"朋友圈养生帖虚假广告"事件，6 月份的"玉林狗肉节"事件，7 月份的"宫颈癌疫苗上市"事件。

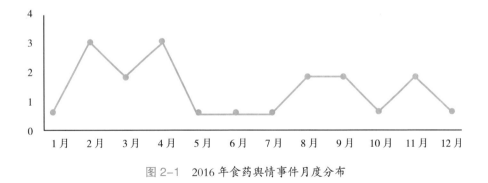

图 2-1　2016 年食药舆情事件月度分布

二、热点舆情事件地域分布：除了全国性事件最多之外，地区性事件主要集中于东部沿海一带

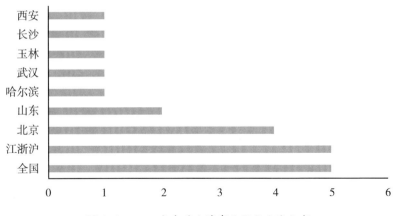

图 2-2　2016 年食药舆情事件爆发地域分布

从事件最初爆发的地域分布上来看，2016 年的食药舆情事件中，除了全国性事件最多之外，地区性的事件主要集中于东部沿海一带，其中爆发最集中的地区为江浙沪（由于部分事件爆发地为江浙沪区域而非单一城市，如"儿童体内检出兽用抗生素"事件，因此将该地区合并处理），其次是北京。这种地域分布与江浙沪和北京的人口密集、经济发达以及互联网普及率高都有一定关系。值得注意的是，2016 年的山东省也是某种程度上食药舆情事件爆发集中地之一，特别是在山东爆发的"非法经营疫苗"事件影

响波及全国，引起了广泛的讨论和关注。

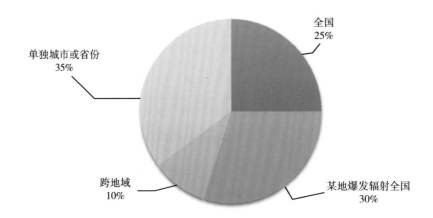

图 2-3　2016 年食药舆情事件波及地域范围

　　从事件波及的地区范围来看，2016 年的食药舆情事件中，有 25% 的事件是全国范围内的事件，比如"宫颈癌疫苗上市"事件、麦当劳"抗生素"鸡肉事件等；另有 30% 的事件是爆发于具体的某一个区域，但最后的影响范围波及全国，比如山东爆发的"非法经营疫苗"事件、北京爆发的"魏则西"事件等，以上两部分涉及全部事件的 55%。另外还有 10% 的事件虽然可能影响范围没有波及全国，但是也有跨地域的影响，比如"儿童体内检出兽用抗生素"事件、"问题气体致盲"事件。而真正局限于某地的事件如北京"活鱼下架"事件、哈尔滨"天价鱼"事件，在总体事件中占比仅为 35%。

　　有学者对 2007~2014 年间中国食品安全网络舆情进行了内容分析，只有约 30% 的食品安全事件有跨省或者更广范围的影响，而 2016 年的这一比例提高到了 65%，这固然与样本的选取有一定关系，但也能从一定程度上表明食药领域的舆情事件波及范围越来越广。而对于食药舆情事件的监控和处理，也越来越需要国家食品药品监督管理总局的统筹布局和各地区食品药品监督管理部门跨省、跨区域的合作。

三、热点舆情事件行业分布：餐饮、医疗、疫苗和乳制品为舆情事件爆发最为集中的行业

2016 年食药舆情事件中，大部分为食品领域的事件，涉及药品的事件有 8 件。在食品类事件中，问题最集中的行业是餐饮业，比如"饿了么"非法经营事件、35 家餐饮服务单位检出罂粟壳事件、韩寒餐厅事件等，这与人们因为生活水平的提高和生活节奏的加快而越来越多地选择在外就餐或者网络订餐不无关系；其次是乳制品行业，包括劣质婴幼儿奶粉披上"洋马甲"事件，也包括上海破获的过期乳制品变身烘焙原料事件。与前几年爆发的乳制品行业安全事件相比，2016 年乳制品行业的信任危机没有局限于国产乳制品，而且进一步波及了海外进口乳制品领域。另外，水产品和肉制品也是食品安全事件比较集中的领域。

在药品类事件中，2016 年问题最为集中的是疫苗行业，"疫苗"也是 2016 年整个食药领域的敏感和关键词之一。实际上，2016 年发生的 3 起疫苗事件有一定的关联性，在上半年的山东"非法经营疫苗"事件引发了疫苗行业的危机之后，下半年的"注射疫苗后出现肾衰竭"以及宫颈癌疫苗上市事件中对于引进疫苗质量的质疑都与此前积累的对疫苗问题的不信任有关。而 2016 年与医院有关的舆情事件中，多为由个案开始引爆的问题，比如魏则西事件引发的对"莆田系"的声讨以及北京和南通医院中的"问题气体"致盲事件。

表 2-1　2016 年食药舆情事件行业分布

行业	事件数	行业	事件数
餐饮	6	水产品	2
医院	3	药品	2
疫苗	3	肉制品	2
乳制品	3	广告	1

四、热点舆情事件性质、关涉主体和影响范围

（一）事件性质

2016 年食品药品热点舆情事件 TOP 20 中，16 个事件为负面事件，比如"非法经营疫苗"事件，"天价鱼"事件等；另外 4 个事件可以归为中性，即使是类似"宫颈癌疫苗"上市的事件，也夹杂着一些负面的报道，比如对审批过程太长、实际引进的是已经被美国淘汰的疫苗品种的议论等。

（二）关涉主体

除负面事件的当事方外，食品药品监督管理部门的监管责任成为热点之一。食品药品热点舆情事件一般包括三类不同的主体。

第一类往往是负面事件中的违法或者引起争议的机构，从餐饮供应商、医院到技术开发公司、进出口公司等，其中不乏知名企业和机构，如汉丽轩、麦当劳、北京大学第三医院等。

第二类是负责处理和应对事件的政府机构，在 20 个事件中，有 17 个事件的主要负责机构都包括了食品药品监督管理机构，这也是在所有食品药品热点舆情事件中出现最多的监管方。除此之外，公安部门（3 次）、农业部（3 次）、工商部门（3 次）、地方政府、海关和卫计委等也都是较常出现的政府部门。

第三类是相对中立的第三方机构，如学术研究机构、国外的组织机构等。值得注意的是，在 20 个事件中，有 4 个事件的关涉主体都包括世界卫生组织，比如在"非法经营疫苗"事件中，世界卫生组织的官方微博针对此事的影响回答网友的提问，并表示中国"疫苗安全风险非常低"；再比如在"宫颈癌疫苗"上市事件中，围绕世界卫生组织对宫颈癌疫苗安全性和有效性认定情况的讨论。可见国际机构对我国的食药舆情事件有比较重要的影响。

（三）影响范围

食品药品事关人民群众的基本生活，即使是一地爆发的个别事件，也常常演化为整个行业的危机。

事件的影响范围是指事件是否仅仅局限于个别企业或个体的问题，抑或是演化成为全行业的危机。在2016年的20个食药舆情事件中，只有5个事件的影响范围是个别企业或者个体，比如狗肉节、注射疫苗后肾衰竭事件等，而更多的事件在爆发初始即为行业整体的问题，如北京"活鱼下架"事件。此外还有由个案影响波及全行业的问题，如35家餐饮服务单位检出罂粟壳事件。

食药舆情事件影响范围之广使得行业内部的利益呈现出"一荣俱荣、一损俱损"的局面，某一家企业曝出质量问题，其竞争对手不但可能得不到额外收益，而且甚至可能被牵连为质疑对象。食品药品行业贴近每一个个体的切身利益，这是导致事件容易演化成行业危机的原因之一，食品作为生活必需品与每个个体的生命和健康息息相关，百姓自然会对相关的负面舆情事件给予关注。除此之外，食品药品行业的判断也具有一定的专业性，这种专业判断与百姓之间的信息不对称也是造成事件容易演化成全行业影响的一个因素，当个案发生，如果没有权威或专业的判断，或者判断的声音赶不上谣言传播的速度，就容易从个例发展为行业性的信任危机。

另外，这种行业性的信任危机具有一定的累积性，当舆情事件被爆料，百姓会将单独的事件与过去的类似情况相联系。近年来，每次发生重大食品药品安全事件，特别是一些国内知名品牌的负面事件，都不断降低百姓对国内食品药品行业的整体信任程度和质量预期，甚至信任危机会波及相关行业和政府监管部门。以乳制品为例，前期发生的"三聚氰胺"事件已经引发了消费者对于国内乳制品行业的整体质疑，而2016年发生的劣质奶粉披上"洋马甲"销售事件和进口的过期乳制品"变身"烘焙原料重新上市的事件更是将质疑的对象进一步扩大到进口乳制品上，以至于出现"喝不上放心奶""谈奶色变"的说法。虽然这两个事件都是由监管部门主动披露监测或者调查结果才能进入媒体和公众的"聚光灯"下，但在后续的传播中依然出现了很多对政府监管部门的质疑，比如对于假奶粉"符合食品安全标准""不要过于恐慌"的说法的批评，这种怀疑一定程度上是由过往发生的乳制品行业安全事件削弱了百姓的信任程度导致的。

表 2-2　2016 年食药舆情事件影响范围

影响范围	事件个数
个别	4
个别→行业	10
行业	6

五、食品药品热点舆情事件的传播特征

（一）首发平台

与其他社会舆情热点不同，食药舆情事件的首发消息来源不是微博、微信等社交平台，而是具有官方背景的新闻机构，占七成左右。

舆情事件的首发平台表明了事件最初始的信息源来源。从图 2-4 中可以看出，2016 年我国大部分食药舆情事件的首发平台是具有官方背景的新闻媒体，包括网络新闻媒体如澎湃新闻（山东非法经营疫苗案），也包括央视（"饿了么"无证经营事件）和新华社（过期乳品"借壳"变身烘焙原料事件）等传统媒体。就一般性的社会舆情事件来说，微博是一个主要的爆料源头，但对于食药舆情事件来说，"两微"即微博和微信作为首发平台的比例并不高，这点也在其他研究中得到了印证。这可能是由于食品药品类的舆情事件相对其他类型的舆情事件（如社会治安等），在事件的性质判定上具有一定的专业要求，因此需要专家或者政府的参与才能给事件定性，进而引发范围更广的讨论和关注。

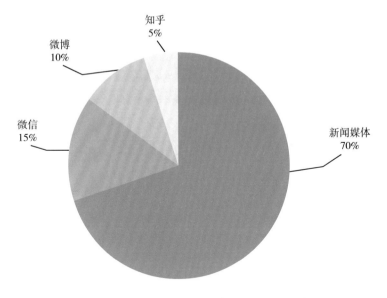

图 2-4　2016 年食药舆情事件首发平台分布

（二）传播渠道

当下食药舆情事件"发酵期"的主要传播与蕴蓄的场域是微博、微信等社交媒体，第一时间在社交媒体上有效发声和应对至关重要。

除了事件曝光的首发平台之外，在事件处于发酵期，即从事件曝光到达到舆情峰值的这段时期内，事件主要在哪一个场域传播，也是舆情研究的关注点之一。本研究统计了 2016 年 20 个食药舆情事件在这一个阶段各个渠道的舆情热度，比较得出事件在发酵期的主要传播场域，其中仅在微博场域发酵的舆情事件占比最高，达到 40%；其次为新闻网场域，占比30%；微信场域也占比 5%。同时在两类场域中传播与发酵的舆情事件共占比 25%，其中同时在新闻网和微博平台发酵的事件最多，占比 15%；同时在微博、微信类社交媒体场域发酵的事件占比 5%。

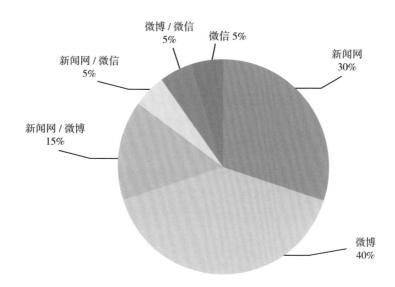

图 2-5　2016 年食药舆情事件主要酝酿场域分布

总体来说，在微博、微信类社交媒体场域传播发酵的事件占比 70%，在新闻网场域传播发酵的事件占比 50%。由此可以看出，"两微"即微博和微信是食品药品舆情事件传播和蕴蓄社会影响力的最为重要的传播通道，也是公众参与到该类事件的重要舆情盛发的平台。一半的食药事件是主要依靠微博和微信这类"民间舆论场"传播和发酵，而这段时间恰是监管部门发声和进行引导与干预的黄金时间。从当下食药事件"发酵期"的传播场域分布可以说明，有关部门在进行信息公开和辟谣工作的时候，应该更加重视与"民间舆论场"的有效应对和沟通。

（三）发酵周期和活跃天数

发酵期一般不超过 3 天，这是舆情引导介入的"黄金时限"。平均活跃期为 13~14 天，如果没有新的"爆料"，两周时间是舆情事件的一般生命周期。

本研究统计了 2016 年 20 个食药舆情事件在酝酿期的时间长度以及事件整体传播的活跃周期。2016 年，中国食药舆情事件平均活跃天数为 13.75 天，这个数字和 2014 年的社会舆情事件的议题活跃天数基本一致。

而对于事件从曝光到达到舆情峰值的这段酝酿期，2016 年的食药舆情事件平均为 2.9 天，即平均在 3 天内，事件就会由首次报道达到公众关心的顶峰。在这段时间内，无论是对违法企业和个人进行处理结果的通报、对问题产品来源和去向的追踪和调查，还是对夸张和虚假事实的纠正，都可能影响到舆情的热度和舆论性质的走向。而当下这种高速爆发的态势给监管部门做出反应的速度提出了更高的要求。

六、2016 年中国食药安全热点舆情的社会常态模型的几个特征

基于对 2016 年 20 个食药热点舆情事件的分析，可以得出这一年食药舆情事件的传播"常态模型"，即一个食药热点舆情事件在社会传播中的"一般表现"。

（1）2016 年食药舆情事件在 2~4 月间爆发最频繁，5~7 月间则相对处于低位运行的状态，不仅事件爆发次数较少，而且性质相对比较和缓。

（2）2016 年食药舆情事件热点主要集中于北京和江浙沪这类东部沿海地区，这与这些地区的人口密集、经济发达以及互联网普及率高都有一定关系。值得注意的是，2016 年的山东省也是食药舆情事件的高发地之一。

（3）2016 年食药舆情事件中，大部分为食品领域的事件，其中问题最集中的行业是餐饮业，这与人们越来越多地选择在外就餐或者网络订餐有一定关系，也对监管部门加大在此领域的监管力度提出了要求。在药品领域的事件中，2016 年舆情事件最为集中的行业是疫苗业。

（4）食药领域舆情事件的波及范围较广。一方面，2016 年有 65% 的食药舆情事件的影响范围是跨省、跨地域甚至是全国范围内的，因此对食药舆情事件的应对也越来越需要国家食品药品监督管理总局的统筹布局，以及各地区食品药品监督管理部门跨省、跨区域的合作。另一方面，2016 年的食药舆情事件大部分都波及全行业，非常容易由个案引发成全行业性的危机，行业内部呈现出"一荣俱荣、一损俱损"的局面，因此也需要食品

药品行业内部的合作，提高公众对行业整体的信任水平。

（5）2016年我国大部分食药舆情事件的首发平台是新闻媒体，平均每个事件的活跃周期为13.75天。在事件由首次曝光到达舆情峰值的平均2.9天内，"两微"即微博和微信则是大部分事件传播的主要通道。这种高速爆发的态势对监管部门做出反应的速度提出了更高的要求，而渠道的偏向也给监管部门发声的途径和方式提供了方向。

第三章

食药舆情热点事件的应对与传播策略

一、第一时间及时"发声"

　　本项研究表明，食药舆情事件的发酵期较短，由于关乎百姓切身利益，因此一旦事情曝光就会得到大量关注，迅速达到舆情峰值。这种迅速引爆的舆情态势对监管部门做出反应的速度提出了更高的要求。研究表明，在事件"被发现"三天内做出及时、准确和负责任的传播应对，对于把握舆论导向的主动权至为关键。众所周知，当食药安全事件发生，调查和专业判断都是需要时间的，有时在短期内是难以作出可靠结论的。但这一时期如果不做回应，会更加造成各类谣言疯传，并且如果断然否认问题的存在，可能会引起百姓的反感，引发舆情反弹的副作用。这种情况下，监管部门应在深入调查的同时，实事求是地向社会表明监管部门的态度、问题解决的程序、调查工作的进展等，并在"民间舆论场"同步发声，通报调查进展，警示相关产品的风险。运用舆情监测系统辨识影响较大的谣言，在"两微"平台上以专题或者问答的形式集中做出澄清，可以使用图片、文字、视频等多种表达方式，并注意使用客观权威的信源和充分的证据，也不失为一种有效的辟谣形式。

二、既要注重对于官方媒体的源头管理与沟通，也要强化对正在发酵的舆情事件重点通过"两微一端"等社交平台进行疏导

就热点舆情事件的管控而言，除了反应速度之外，"怎么说""在哪儿说"也是值得舆情监管部门考量的重要问题。首先需要对官方媒体进行信息发布的源头管理与沟通协调，官方媒体是食药安全领域舆情事件的"触发点"，这种源头管理与协调是管控舆情危机的第一落点。其次，一旦舆情事件开始进入发酵阶段，则社交平台的干预便成为关键。基于对 2016 年食药舆情事件的分析，在事件的发酵期内，微博和微信是大部分事件主要的传播平台，信息量大、传播速度快、覆盖范围更广，因此食药监管部门需要重视在"两微"中的发声，主动及时发布权威信息，稳定"民间舆论场"的情绪。而"民间舆论场"有不同于主流媒体和"官方舆论场"的话语体系和传播特性，监管部门在这一平台上的发声需要适应这一场域的规则。

值得指出的是，在"民间舆论场"进行发布和发言的时候，除了提供事实性的证据外，也要注意措辞和情绪的表达。在面对食品药品安全事件的时候，公众可能因联系过往发生的食品药品安全危机事件，加上信息不透明和不对称，容易引发恐慌情绪，从而影响对科学知识的接收和解读。因此在事件发生后进行科学传播的过程中，表达共情、建构共同的立场也是重要的一环。

三、注重与国际食药安全权威机构的沟通与协调，必要时可引入他们的帮助与"站台"

在 2016 年的食药舆情事件中不乏国际组织的身影，并且它们在一些事件的传播中起到了比较关键的作用，比如在"非法经营疫苗"事件中，世界卫生组织的官方微博对非法经营疫苗"几乎不会引起毒性反应"进行了

科普，以及就"本次事件中疫苗安全风险非常低"进行了澄清和说明，虽然也受到了一些质疑，但整体上世界卫生组织的权威性和相对独立的第三方身份得到了大部分人的认可，在一定程度上帮助消除了公众的疑惑。对于我国的食品药品监督管理部门来说，借助这些国际机构传播正确的声音，可能会收到更好的传播效果。在其后的"宫颈癌疫苗"上市事件中，面对我国"用10年批准了一个被世界淘汰的疫苗"的谣言，公众也参考世界卫生组织以及欧美发达国家对宫颈癌疫苗安全性和有效性的认定情况来进行"可不可靠""要不要打"的判断。

第二篇

20 个热点舆情事件的
个案追踪分析

第四章
2016 年食药舆情
热点事件总结

基于对 2016 年的 20 个食药舆情热点事件的分析，可以得出这一年食药舆情事件的总体特征如下：

从时间分布上看，2016 年食药舆情事件在 2~4 月间爆发最频繁；从地域分布上来看，2016 年的食药舆情事件中，除了全国性事件最多之外，地区性事件主要集中于东部沿海一带，其中爆发最集中地为江浙沪，其次是北京。热点舆情事件以负面事件为主，以企业或个人违法违规生产和销售为主的负面事件占到了绝大部分，其中问题最集中的行业是餐饮业；在药品领域的事件中，问题最为集中的行业是疫苗业。

除事件本身的特征之外，本报告同样关注了食药舆情热点事件在传播中的状况，基于对 2016 年 20 个食药舆情热点事件的分析，得出了食药舆情热点事件在社会传播中的"一般表现"。

一、事件的首发平台：以新闻媒体报道为主，微博和微信爆料不占主流

2016 年我国大部分食药舆情事件的首发平台是带有一定官方背景的新闻媒体，包括央视、新华社等传统媒体，也有一些网络媒体如澎湃新闻等，但整体上"两微"即微博和微信作为首发平台的比例并不高。这可能是由于食品和药品类的舆情事件相对其他类型的舆情事件如社会治安等，在事

件的性质判定上具有一定的专业要求，往往需要专家或者政府的参与才能给事件定性，进而引发更广范围的讨论和关注。

二、事件的传播渠道：微博和微信是事件"发酵期"的主要传播场域

2016 年 20 个食药舆情热点事件的"发酵期"在各个渠道的不同舆情热度分布表明，"两微"即微博和微信是食药舆情热点事件传播和蕴蓄社会影响力最为重要的传播通道，也是公众参与到该类事件中的重要舆情盛发平台。一半的食药舆情事件主要依靠微博和微信这类"民间舆论场"传播和发酵，而这段时间恰是监管部门发声和进行引导与干预的黄金时间。这说明有关部门在进行信息公开和辟谣工作的时候，应该更加重视与"民间舆论场"的有效互动。

三、发酵周期和活跃天数：发酵期一般不超过 3 天，平均活跃期为 13~14 天

2016 年 20 个食药舆情热点事件平均活跃天数为 13.75 天。其中最长的是养天和大药房因"药品电子监管码"问题起诉食药监部门的事件，长达49 天，这主要是因为该事件不断有新的线索和事实出现，从 1 月中旬养天和大药房状告食品药品监督管理部门，到 2 月底养天和放弃诉讼，其间不断有不同主体的发声；最短的是"日本辐射海鲜流入中国"事件，该事件虽然性质严重，并引起了部分公众对海鲜市场上已有产品的疑虑，但是由于海关及时查获，加上后续的监管部门和媒体对海鲜整治情况和检验检疫情况的公布，因此整体上来说舆情热度消退较快。

而对于事件从曝光至达到舆情峰值的这段酝酿期，2016 年的食药舆情事件平均为 2.9 天，即平均不到 3 天内，事件就会由首次报道达到公众关心的顶峰，最快的如"注射疫苗后肾衰竭"事件在首次报道后的第二天舆情

就达到了峰值。在事件的发酵期内，无论是对违法的企业和个人进行处理结果的通报，对问题产品来源和去向的追踪和调查，还是对夸张和虚假事实的纠正，都可能影响到舆情的热度和舆论性质的走向。

四、事件的关涉方：儿童和国际组织值得关注

就这些事件的关涉主体来说，除负面事件的当事方外，政府部门的监管责任也成为关注焦点。20 个事件中，有 17 个事件的主要负责机构都包括了食品药品监督管理机构，除此之外，公安部门（3 次）、农业部（3 次）、工商部门（3 次）、地方政府、海关和卫计委等也都是较常出现的政府部门。在 20 个事件中，有 4 个事件的关涉主体都包括世界卫生组织，比如在"非法经营疫苗"事件中，世界卫生组织的官方微博针对此事的影响回答网友的提问，并表示中国"疫苗安全风险非常低"，再比如在"宫颈癌疫苗"上市事件中围绕世界卫生组织对宫颈癌疫苗安全性和有效性认定情况的讨论。可见国际机构对我国的食药舆情事件有比较重要的影响。

另外需要注意的是，在 20 个事件中，有 4 个事件的直接或间接受害者为儿童，它们在传播的环节会特别指出或提醒儿童受到的伤害。即使在"过期烘焙乳制品"事件中，尽管过期的产品并不属于婴幼儿乳粉的类别，其主要去向是蛋糕店也并不特定针对儿童，但在传播环节还是出现了诸如《请一定转告身边的妈妈！近 300 吨新西兰过期奶粉，被重新包装卖向全国！19 人被捕》《突发恶闻！新西兰奶粉出大事！妈妈们注意，或许你家宝宝正在使用过期奶！中国查悉 300 吨过期重装奶粉！200 吨已卖出！！》等具有高阅读量的微信文章。这表明"儿童"已经成为食药安全领域一个值得被关注的弱势群体和社会群体心态中的痛点。

第五章

食药舆情热点事件的 个案追踪分析

21 岁的西安电子科技大学学生魏则西，因身患滑膜肉瘤于 2016 年 4 月 12 日去世。在其生前求医过程中，通过百度搜索选择了排名前列的武警北京总队第二医院，受其"生物免疫疗法""斯坦福技术"等宣传所骗，花费二十多万元治病无济于事，贻误了其他合理治疗的时机。事件被报道后，"莆田系"医院虚假宣传、百度搜索竞价排名逐利、部队医院对外承包混乱等广遭诟病的问题引起舆论广泛关注。

一、舆情演化过程

（一）整体热度分析

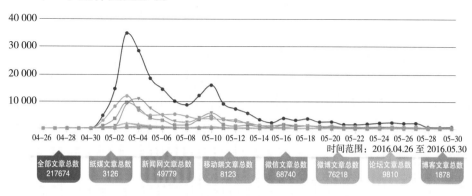

图 5-1-1 "魏则西事件"舆情热度变化图

根据监测系统显示，与"魏则西事件"相关的舆情总体呈现"范围广""高峰值"和"持续久"的发展特征。

（二）传播阶段分析

图 5-1-2 "魏则西事件"传播渠道分析图

1. 第一阶段：事件发酵

4 月 27 日上午，前新京报调查记者 @孔狐狸在新浪微博披露了 21 岁的西安电子科技大学学生、滑膜肉瘤患者魏则西去世的情况，呼吁自媒体人对此事进行关注。微博还配有魏则西在知乎网站上对"你认为人性最大的恶是什么"问题的回答截图和百度搜索截图。

2. 第二阶段：百度回应

4 月 28 日，百度公司通过其旗下百度推广官方微博发布声明称，已经在第一时间对魏则西生前通过百度搜索选择的武警北京总队第二医院进行了搜索结果审查，确定该医院是一家公立三甲医院，资质齐全。5 月 1 日凌晨，百度再次回应该事件称，"针对网友对武警北京市总队第二医院的治疗效果及其内部管理问题的质疑，我们正积极向发证单位及武警总部主管该院的相关部门递交审查申请函"。

3. 第三阶段：舆论聚焦

5 月 1 日上午，微信公众号"有槽"发表题为《一个死在百度和部队医院之手的年轻人》的文章，从对魏则西知乎答案的分析入手，揭露多家媒体和自媒体曾质疑百度竞价广告操作不合规、部队医院被莆田系承包存在种种弊端。文章一度被删除，但随后又恢复，阅读量迅速上升，文章内容也被多个微信公众号转载。随后，《深度！起底"魏则西事件"背后的莆田系》《大学生魏则西之死背后：真凶还是武警医院和莆田系》等一批微信文章在网络热传，引发传统媒体关注并刊发多篇调查、评论报道，与自媒体形成共振。

4. 第四阶段：权威部门发声

5月2日傍晚，国家互联网信息办公室宣布会同国家工商总局、国家卫计委成立联合调查组进驻百度公司，对魏则西事件及互联网企业依法经营事项进行调查并依法处理。5月3日下午，国家卫计委新闻发言人表示，国家卫计委、中央军委后勤保障部卫生局、武警部队后勤部卫生局联合对武警北京总队第二医院进行调查。5月4日，魏则西生前就诊的武警二院贴出告示宣布全面停诊。

5. 第五阶段：事件后续发展

9月10日，知乎平台昵称为"魏则西"的账号发布了一条标题为《魏则西父母：为什么让我们来背黑锅？》的动态，内附一封自称是魏则西父母委托代理律师发布的《致百度公司和李彦宏关于解决"魏则西一案"的商榷函》。

（三）传播渠道分析

事件发酵于知乎和微博。4月27日，微博名为@孔狐狸的前调查记者孔璞在微博上发布了文字微博："逛知乎，看到这个叫魏则西男生的患癌帖子，又追到他父亲发布他去世的消息。然后百度了这个疾病，那家竞价排名的医院依旧在首位。好希望那些科技自媒体人写写这个，而不是享受了百度的迪拜游回来后，帮百度卖贴吧写洗地文。"该微博引发网络广泛关注。

事件爆发于公众号。5月1日，有槽（id：Dr-Venting）发布了一篇名为《一个死在百度和部队医院之手的年轻人》的文章，阅读数不用多时便突破了10万+。新闻媒体官方微博对本次事件的后续跟踪带动了社会公众的热烈讨论，推动了事件的二次传播。

1. 自媒体

知乎、微博和微信公众号成为该事件传播的第一把推手，涌现了一批阅读量十万以上的文章，《医疗竞价排名，一种邪恶的广告模式》《一个死在百度和部队医院之手的年轻人》等文章在朋友圈疯传，"民间舆论场"成为该事件的主要发酵地。

自媒体在传播策略上多采用"情感框架"，以"平民化"的视角对事件进行剖析，直指社会监管的漏洞，凸显生命的脆弱。首先通过"二十一岁""大学生""身患绝症"等标签化描述构建出"罹患癌症的青年大学生"

的符号形象，引发人们的关注；随后，知乎、微博中形成意见领袖主导的辐射式二级传播结构，通过"人人都是魏则西"口号的提出，激发了受众对自我身份的建构，使得事件得以不断发酵；最终，"魏则西事件"打散到其他媒介场域中，在传统媒体的助力下，成为社会性公共议题。

2. 传统媒体

传统媒体在对事件的深度分析和挖掘方面优势显著，其报道议题主要集中于对"莆田系"医疗机构和人员的深度挖掘。《深圳晚报》和《中国经营报》等多家媒体记者走进各大"莆田系"医疗机构，揭秘"莆田系"医院的广告推广和疾病诊疗等违规运作模式。《北京青年报》记者走访被指为武警二院生物诊疗中心门下的上海柯莱逊生物技术有限公司，发现其办公地点均已停止办公。此外，涉事的康新公司、莆田（中国）健康产业总会也多次被媒体提及，魏则西主治医生李志亮、"莆田系"陈氏兄弟陈新贤和陈新喜的身份及动态也被媒体相继报道。《新京报》相继刊登《"魏则西事件"，多少法律责任待澄清》《魏则西事件，谈伦理前先谈法律》《警惕魏则西事件背后的"反市场化"》等多篇评论文章，成为"魏则西事件"最活跃的社评媒体。

二、传播主体分析

（一）报道媒体

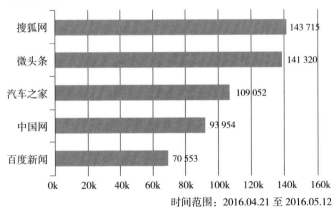

时间范围：2016.04.21 至 2016.05.12

图 5-1-3　"魏则西事件"媒体报道量统计

魏则西事件舆情热度极高，报道广泛且数量巨大，是当之无愧的年度热点事件。

（二）社交媒体意见领袖识别

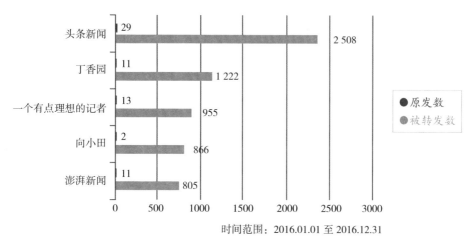

时间范围：2016.01.01 至 2016.12.31

图 5-1-4　"魏则西事件"社交媒体意见领袖

在微博舆论场中，新浪新闻中心 @ 头条新闻、专业化媒体 @ 丁香园、自媒体 @ 一个优点理想的记者等成为意见领袖，得到广泛关注。

表 5-1-1　"魏则西事件"部分微信热门文章及阅读量列表

微信公号	文章标题	阅读量
侠客岛	百度，有毒	100000+
小道消息	青年魏则西之死	100000+
中国医学博士联络站	魏则西事件始末！百度？莆田系被严重质疑，百度做出回应	100000+
凤凰财经	百度被查！揭开魏则西之死 8 大真相	100000+
Emarketing	百度的中枪掩护了多少人安全撤退？	100000+
成长的夏天	百度的原罪——封杀 Google 的黑内幕	100000+
瞭望智库	瞭望系深挖莆田游医惊人黑幕：靠"谋财害命"起家，曾威胁炸掉报社大楼	94917
团结湖参考	魏则西之死，"典守者不得辞其责"	47669
解救纸媒	魏则西之死，相比于百度，央视更应该道歉！	15447
ItTalks	为什么要向百度开炮？	10174

据本研究整理

魏则西事件的微信关注主体多元，除了侠客岛、团结湖参考等有着权威主流媒体背景的微信公众号外，也有凤凰财经、瞭望智库等媒体公众号，还有小道消息、Ittalks 等主要受众为大城市青年男子的关注科技领域的自媒体公众号。

三、关涉主体分析

（一）关涉机构

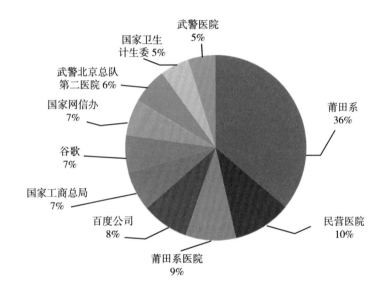

图 5-1-5 "魏则西事件"关涉机构

1. 医疗行业：一些民营医疗机构的野蛮生长，某些部队、武警医院的科室外包模式皆成为舆情引爆点

医疗行业关乎所有人，本身是舆情热点领域，且医疗行业在舆论场中存在根深蒂固的负面刻板印象。此次事件不仅涉及此前舆论关注的医患关系、以药养医等惯常医疗行业质疑点，还新增了虚假医疗、科室外包等此前未受明显关注的医疗行业新痛点。"魏则西事件"将医疗行业隐形痛点和灰色地带曝光给社会公众，无疑增加了话题的关注度。

魏则西生前撰文详述过自己在就医过程中的被骗经过。网民质疑涉事医院相关科室被莆田系人员承包，"医院"成为被讨论的"归因方"。网上再度热传揭秘"莆田系"的文章，多强调"从小混混翻身当老板"的传奇历程，暗指本质上的不正规和监管上的默许。

还有网民对比我国卫计委官方网站和美国卫生及公共服务部对"滑膜肉瘤"这一病状的搜索结果，发现根据美国卫生及公共服务部消息，人们可清楚地了解疾病的诊治疗程、相关临床试验情况及有关该疾病的最新治疗进展。相反，我国卫计委网站搜索结果中没有任何对病情有用的信息。网民认为，"魏则西事件"折射出当前我国诊疗权威信息获取渠道的缺失，正是因为如此，人们才不得不求助于百度、知乎等信源。

2. 政府部门：质疑监管之责和监管之失

"魏则西事件"暴露出医疗监管体制的缺失，以及对百度等网站竞价排名和宣传虚假药效的管理缺失。网民质疑对于互联网医疗信息"多头监管却成空白地带"。"魏则西事件"暴露的监管问题可归纳如下：一是百度推广是否属于广告范畴，为何工商部门多年以来没有明确定义；二是国家明文禁止医院相关科室对外承包经营，而涉事的武警北京总队第二医院却明知故犯，类似漏洞今后如何监管；三是一项本来限定在临床研究的实验性技术，为何能在正规医院直接临床推广应用并收取高额费用；四是过度医疗或无效医疗是否列入医疗事故范畴，是否对责任人进行问责甚至追究其民事和刑事责任，患者如何才能快速投诉并维权；五是莆田系医院遍布全国，并屡屡攻陷部队武警医院，成为黑医疗代表，监管部门是否存在监管不力之处；六是患者通过什么权威网络渠道，才能真正了解相关医疗科普文章和相关医院信息；七是监管条例落后于网络发展形势，如何尽快完善。

值得注意的是，在"魏则西事件"中，网民质疑层级逐渐深化，从具体事件逐步纵深到行业乃至制度，舆论出现将所有问题归因到制度问题的趋势，塔西佗陷阱现象显现。

3.百度：饱受缺乏伦理和商业道德质疑，商业模式遭批评

此次事件将饱受争议的"百度竞价排名""灰色广告"重新推到社会公众面前，触及到了社会的痛点。互联网公司的逐利本性导致了病态的商业模式。央媒和各大门户齐声声讨百度，人民日报发表评论《魏则西之死 拷问企业责任伦理》，解放日报发表评论《憎恨百度不够，还应套上制度缰绳》，不少网民也痛斥网站通过"付费"改变搜索结果。百度算法的隐蔽性致使看似科学、中立客观的搜索引擎背后隐藏着商业广告，引发公众对互联网行业的整体质疑。"魏则西事件"后，主流意识形态和大众情绪达到高度统一，都认为竞价排名系统本身有问题，并且应当遭到道德谴责。

在公司危机公关方面，事发后，百度在4月28日和5月2日的回应被网民认为是"假惺惺"的"无力回应"。即使百度坚持声称"武警北京总队第二医院是一家公立三甲医院，资质齐全"，也采取了一系列的公关措施，但是，在网民的揭底之下，百度的大声疾呼被视为托辞辩解，沉默无语被认定为俯首认罪。事件暴露出百度陷入短期利益和长期利益冲突的困境。

（二）关涉人物分析

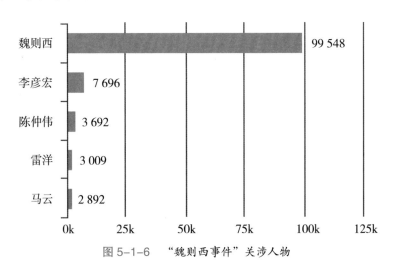

图 5-1-6 "魏则西事件"关涉人物

"魏则西事件"之所以引发广泛关注，与魏则西本人在知乎发帖，去世

前已积累相当的关注度不无关系。魏则西代表了大中型城市的"青年男性"群体，该群体为已逐渐走向思想成熟的青年人群，对社会弱势群体有深厚的情感和责任意识，对热点事件的持续关注度较高。此类人群具有极高的社交网络使用能力和思考能力，从知乎上对此事的提问，可明显看出对事件的思考呈现出明显的递进和深入。《百度中枪》《一个也不能少》等质疑文章条理清晰、逻辑严密、质疑合理，对舆情发酵起到了非常大的推动作用。

"魏则西事件"关涉人物热度排行中，除了事件当事人魏则西、百度创始人李彦宏外，医患纠纷而导致伤医事件的代表——中山大学遇袭医生陈仲伟、涉嫌嫖娼被民警采取强制约束措施后死亡的雷洋也引起网民广泛讨论，足见"魏则西事件"已被网民视为医患关系极度恶化的代表案例，在舆论场中引发网民对医患关系、公权力等问题的探讨。

四、监管介入效果评估

在公布调查结果后，部分舆论认为此次调查结果主要针对百度和武警二院提出了整改要求，但对作为重要涉事一方的"莆田系"医院，调查结果却鲜有涉及。网民认为"莆田系"医院分布广、势力大、医疗水平参差不齐，需卫生部门予以关注并加以整顿。还有网民关注公立医院科室外包乱象，如"科室外包的最大恶果是让公立医院丧失公益性，成为商人欺骗患者、攫取暴利的工具"。另外值得注意的是，在事件发酵初期阶段，涉事的"莆田系"、武警二院和监管部门均保持沉默，助长了舆情发酵热度。在信息通达的时代，相关部门理当及时回应关切。

五、网民关注度和态度变化

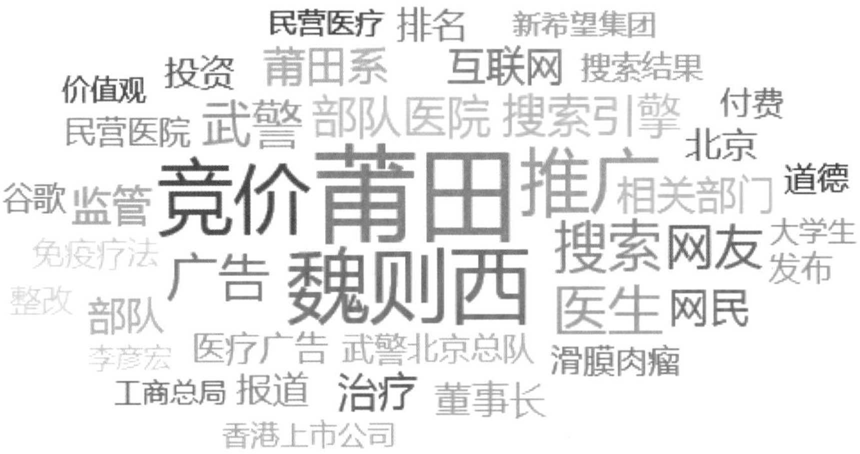

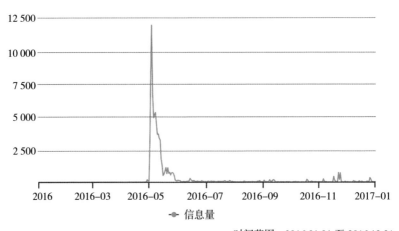

图 5-1-7 "魏则西事件"词云图

从词云图可以看出，网民对魏则西事件的关注点主要集中在对"莆田系"、百度竞价排名、部队医院科室外包的批判这三方面，也有对工商总局等相关部门监管职责的讨论。

时间范围：2016.01.01 至 2016.12.31

图 5-1-8 "魏则西事件"微博关注度变化图

从对"魏则西事件"2016年整年的微博关注度变化图可观测到舆论的高峰出现在魏则西去世后引发网民讨论的四五月份。另外下半年因魏则西父母的不定时发声也引发一定量的关注。

六、传播现象分析

在"魏则西事件"中尤其值得注意的是,知乎作为一个知识社交平台,在该事件中成为社会舆论引爆点。究其原因,与微博谣言的泛滥、新闻客户端新闻评论缺乏专业性、贴吧的无数水贴相比,知乎凭借其聚集大量高学历和拥有各种专业背景的知识精英,成为社会化媒体中的一股清流。

"魏则西事件"中社交媒体和主流媒体间既有共振互动,也有共振断裂。事件初期社交媒体舆论对于主流媒体舆论的形成呈现"倒逼"态势;二者在此次事件中通过"溢散"和"共鸣"的议题互动形成舆论"共振",进而实现舆论监督互动。此外,二者议题和情绪的不同显示出在互动当中同时还存在着"共振断裂",这也在一定程度上说明二者在互动过程中,通过冲突与合作共生共振,最终殊途同归促进事情解决。

七、事件点评

"魏则西事件"势必会倒逼医疗改革提速。根据中国健康传媒集团食品药品舆情监测系统相关信息显示,在事件发生后,有关"医疗体制""医改"的话题讨论呈明显上升趋势。公立医院看病难、看病贵,民营医院虚假宣传、过度医疗等问题都折射出公众对于医院市场化矛盾亟待解决、医改刻不容缓的强烈要求。

由于传播权的下移和用户地位的提高,信息不对称的局面被打破。传播的技术革命正在促成一种新的社会结构——"共景监狱"。与"全景监狱"相对,"共景监狱"是一种围观结构,是众人对个体展开的凝视和控制。以百度为例，由于知乎、果壳、虎嗅等知识社交平台的崛起，百度在信息资源把控方面的优势已不那么强势，试图通过信息的不对称实现舆情监督和言论管控的模式失效。在这种背景下，百度感受到了集体凝视和挑战的压力，而知乎等这些被认为游离在舆论主要阵地的外围或边缘、品牌定位似乎与时政风马牛不相及的互联网平台，却正在愈发显著地介入主流舆论场，并以自己的方式设置公众议程、掌握话语权、影响舆论。

第二节 "山东非法经营疫苗事件"舆情分析

2016年3月18日，澎湃新闻报道了一起二类疫苗未经严格冷链存储运输而销往全国的案件。很快，该事件由于涉案金额高、涉及范围广，且与公众的切身利益紧密相关，且牵涉到"儿童"这一弱势群体而受到广泛关注。

一、舆情演化过程

（一）整体热度分析

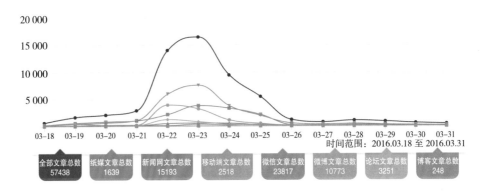

图 5-2-1 "非法经营疫苗事件"舆情热度变化图

从事件的关注度来看，与"非法经营疫苗事件"相关的舆情热度很高，且无论是"两微"即微博和微信还是新闻媒体，都对该事件给予了高度关注。特别是 3 月 23 日发表的微信文章篇数近万，显示出"民间舆论场"对该事件的高度关注。

另外，对于该事件的讨论和关注持续时间较长，尽管图 5-2-1 中仅包括了 3 月事件爆发之后当月的舆情热度，但其后食品药品监督管理部门和公检法机构对事件进展的通报、意见领袖的追问以及相关新政的出台引发的后续问题，依然得到了公众的关注。

（二）传播阶段分析

图 5-2-2 "非法经营疫苗事件"传播渠道分析图

1. 第一阶段：舆情开端

2016 年 3 月 18 日，澎湃新闻网发布文章《数亿元疫苗未冷藏流入 18 省份：或影响人命，山东广发协查函》，并随后将该报道转发至微博，重点突出了新闻报道中的专家"这是在杀人"的评论。其后，东方早报、财经网、新京报、头条新闻、网易新闻、Vista 看天下、环球时报、凤凰网、南都周刊、央视新闻等媒体都对该事件做了报道，引发了包括 @ 姚晨、@ 陈坤、@ 胡舒立等微博大 V 以及普通网友的关注。

2. 第二阶段：舆情在民间舆论场发酵

2016 年 3 月 18 日至 2016 年 3 月 22 日，该事件在微博微信等"民间舆论场"的关注度持续攀升，舆情迅速发酵，并呈现以恐慌和谴责情绪为主的一边倒的趋势。但在此阶段，新闻媒体方面并没有跟上"民间舆论场"的热度，到 3 月 22 日为止，新闻媒体场域中对该事件报道的热度都远远低于微博和微信中公众讨论的热度，且报道内容主要是对事件追查情况的事实性说明，缺少对问题疫苗可能造成的影响以及处置方式的科普解读和答疑。

3. 第三阶段：舆情爆发

3月22日上午，一篇财新记者郭现中写于2013年的深度报道《疫苗之殇》在朋友圈迅速传播，报道中20名儿童因疫苗注射产生不良反应致伤残甚至死亡的照片引发和强化了公众的恐慌和愤怒情绪，类似的文章在微信朋友圈得到了大量转发，事件整体的热度于3月23日左右达到了顶峰。

随后知名写手和菜头在其公众号"槽边往事"中发表《每一个文盲都喜欢用"殇"字》的文章，指责《疫苗之殇》夸大事实，制造恐慌情绪。至此，对此次非法经营疫苗事件的讨论开始呈现出相对冷静的科学理性的一面，而不仅局限于愤怒和谴责。

4. 第四阶段：舆情衰减

随着官方对疫苗流向以及涉事人员的深入调查和对外披露，事件热度逐渐下降，在3月底此次讨论逐渐平息。在3月之后，此次事件的后续进展还在新闻场域和微博中得到了几轮传播。

4月13日，对357名公职人员的处分以及对"二类疫苗改为集中采购"决定的公布，再度引发舆情围观。

5月12日，微博大V@作业本发布"和颐酒店遇袭的女生得到公正了吗？酒店道歉赔偿了吗？死去的魏则西就这样无声无息了吗？被舍友50刀砍死又被割下头颅的大学生芦海清呢？凶手真的有精神病抑郁症吗？五亿非法经营疫苗最后是怎么处理的？海南的拆迁处理完毕了吗？忽然死去的雷洋又是什么情况？"的微博（被删除），得到网友的转发。

4月25日，国家食品药品监督管理总局公布问题疫苗的批次以及涉案企业名单。

5月20日前后，检察机关在办理非法经营疫苗系列案件中，对涉嫌非法经营疫苗犯罪的125人批准逮捕。

6~7月间，疫苗流通中"二类疫苗改为集中采购"的"新政"引发了对二类疫苗缺货的讨论。

10月20日，最高人民检察院通报山东非法经营疫苗案进展。

二、传播主体分析

（一）报道媒体

对此次非法经营疫苗事件报道较多的媒体主要是以搜狐、新浪为代表的综合性商业网站，其报道来源包括各类地方网站、行业报等。

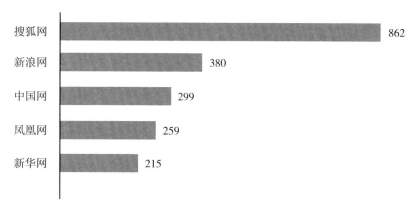

图 5-2-3 "非法经营疫苗事件"媒体报道来源

（二）社交媒体意见领袖

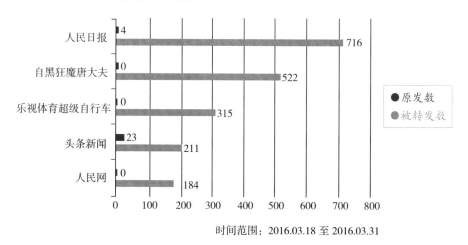

时间范围：2016.03.18 至 2016.03.31

图 5-2-4 "非法经营疫苗事件"微博意见领袖排行

自 3 月 18 日澎湃新闻在微博上发布相关报道后，该事件在微博上引起了广泛关注，@人民日报、@人民网、@新京报、@头条新闻、@网易新闻、@Vista看天下、@环球时报、@凤凰网、@央视新闻、@新华网等多家媒体对事件进行了关注或报道，@姚晨、@陈坤、@张亮Sean、@黄晓明等娱乐圈的艺人也对事件表示关注，"丧尽天良""利欲熏心"等词出现在这些大V的转发中。

表5-2-1 "非法经营疫苗事件"部分微信热门文章及阅读量列表

微信公号	标题	阅读量
记者论坛	疫苗之殇：你沉默你就是帮凶	382759
贵阳通	怒转！"杀人疫苗"流入贵州，把这两个人揪出来！！！	299735
六神磊磊读金庸	请用管我读金庸的劲头来管疫苗	100001
新闻早餐	2016.3.22 星期二农历二月十四	100001
槽边往事（和菜头）	我是你爸爸——回王五四的话	97055
日本窗	那些肆虐日本的"杀人疫苗大案"发生后！	68461
东京新青年	如果这些黑疫苗流入日本结果会怎样？	62061
辣头条	像过期疫苗那样，你要警惕这些看上去很美的东西……	56068

据本研究整理

表5-2-1列举的是3月18日至3月31日期间，部分阅读量较高的微信文章。从微信场域来看，根据中国健康传媒集团食品药品舆情监测系统，在此期间阅读量过万的89篇微信文章中，有46篇即半数以上的文章都在标题中对"疫苗"进行了标签化——客观的处理如"问题""非法"，情绪化的处理如"毒""杀人"等。虽然其中大多数（70%）文章标题使用的是"非法经营疫苗""问题疫苗"的说法；但是从阅读量和评论数量来看，排名靠前即受到网友更多关注的文章，则大部分是标题中含有"杀人疫苗""毒疫苗"的。这一发现也在其他研究中得到了证实。在"知微数据博物馆"对山东疫苗事件的分析中，阅读数量最高的30篇微信文章中，渲染激动情绪的文章传播效果最好，平均每篇阅读量高达63万，比倾向于冷静分析的文章阅读量高出2万，更比一般新闻文章多了18万。

三、关涉主体分析

（一）关涉机构

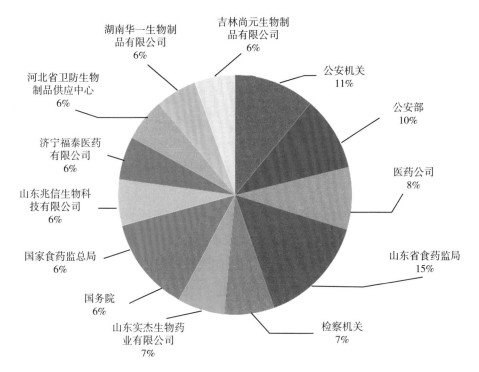

（时间范围：2016年3月18日~2016年3月31日）

图5-2-5　"非法经营疫苗事件"舆情关涉机构

在山东非法经营疫苗事件中，主要涉及的机构有如下几类。

1. 食品药品监督管理机构

食品药品监督管理机构主要是作为此次非法经营疫苗事件的监管方出现。国家食品药品监督管理总局在消息最初受到关注的时候，就第一时间对社会公布：已经责成山东省食品药品监督管理局立即查清疫苗相关产品的来源和流向。接下来，各地的食品药品监管局进行了排查工作，摸清了问题疫苗的流向。从不同层级来说，国家食品药品监督管理总局、山东省食品药品监督管理局、济南市食品药品监督管理局是此次舆情事件中出现最多的机构。除此之外，成都市食品药品监督管理局、安徽省食品药品监督管理局也是两个比较受到关注的食品药品监管机构。

2. 公安部门和检察机关

公安部门和检察机关作为配合追查疫苗责任、抓获涉案人员的部门，也是此次非法经营疫苗事件的舆情中常被提及的机构。

3. 涉案的医药公司

此次非法经营疫苗事件舆情涉及的相当一部分机构，是参与了问题疫苗传播的医药公司。有评论认为，此次事件暴露了中国医药行业的问题，即医药企业数量多且普遍规模偏小。

值得关注的是，尽管涉案的医药公司是此次非法经营疫苗事件的涉案主体之一，但民众的愤怒情绪却并不主要针对这些医药公司，而是主要针对政府监管不力和案件中的个体。在凤凰网进行的一项四万多人参与的网络调查中，认为出现这种事件的原因是政府监管存在盲区，而不是疫苗买卖方唯利是图的人占最高比例。微信上阅读量较高的文章标题也是类似于"'杀人疫苗'流入贵州，把这两个人揪出来！！！"。

4. 世界卫生组织

世界卫生组织在此次非法经营疫苗事件中，作为第三方以及专业机构，主要起到谣言澄清的作用。3月22日，世界卫生组织新浪微博官方账号针对在事件发酵过程中产生的"毒疫苗"说法以及因恐慌而不去注射疫苗的公众心态，做出了"不正确储存或过期的疫苗几乎不会引起毒性反应"的澄清和说明，并表示此事"疫苗安全风险非常低"。其后，世卫组织也专门就非法经营疫苗一事的影响回答网友的提问。

从公众对这些微博的评论和转发来看，虽然质疑的声音依然存在，但整体上世卫组织的权威性和相对独立的第三方身份发出的科普信息得到了大部分人的认可，在一定程度上消除了公众的疑惑，对舆论的平息起到了积极作用。

（二）关涉人物分析

"非法经营疫苗事件"关涉的热点人物中，热度最高的是疫苗事件的始作俑者"庞某""孙某"，犯罪嫌疑人一方还包括疫苗在深圳的"传播者"即疑似卖家黄增财。

在政府一方出现的热点人物是国务院总理李克强，其对非法经营疫苗系列案件作出批示，表示"严肃问责，绝不姑息"，这一来自国家领导人的关注和指示从一定程度上安抚了民众愤怒恐慌的情绪，让疫苗事件的舆情热度逐渐消退。

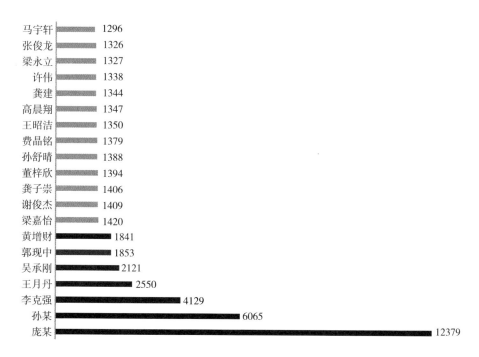

马宇轩 1296
张俊龙 1326
梁永立 1327
许伟 1338
龚建 1344
高晨翔 1347
王昭洁 1350
费晶铭 1379
孙舒晴 1388
董梓欣 1394
龚子崇 1406
谢俊杰 1409
梁嘉怡 1420
黄增财 1841
郭现中 1853
吴承刚 2121
王月丹 2550
李克强 4129
孙某 6065
庞某 12379

图 5-2-6 "非法经营疫苗事件"舆情关涉人物

在热点人物中还出现了部分免疫学专家的身影，包括北京大学医学部免疫学系副主任王月丹以及广东省疾控中心免疫所副所长吴承刚，他们主要是以医学专家的身份对涉案疫苗的可能影响做出解释，回答了部分民众最为关心的问题。

另外，此次非法经营疫苗事件中大量出现的人物，是受到疫苗影响的受害儿童及其家长，这些人物基本都来自于财新记者2013年发表的深度报道《疫苗之殇》，原文以非常生动鲜活的案例展示了疫苗伤害病例家庭的现状，引发了公众的愤怒和恐慌情绪。但实际上，这篇调查中涉及的儿童和家庭，并非与此次非法经营疫苗事件相关，但依然能够与此次事件关涉起来，并得到公众的大量回应。

四、监管介入效果

总体上来说，涉及山东非法经营疫苗事件的主要监管主体是食品药品监管部门，以及和案件相关的公检法机关。

从速度来看，此次监管部门对于疫苗事件的反应较快，随后的动态通报也都比较及时。事件首次经澎湃新闻报道并发酵的当天，国家食品药品监督管理总局新闻发言人表示，已经责成有关部门"立即查清疫苗等相关产品的来源和流向，第一时间向社会公开相关信息"。3月19日晚，山东省食品药品监督管理局发布了该事件的有关线索，并公布300名买卖疫苗人员的名单。3月21日，国家食品药品监督管理总局通报了涉及山东非法经营疫苗案的9家药品批发企业。3月22日，最高人民检察院挂牌督办该案件。

尽管如此，这些回应和通报并没有阻挡舆情在"民间舆论场"一步步发酵并最终爆发，可能的原因之一是这些信息大多是从宏观层面追查问题疫苗的流向，并没有全部回答公众最为关切的问题，即从微观的个体层面，如果注射了问题疫苗，到底会有什么影响。即使是有对个体健康影响的说明，在舆论发酵期间的报道中也更多见到的是食药监管部门"甚至可能产生副作用；有的疫苗可致接种者终生残疾或死亡"的说法，相比后期世界卫生组织"几乎不会引起毒性反应"的说明，显然前者更能引起公众的恐慌。

五、公众关注度和态度

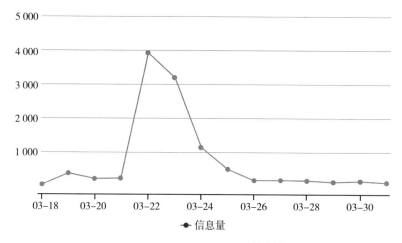

时间范围：2016.03.18 至 2016.03.31

图 5-2-7 "非法经营疫苗事件"微博信息量

从微博的舆情热度来看，公众对该事件的关注和讨论热度于 22 日和 23 日达到顶峰后逐渐消退。

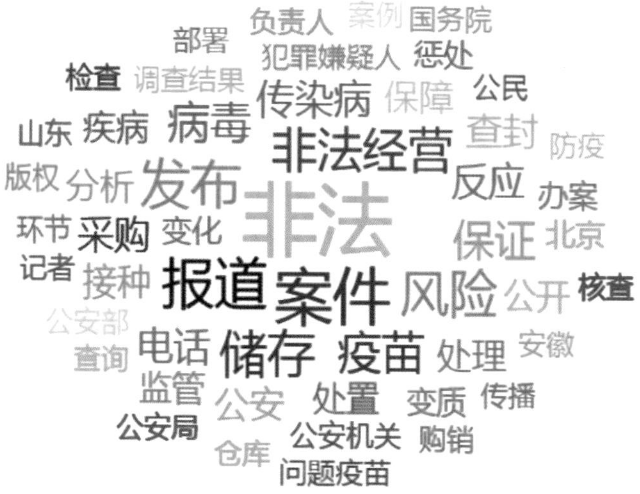

图 5-2-8 "非法经营疫苗事件"微博词云图

从微博有关此次非法经营疫苗事件的舆情内容呈现的词云图来看，除了"非法""疫苗""山东"等事件本身的词汇之外，有以下几点值得关注。

第一，是对问题的追查和追责的诉求。比如"求""说法""水落石出"等，虽然从监管层面上看，政府自从 3 月 18 日之后一直持续跟进并披露相关信息，但这种披露和公众的诉求之间依然有一定差距。

第二，"孩子"是高频热词之一，但实际上此次非法经营疫苗涉及的二类疫苗中，不仅仅是针对儿童的，也包括成人使用的疫苗，但公众的注意力更多地集中在疫苗对儿童的影响上。在 3 月 18 日至 3 月 31 日期间的相关微博中，有 30% 以上的微博都提及了"孩子""儿童"或者"小孩"，而这一比例在事件发酵的 3 月 18 日到 3 月 22 日期间更是高达 43%。"为了孩子转！""给那些无辜的孩子留条活路吧！"的呼声触及了社会痛点，进一步激发了公众的愤怒情绪。

第三，公众的愤怒和不理智情绪不仅来自此次非法经营疫苗事件，也源于过去食品药品安全事件的积累。仅仅以此次疫苗涉及的重点关注群体"孩子"为例，过去的"三聚氰胺"给公众留下了深刻的负面印象，在此次非法经营疫苗事件的微博中，提及"奶粉"或者"三聚氰胺"的就有 13%，公众将此次事件与过往的安全问题产生联系，并发出"孩子躲得过三聚氰胺却躲不过非法经营疫苗""生下来就要躲开毒奶粉，打败非法经营疫苗"等评论，甚至会进一步联想到强拆冲突、城管与小贩之间的暴力事件等。可以说，此次非法经营疫苗事件成为公众表达对现状不满的"解压阀"。

六、传播现象分析

（一）自媒体之间的争论

一篇 2013 年的"旧闻"《疫苗之殇》，以摄影的直观方式配合生动的案例，展现了一些受到疫苗不良反应严重影响的家庭，混杂在此次非法经营疫苗事件的报道中，激发了公众的愤怒和恐慌情绪，造成"朋友圈刷屏"

的舆情顶峰。针对以这篇报道中的不实或者不准确的信息，以及公众"不打疫苗"的心态，一些自媒体整理了相对专业的信息，其中既包含了对误导性报道的纠正，也包含了对疫苗不良反应以及缺乏冷链运输疫苗危害的科普。比如"春雨医生"的《不打疫苗，才真的有殇》，针对公众因恐慌产生的"不打疫苗"的心态，告知公众《疫苗之殇》里报道的疫苗不良反应只是小概率事件，而不打疫苗所可能造成的危害会远远大于前者；再比如微博名人、知名网络写手"和菜头"的《每一个文盲都喜欢用"殇"字》，以非常醒目的标题鲜明地质疑《疫苗之殇》，指出该报道与此次非法经营疫苗事件没有事实上的关联，并提醒公众理性思考，警惕自媒体以赚取点击量为目的的文章。此类文章通过理性的分析和戏谑化的呈现方式，一定程度上平息了公众的恐慌情绪，使舆情由情绪化的愤怒、谴责和恐慌逐渐转向理性的呼吁和问责。

（二）与过往食药安全事件的联系产生叠加效应

此次非法经营疫苗事件在传播中与2013年的"旧闻"《疫苗之殇》混杂，引起了公众的恐慌。此文原本与此次非法经营疫苗事件并没有事实层面上的必然联系，但自媒体由此次疫苗事件联想进而重新推送这篇报道，在传播的过程中造成了信息失真，直接引爆了网民的消极情绪。

除了与过往的疫苗安全问题混杂进行传播之外，在公众层面，此次非法经营疫苗事件也与集体记忆相互联系，产生叠加效应。在此次事件中，民众显露出来的愤怒情绪是与过去的食药安全事件记忆产生联系的结果。在网民对该事件的评论中，三聚氰胺、铬超标胶囊、苏丹红、地沟油、瘦肉精等一系列食品药品安全问题频频被提及，这些过去发生的公共卫生事件造成的集体记忆被激活，加之此次非法经营疫苗事件涉及了"儿童"这一特殊群体，触及了社会痛点，更进一步激发了公众的愤怒情绪和不安全感，这不仅影响了公众的理性表达，也影响了客观中立的科普信息的传播效果。

七、事件点评

"非法经营疫苗事件"由于涉案金额高、牵涉范围广，且与公众的切身利益紧密相关而受到了广泛关注，舆情在"两微"即微博和微信的"民间舆论场"发酵过程中，出现了夹杂"旧闻"的情况，而公众将非法经营疫苗事件与过去的食品药品安全事件的记忆相互联系，放大了愤怒情绪和恐慌心态，而且由于该事件牵涉到"儿童"这一弱势群体，更触及了社会痛点，更进一步激发了公众的愤怒情绪和不安全感。舆情在初始阶段呈现出以非理性的负面情绪为主的特点，甚至发展出对疫苗的普遍抵制情绪，事件可能演化成行业性的危机。

后期，随着官方调查结果的逐步披露，以及以部分自媒体、世界卫生组织等机构对疫苗不良反应、不接种疫苗的负面影响的科普性信息的出现，舆情逐渐显露出理性的一面，并最终平息。该事件在后续过程中引起了政策的改变，国务院修改了《疫苗流通和预防接种管理条例》，将二类疫苗改为集中采购，加强了对流通环节的监管。

第三节 "宫颈癌疫苗获准上市事件"舆情分析

2016 年 7 月 18 日，国家食品药品监督管理总局发布"批准人乳头瘤病毒吸附疫苗上市"消息，葛兰素史克的二价 HPV 疫苗"卉妍康"成为国内首个获批的预防宫颈癌的疫苗。消息公布后，各大新闻网站纷纷进行了报道，微博、微信等平台的用户也展开了热烈的讨论，舆情迅速升温，"HPV病毒危害""什么人群需要接种该疫苗""药物审批流程是否过长"等问题成为舆论关注的热点。

一、舆情演化过程

（一）整体热度分析

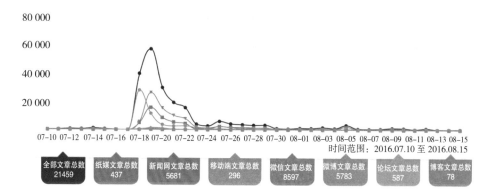

图 5-3-1 "宫颈癌疫苗获准上市事件"舆情热度变化图

从舆情关注度来看，本次事件呈现出"持续短""峰值高"的特点。尤其是微博、微信用户的讨论量非常高，微博舆情发展的周期领先新闻网舆情和微信舆情。

（二）传播阶段分析

图 5-3-2 "宫颈癌疫苗获准上市事件"传播渠道分析图

1.第一阶段：舆情预热

据百度指数显示，"宫颈癌疫苗"一词的搜索热度自 2012 年以来一直处于稳步缓慢增长的状态，在百度贴吧、知乎等平台有网友就宫颈癌疫苗的相关问题进行交流，但仅限于小范围的讨论。2016 年年初，第一财经发布了新闻《"一针难求"的香港疫苗》，报道了内地赴港接种疫苗者越来越多，香港继"奶粉荒"后出现了"疫苗荒"现象，即"六合一"疫苗、13 价肺炎疫苗、宫颈癌疫苗等一针难求，将"宫颈癌疫苗"这一议题再一次拉入舆论视野。紧接着有媒体开始普及赴港接种疫苗的相关知识，也有媒体分析该疫苗未能在内地上市的原因，之后陆续有媒体曝出"宫颈癌疫苗有望年内在国内上市"的消息，部分微信公众号发布的相关文章阅读量突破 10万，该事件相关舆论逐渐增多。

2. 第二阶段：获准上市消息公布，舆论爆发

7 月 18 日，国家食品药品监督管理总局发布了"批准人乳头瘤病毒吸附疫苗上市"的消息，第一财经、新京报等媒体率先发布了《时隔十年宫颈癌疫苗今日获准中国内地上市》等新闻，报道了疫苗获准上市的消息，并普及了该疫苗的相关知识。各大媒体在转发报道这一消息的同时，@ 财经网、@ 央视新闻等微博账号，也将该消息传播至新浪微博，引起微博网友的高度关注，这几个微博的转发量和评论量迅速破千，其中 @ 财经网的相关微博获得了近两万的评论和两万多的转发。

3. 第三阶段：后续媒体跟进

在"宫颈癌疫苗获准上市"的消息引起了微博网友的密切关注后，大量传统媒体和微信公众号开始跟进该议题的相关报道。传统媒体的后续报道，如《中国青年报》的文章《宫颈癌疫苗为啥 10 多年后才进中国》、新华网的文章《宫颈癌专家乔友林详解 HPV 疫苗五大疑问》、《京华时报》的文章《专家预测九价宫颈癌疫苗 3 至 5 年国内上市》等获得了大量转发。而微信公众平台中，"新闻哥"《盼了 10 年，宫颈癌疫苗终于能打了！拯救妹子们就靠这个了！》、"央视新闻"《释疑 | 这个疫苗等了 10 年终于要上市了你需要接种吗？看后即懂》、"三联生活周刊"《宫颈癌疫苗，打还是不打？》等大量文章都取得了 10 万 + 的阅读量。舆论的高度关注持续了约 5 天后逐渐下降，两周后舆情热度渐冷。

（三）传播渠道分析

此次"宫颈癌疫苗获准上市事件"源于 7 月 18 日葛兰素史克的宫颈癌疫苗获得国家食品药品监督管理总局的上市批准。消息被各大媒体报道后，在微博中引起了网友的广泛关注和持续讨论。而随后传统媒体和

各类微信公众号也进行了跟进，多个舆论平台的观点交流碰撞，使舆情持续发展。

1. 自媒体

本次舆情事件的发生，直接源于微博网友对宫颈癌疫苗获准上市消息的高热度参与，舆情的发展过程再次彰显了自媒体信息传播的时效性和讨论的即时性。在事件相关报道发布至微博后，以个人用户、女性用户为主体的参与者就相关微博进行评论，发表自己的观点，或是点赞支持其他人的评论，帮助评论置顶；同时，也有大量用户转发，进行二级甚至多级传播，以其中的关键意见领袖为中心，议题的影响力逐渐扩大。

自媒体信息的传播大部分遵循着"平民化"的框架，就与普通民众息息相关的问题展开了讨论，讨论的主要议题由包括"HPV 疫苗是什么""何时能真正接种""什么样的人适宜接种"等疫苗相关科普议题逐渐深入，扩展到"为何审批周期长达十年""国外对该疫苗的态度"等议题。在微博的多元化议题向其他舆论平台发散的过程中，大量微信公众号稍晚于微博也针对该事件发布相关文章，文章内容相比微博更加关注"知识普及"，向微信用户普及宫颈癌、HPV 以及疫苗打与不打的知识。而随后传统媒体的广泛参与，使该事件借助传统媒体更权威的话语地位，走进了主流舆论场域，成为重要的社会性公共议题。

2. 传统媒体

以第一财经为代表的传统媒体，在舆情发酵的阶段就已经开始对宫颈癌疫苗的相关知识普及、国外该疫苗的使用情况、赴港接种等问题进行了报道分析，显示出了传统媒体在议题敏感度、新闻生产等专业素质方面的巨大优势。同时，也是源于传统媒体在微博进行新闻内容跨平台传播，微博网民才能获知相关信息并围绕媒体微博展开评论和转发，表达自己的观点。

在微博舆论爆发、多元化议题逐渐呈现后，传统媒体迅速予以跟进，撰写相关报道和评论文章，对微博网民讨论的几大核心问题予以权威解答。新华网的报道《宫颈癌专家乔友林详解 HPV 疫苗五大疑问》、《京华时报》的报道《专家预测九价宫颈癌疫苗 3 至 5 年国内上市》就网民热议疫苗相关知识、上市具体时间等问题进行解答，同时《中国青年报》的文章《宫颈癌疫苗为啥 10 多年后才进中国》从药品安全性的角度解释了疫苗批准流程的慎重，对相关谣言予以辟除。传统媒体对这一公共事件的适时参与，报事实、解民惑、辟谣言，使公众讨论有序、健康地进行。

二、传播主体分析

（一）报道媒体

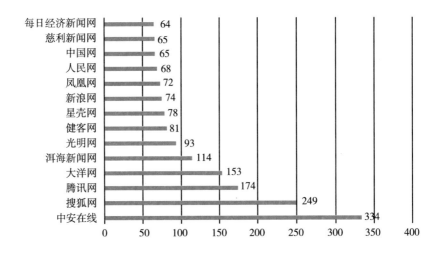

图 5-3-3 "宫颈癌疫苗获准上市事件" 媒体报道量统计

在"宫颈癌疫苗获准上市事件"舆情的发展中，大量的传统媒体发布了事件相关内容的报道，对网民热议的内容进行了高权威度的知识普及和观点评论，使得事件的影响力进一步提高。其中报道量最多的媒体主要有中安在线、搜狐网、腾讯网等。

（二）社交媒体意见领袖识别

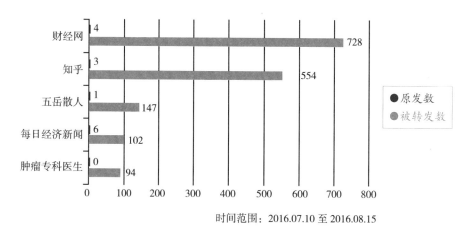

时间范围：2016.07.10 至 2016.08.15

图 5-3-4 "宫颈癌疫苗获准上市事件"微博意见领袖排行

本事件在微博中的意见领袖包括 @ 财经网、@ 每日经济新闻、@ 央视新闻等传统媒体账号，以及 @ 知乎、@ 五岳散人、@ 肿瘤专科医生等自媒体账号。

表 5-3-1 "宫颈癌疫苗获准上市事件"部分微信热门文章及阅读量列表

微信公号	文章标题	阅读量
医学界	宫颈癌疫苗年内在国内上市，进口价格约 2000 元！	100000+
医学界妇产科频道	宫颈癌疫苗终于来了！	100000+
都市快报	全世界女人都欠他一声谢谢！这个杭州男人发明了宫颈癌疫苗，传说和马云是校友	100000+
新闻哥	盼了 10 年，宫颈癌疫苗终于能打了！拯救妹子们就靠这个了！	100000+
央视新闻	释疑 | 这个疫苗等了 10 年终于要上市了你需要接种吗？看后即懂	100000+
e 互助	癌症有疫苗预防了，可惜 26 岁以上不能打！这些你必须知道…	100000+
名医主刀	2016 年度医疗热门事件盘点 | 看你猜中几条？	100000+
精诚堂	中国女人的又一灾难即将来临——葛兰素史克 HPV 疫苗在中国上市！	100000+

续　表

微信公号	文章标题	阅读量
三联生活周刊	宫颈癌疫苗，打还是不打？	100000+
丁香园	首个预防宫颈癌的疫苗获上市许可，中国女性可以在国内打 HPV 疫苗了！	100000+

据本研究整理

在本次事件中，大量微信公众号转发了宫颈癌疫苗批准上市的消息，并围绕该议题普及相关医学知识，取得了非常高的阅读量。主要的意见领袖包括"医学界""丁香园""医学界妇产科频道"等自媒体公众号和"都市快报""央视新闻""三联生活周刊"等传统媒体公众号。

三、关涉主体分析

（一）关涉机构

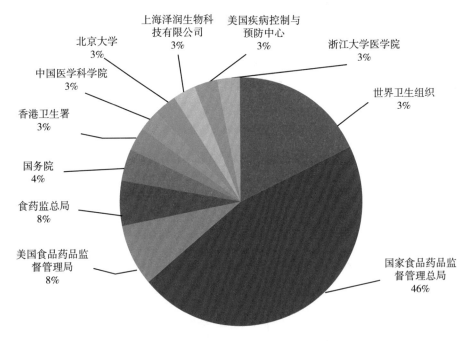

图 5-3-5　"宫颈癌疫苗获准上市事件"关涉机构

1. 国外组织机构：国际社会对同类疫苗的态度

在此次事件中，世界卫生组织、美国食品药品管理局、日本厚生省等国外组织机构，都成为重要的关涉机构。相关舆论的讨论，主要围绕世界卫生组织对宫颈癌疫苗安全性和有效性的认定情况，以及美国、日本等国政府对宫颈癌疫苗的认可程度。总体上看，无论是微博、微信还是传统主流媒体的舆论观点，都是通过引用国外组织机构的观点，肯定宫颈癌疫苗的有效性和安全性，鼓励适用人群接种该疫苗；同时也对国际上针对病毒型别更多的四价、九价疫苗进行介绍，普及疫苗相关知识。

2. 食品药品监督管理部门：被质疑审批时间过长

事件在微博平台引起舆论热议后，大量质疑也开始产生。其中，有的网友围绕《时隔十年宫颈癌疫苗今日获准中国上市》开始讨论宫颈癌疫苗在中国的审批流程，质疑监管部门对类似药品审核的时间过长、审核通过的产品是落后产品等问题，更有一篇名为《用10年批准了一个被世界淘汰的疫苗》的文章在微信快速传播，大量负面舆论开始出现。7月27日，《南方周末》旗下的微信公众号"健言"发布文章《辟谣|< 用10年批准了一个被世界淘汰的疫苗 > 所言果真如此吗？》对国家食品药品监督管理总局的审批流程、疫苗的安全性和有效性、审批过程中各方出于安全性考虑的斟酌等事实进行澄清，有力地回击了谣言。文章发布后，国家食品药品监督管理总局在官网转载了这一文章进行辟谣，该文章也被转载至果壳、知乎、微博等平台，引发网友的后续讨论。

3. 普通民众：对权威信息的渴求强烈

在"宫颈癌疫苗获准上市"的消息迅速传播于微博时，大量普通网友也在评论中发出了自己的疑问，"疫苗是否安全有效""自己是否应该接种""什么时候能在身边的医院接种"等成为微博网友最为关注的话题。这也反映出微博传播门槛降低，使得各方信息得以涌入，舆论迅速升温；但在信息高度汇集的同时，大量网友开始出现信息"过载"，难以从鱼龙混杂的消息中分辨和获取权威可靠的内容。本事件作为一个关乎广大普通民众健康的公共事件，引起了舆论的迅速关注，同时权威消息的匮乏提供了流言传播的土壤，谣言开始滋生。在这样的情况下，传统主流媒体及时跟进，一方面给普通民众提供权威的信息，一方面澄清事实阻止谣言的散播，就显得非常必要。

（二）关涉人物分析

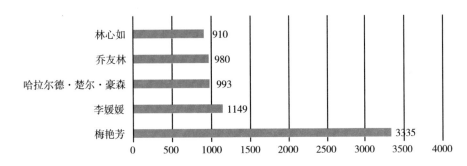

图 5-3-6 "宫颈癌疫苗获准上市事件"关涉人物

在该事件中，舆论关涉的人物主要包括因为宫颈癌疾病去世的梅艳芳、李媛媛等艺人，发现了宫颈癌与 HPV 感染关系并获得诺贝尔生理学或医学奖的德国科学家哈拉尔德·楚尔·豪森，中国医学科学院肿瘤医院流行病学研究室主任乔友林等。

四、监管介入效果评估

本次舆情事件的发生，源于国家食品药品监督管理总局批准葛兰素史克宫颈癌疫苗上市的消息，首先在微博引起广泛关注，之后主流媒体和微信迅速跟进，舆论热度持续上升。舆情的快速发生，大量网友提出相关疑问，一些关于疫苗有效性、食品药品监督管理部门审批流程的流言也开始产生。部分主流媒体和微信公众号的及时跟进，采访权威解答疑虑、辟除谣言，网友的疑问得到解答后，舆情也走向消解。但监管部门在辟谣过程中，仅仅对其他媒体发布的辟谣信息进行转发，未能积极主动地迅速澄清事实打击谣言。

五、网民关注度变化

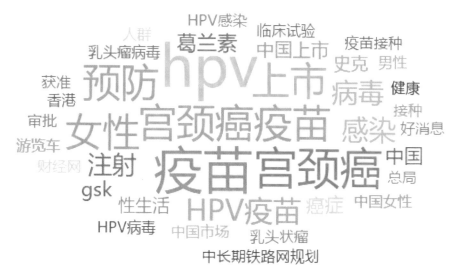

图 5-3-7 "宫颈癌疫苗获准上市事件"词云图

从图 5-3-7 可以看出，本次事件的相关舆论讨论围绕着"宫颈癌疫苗""HPV"等核心词汇展开，对宫颈癌疾病、HPV 病毒、疫苗有效性、上市时间、适用群体等话题进行讨论。

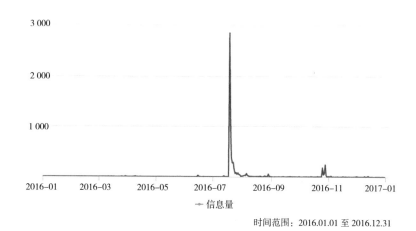

时间范围：2016.01.01 至 2016.12.31

图 5-3-8 "宫颈癌疫苗获准上市事件"微博关注度变化图

微博舆论对本次事件的关注显示出"持续时间短""爆发峰值高""舆情退热快"的特点。在事件相关报道发出之后，以个人用户、女性用户为主体的大量用户迅速参与讨论。而在更多信息发布，解答了民众疑惑后，相关议题的讨论量迅速下降，微博舆情逐渐消弭。

六、传播现象分析

"宫颈癌疫苗获准上市"相关舆情的发生，是长期以来民众对这类疫苗关注度逐渐上升与该疫苗在国内迟迟未能通过审批上市之间的矛盾的集中爆发。新浪微博作为此次舆情的爆发地，再次显现出社交媒体舆论对于新闻事件参与的速度。信息传播的权力下放，海量信息的突然汇聚，也可能造成舆论在信息"过载"的失控中滋生流言和谣言，传统主流媒体作为权威信源的地位，在混乱的社交舆论中报事实、解民惑、辟谣言的重要作用依然是不可替代的。

另外，该话题也在知乎等专业化社区平台引起热烈讨论，知乎的影响力早已跳出"专业"的围栏，通过圈群化的扩散进入到更大的公共话语空间。知乎之所以能够将平台议题转化成公众议题，与用户群体结构密切相关。有数据表明，知乎的用户社会地位、收入水平、学历水平高于网民平均水平。中产阶级、知识精英们对议题的设置成功地影响了主流媒体，公众不自觉地身份代入并暗中发力。由此，媒介议程设置不再由权力精英阶层或是传统媒体所垄断，公众议题进入媒介，并最终成为大众议题，其设置不是知乎所做，而是知识精英阶层综合利用各种传播平台的议程设置。

自媒体抛出疑问后由传统媒体进行解答的舆情发展结构，再次显示出传统媒体在严肃性议题上所拥有的权威性和影响力，也展现出了自媒体与传统媒体议程互动、合作报道的新形式。随着自媒体的持续快速发展，这一由社交媒体第一时间讨论，主流媒体随后跟进并引导舆论方向的"合作报道"模式将逐渐成为舆情发生发展的重要形式。

七、事件点评

宫颈癌可谓女性健康的最主要杀手之一，"宫颈癌疫苗"作为本次舆情事件的核心对象，可以通过有效减少 HPV 病毒感染从而预防宫颈癌，对保护女性健康能够起到非常大的作用。作为关乎广大女性健康的公共议题，普通民众对该话题给予了非常高的关注度，反映了民众对于提高医疗水平和健康水平的殷切期待。

此次舆情事件的发展，基本遵循着"议题关注度上升—网友提出疑问—流言产生—权威给出结论"的发展流程，舆情热度上升速度快、峰值高，但持续总时长较短。而舆情迅速发展的原因，在这一关乎广大民众健康的议题中，单一的关于疫苗上市的相关报道不足以满足普通民众对于获取更多信息、帮助自身决策的需求，导致普通民众迅速参与至微博平台发表观点展开讨论。而舆论的快速退热，很大程度上在于大量媒体和微信公众号的快速跟进，短时间内发布了更多高权威性的知识普及导向的文章，对微博网友提出的主要疑虑进行了解答。相关疑虑消除后，舆论热度自然下降，舆情逐渐消解。

第四节 "罂粟壳事件"舆情分析

罂粟壳作为国家管制的麻醉药品，被禁止在食品中添加使用，但受经济利益驱使，食品中非法添加罂粟壳的行为在一些地区屡禁不止。近年来，个别食品加工企业和餐饮服务单位违法使用罂粟壳作为食品调味料而被查处的新闻偶有曝光，作为与日常生活密切相关的食品安全问题，"罂粟壳问题"长期吸引着公众关注。2016 年 1 月 20 日，国家食品药品监督管理总局在官网发布了《关于 35 家餐饮服务单位经营的食品中检出罂粟壳成分的通告》，引起了媒体的高度关注，食品中违法添加罂粟壳等成分，成为舆论高度关注和讨论的重要议题。

一、舆情演化过程

（一）整体热度分析

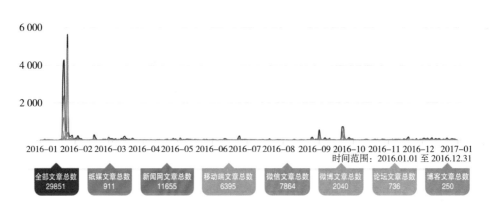

图 5-4-1 "罂粟壳事件"舆情热度变化图

2016 年全年中，舆论关注"罂粟壳"时段集中在国家食品药品监督管理总局在官网发布《关于 35 家餐饮服务单位经营的食品中检出罂粟壳成分的通告》后的一段时间，尤其在通告发布后的一周形成高峰。

（二）传播阶段分析

图 5-4-2 "罂粟壳事件"传播渠道分析

1. 第一阶段：通告发布，舆情爆发

1 月 20 日，国家食品药品监督管理总局在官网发布了《关于 35 家餐饮服务单位经营的食品中检出罂粟壳成分的通告》，通报了 35 家餐饮服务单位经营的食品中含有罂粟碱、吗啡、可待因、那可丁、蒂巴因等罂粟壳成分，存在涉嫌违法添加行为，并公布了对这些餐饮服务单位的调查处置进度。通告发布后，新华网、网易新闻、凤凰网、今日头条等大量媒体迅速

对该通告予以转载报道，舆论关注度迅速上升。

2. 第二阶段：多平台跟进讨论

1 月 21 日，该事件相关报道被 @ 公安部打四黑除四害、@ 人民网、@ 人民日报、@ 北京人不知道的北京事儿等账号发布至新浪微博，引起微博网友热议。同时，多家媒体开始组织记者跟进调查，发布更多事件相关消息，如《中国青年报》报道《胡大等 35 餐企使用罂粟壳被查 知情人称很容易买》、《法制晚报》报道《北京 5 餐饮商家被查出罂粟碱 涉事簋街三商家仍在营业》、新华网报道《北京：簋街胡大等五餐馆罂粟壳成分源自调味料》。微信公众号中，也开始有各地媒体和地方生活服务账号发布相关文章，梳理 35 家名单中的本地餐饮服务企业。

3. 第三阶段：舆论热度降低，讨论走向深度

舆情的集中爆发持续了约 5 天后，舆论热度逐渐减退，而针对此次事件的评论类文章开始陆续出现，逐步挖掘事件背后映射的信息，舆论讨论深度增加。《人民日报》刊登时评《"罂粟壳混上餐桌"的真问题》《给食品犯罪当保护伞，痛打！》，强国论坛发布帖子《35 家餐馆检出罂粟壳 监管利剑要常出鞘》，还有更多的新闻媒体和微信公众号发布文章普及罂粟壳作为食品添加剂的潜在危害。

4. 第四阶段：后续舆论持续关注

在通告发布后，2016 年全国各地食品药品监督管理部门陆续开展了多次针对罂粟壳等违法添加成分的专项整治行动，当地新闻媒体和相关公众号都对本地的相关整治行动和查处结果进行了报道。9 月 1 日，《法制晚报》报道《北京一炸鸡店老板为牟利加罂粟壳被判刑》；9 月 20 日，国家食品药品监督管理总局发布的《总局关于严厉查处餐饮服务环节违法添加罂粟壳等非食用物质的通知》在各大新闻网站和微信公众号中获得了大量转发，引起了舆论对于该议题的再度讨论，掀起了两次舆情的小高潮。总的来看，舆论对于"罂粟壳事件"的相关报道一直未曾离场，对其相关内容的讨论以较低的热度持续了全年。

（三）传播渠道分析

"罂粟壳事件"舆情的爆发起源于 1 月 20 日国家食品药品监督管理总局发布的通告，对涉及的 35 家餐饮服务单位进行披露。由于涉及的餐饮服务单位遍及全国不同地区，所涉及的问题又是食品安全这一舆情敏感地带，因而引起了媒体和公众的极大关注，事件消息的传播遍布全网各个渠道，讨论的热度持续全年。同时，随着媒体形式的日益多样化，传统媒体与社会化媒体的传播权威地位和影响力出现了一定程度的变化，这在"罂粟壳事件"舆情的传播中得以显现。

1. 传统媒体

传统媒体得益于自身的信息获取和新闻生产能力，发布的信息具有非常高的权威性，主导设置了舆情讨论的议程。事件发生之初，传统媒体针对发布的通告进行报道，将"罂粟壳事件"带入了舆论视野；同时，人民日报、凤凰周刊等传统媒体也在第一时间将该新闻发布至客户端、微博、微信，为舆论的发展开辟新的场域。在舆论对该事件密切关注、激烈讨论之时，传统媒体再度出击，发布分析评论文章，引导舆论进行更深层次、更多维度的讨论。其中，《广州日报》发布的《食客也要对罂粟壳说"不"》、《人民日报》发布的《"罂粟壳混上餐桌"的真问题》《给食品犯罪当保护伞，痛打！》、《经济参考报》发布的《山寨"周黑鸭"查出罂粟壳侵权门店坑惨消费者》等文章都吸引了媒体和公众的大量关注，取得了较高的社会影响力。传统媒体的适时介入，避免了互联网舆论在"野蛮生长"中演变为漫无目的、浅层的、非理性的抱怨和谩骂，而上升到对事件本身理性的思考，引导讨论议题的正确发展方向，使得舆论监督的重要作用得以充分发挥。

2. 自媒体

与传统媒体所拥有的高影响力、高权威性不同，微博、微信等平台中的大多数自媒体，受众相对较少、公信度较弱、影响力也不能与传统媒体相提并论。但是在本次事件中，自媒体成为传统媒体信息分发扩散的重要渠道，起着非常重要的作用。

在新浪微博中，数以万计的个体或者认证用户发布、评论了来自媒体微博发布的事件报道，发表了自己的观点，并且通过转发成为二次传播中的意见领袖。在微信平台，海量的微信公众号转发了媒体的报道和分析文章，取得了非常高的阅读量，并把各自的关注者领进"罂粟壳事件"的舆论场中。"杭州交通 918"的文章《天呐！杭州这几家小有名气的餐饮店，竟然在菜里面添加了…有你经常去的吗？》、"宣克炅"的文章《【黑心！上海：米线汤底放罂粟壳】黑心连锁店店主被抓》都取得了 10 万 + 的阅读量，根据"清博指数"搜索结果统计，"宣克炅"2016 年微信相关文章阅读量总计超过 346 万。

海量的自媒体账号对该事件的广泛参与，让来自传统媒体的新闻迅速扩散到互联网的各个角落。同时，在关注议题上，自媒体普遍更关注各地后续类似事件的处理。来自传统媒体的新闻内容经过自媒体的"二次加工"，用特定策略面向各自受众群体传播，甚至比原发媒体面向大众传播的信息更具吸引力和接受度，大大拓展了传统媒体对事件报道的传播效果，使该议题的舆论热度经久不息。

二、传播主体分析

（一）报道媒体

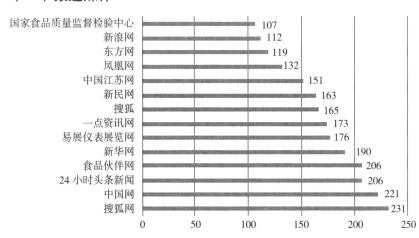

图 5-4-3　"罂粟壳事件"媒体报道量统计

　　"罂粟壳事件"的相关舆论讨论，遍及了互联网的各个角落，既有来源于传统媒体的一手报道和评论，也有来自微博、微信、论坛等平台的大量转发。在该事件中，搜狐网、中国网、新华网等媒体对事件的报道，对舆情的发展起到了重要的作用。

（二）社交媒体意见领袖识别

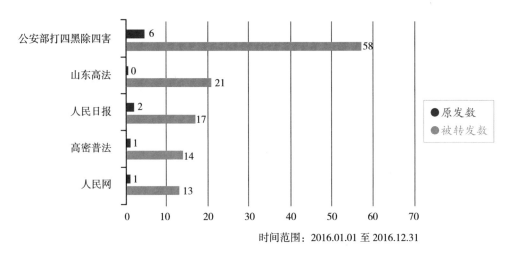

时间范围：2016.01.01 至 2016.12.31

图5-4-4 "罂粟壳事件"微博意见领袖排行

　　微博中吸引用户关注"罂粟壳事件"的意见领袖主要有 @ 公安部打四黑除四害、@ 山东高法、@ 人民日报、@ 高密普法、@ 人民网、@ 头条新闻等账号，主要是媒体账号和官方机构信息发布账号。

表5-4-1 "罂粟壳事件"部分微信热门文章及阅读量列表

微信公众号	文章标题	阅读量
广元日报社	广元这10家火锅居然添加罂粟壳，你吃过吗？	100000+
杭州交通918	天呐！杭州这几家小有名气的餐饮店，竟然在菜里面添加了…有你经常去的吗？	100000+
宣克炅	【黑心！上海：米线汤底放罂粟壳】黑心连锁店店主被抓	100000+
中国禁毒	吃货们快快看过来，读完本文让你彻底避免误食罂粟壳！	94202

微信公众号	文章标题	阅读量
都市快报	天哪！杭州这几家小有名气的餐饮店，竟然在菜里面添加了罂粟壳！有你经常去的吗？	86837
央视新闻	一图丨"罂粟壳"换名隐蔽售卖这些行为会被判刑！	86034
广东公共频道DV现场	悲催！男子吃加了罂粟壳的火锅后，被警方查出吸毒，拘留15日！	62300
南海食安	两嫌疑人被刑拘！桂城一家餐饮店的卤水食品被检出罂粟壳！	54262
陕西都市快报	红牛造假、火锅加罂粟壳、毛肚掺甲醛…看看陕西被点名的这几家店你去过没！	44806
人民网	山东一大爷种600多株罂粟被查，竟称是为了……	41099

据本研究整理

在本次事件中，大量微信公众号转发了相关新闻并获得了非常高的阅读量。主要意见领袖包括"广元日报社""杭州交通918""央视新闻"等传统媒体公众号，还包括"宣克炅""中国禁毒""南海食安"等自媒体公众号。

三、关涉主体分析

（一）关涉机构

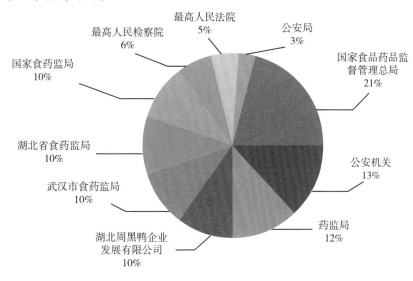

图 5-4-5 "罂粟壳事件"关涉机构

1. 政府部门：专项整治，处理"罂粟壳问题"

此次舆情事件的发生，由国家食品药品监督管理总局发布通告而展开。国家法律明确规定禁止非法供应、运输、使用罂粟壳，但个别食品加工企业和餐饮服务单位为追求经济利益违法使用罂粟壳作为食品调味料的情况仍时有发生。而随着年初国家食品药品监督管理总局发出通告，各地食品药品监督管理局陆续开始联合公安等部门开展了专项整治行动，9 月 20 日国家食品药品监督管理总局发布《总局关于严厉查处餐饮服务环节违法添加罂粟壳等非食用物质的通知》，更是将相关行动的查处力度推上一个新的台阶。在"罂粟壳问题"的舆论讨论中，大部分的观点都认为相关监管部门应加强对此类在食品中添加罂粟壳等违法物质的非法原料供应商、加工者、销售者等的查处力度，采取"零容忍"态度、从重处理相关责任人，才能从源头上杜绝这类食品安全问题的发生，让老百姓吃得安心。

2. 普通民众：受害者群体，忽视罂粟壳危害

普通民众在这次事件中，既是广大的受害者群体，也是舆论的积极发声者，同时，普通民众对于食品中添加罂粟壳的危害认识不清，也成为舆论批评的对象之一。有相当数量的人在对相关新闻的评论中散播"罂粟壳危害比毒品小""罂粟壳非常提鲜"等言论，反映出了很多普通民众对罂粟壳的危害认识不够。正因如此，媒体发布了《食客也要对罂粟壳说"不"》等评论文章，对这类不反对添加罂粟壳的民众进行了批评，对食用罂粟壳的严重危害进行了科普，纠正了混淆视听的言论，引导了舆论发展的健康导向。

3. 周黑鸭：迅速发声澄清事实并借势营销

周黑鸭被卷入"罂粟壳事件"源于 1 月 20 日，国家食品药品监督管理总局公布的受查处的 35 家单位中，包含了"安徽省宿州市周黑鸭宿蒙路口店"和"宿州市埇桥区慧鹏周黑鸭经营店"两家门店，一时间将湖北周黑鸭企业发展有限公司推上了食品安全问题的风口浪尖，舆论纷纷质疑周黑鸭是否涉嫌添加罂粟壳，有网友甚至晒出了吃到的"罂粟壳"的图片，质疑自己吃到的产品不是安全的。针对舆情的突然爆发，周黑鸭在 21 日中午通

过官方微博发布声明称通告中的两家店冒用"周黑鸭"商标，与公司不存在任何关系。声明发出后，在微博平台纷飞的流言被终止，而后 @ 周黑鸭官方微博又继续发布话题 # 保卫周黑鸭 # 与微博网友及时互动，告知网友如何鉴别真假"周黑鸭"，成功将一次意外的舆情"躺枪"事件转变为一次品牌曝光营销活动。

（二）关涉人物分析

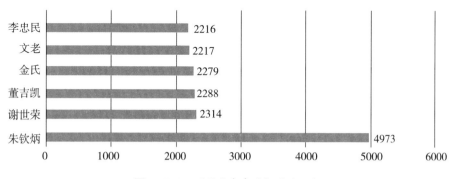

图 5-4-6 "罂粟壳事件"关涉人物

"罂粟壳事件"涉及的最主要人物是对该事件进行点评的湖北省食品药品监督管理局食品生产监管处处长朱钦炳。除此之外，关涉的人物主要与受处理的餐饮服务单位有关，包括北京谢世荣炸鸡店、上海董吉凯大排档、四川金氏酸萝卜鱼火锅店、重庆文老六火锅、湖南李忠民清汤羊肉粉店等。

四、监管介入效果评估

在国家食品药品监督管理总局的通告发出后，舆论的产生和发展受到主流媒体的引导和社交媒体的扩散。来自新华网、《人民日报》等传统主流媒体的报道和评论，为舆情的发展树立了导向，使舆论热议的焦点紧紧围绕着讨论罂粟壳危害、要求加大对类似违法行为的惩处力度等议题。后续各地专项整治行动的开展，也得到了舆论的支持肯定。在社交媒体平台围绕"周黑鸭"等问题流言纷飞之时，相关企业迅速发声澄清事实，有效地遏制了谣言的蔓延。

五、网民关注度变化

图 5-4-7 "罂粟壳事件"词云图

在本次事件中，舆情紧紧围绕"罂粟壳"这一主体对象展开讨论，讨论的内容涉及罂粟壳的危害、各地的违法商户、食品药品监督管理局和公安机关等部门的监管等问题。

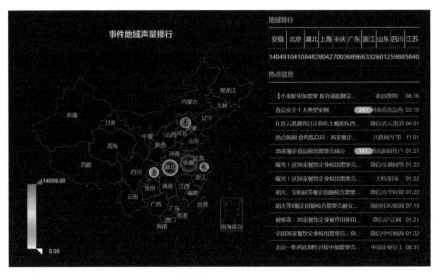

图 5-4-8 "罂粟壳事件"地域声量排行图

从图 5-4-8 可以看出，作为一次波及全国的舆情事件，在多个省份都引起了舆论讨论的高度关注。其中，安徽假"周黑鸭"和北京多家企业等因在国家食品药品监督管理总局的通告中榜上有名，成为舆论最为关注的地区。

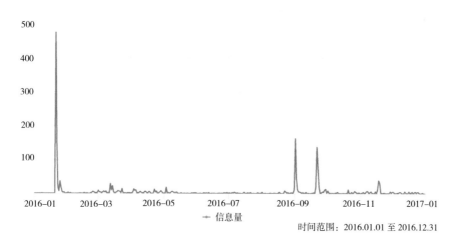

时间范围：2016.01.01 至 2016.12.31

图 5-4-9 "罂粟壳事件"微博关注度变化图

微博对本事件的关注度间断性持续了全年。在 1 月 20 日国家食品药品监督管理总局发布通告、9 月 1 日炸鸡店老板因添加罂粟壳被判刑、9 月 20 日国家食品药品监督管理总局下发严厉查处罂粟壳问题的通知这三个关键节点上，微博用户就相关话题的讨论量出现了爆发式增长。

六、传播现象分析

"罂粟壳事件"的发生，反映了公众对于食品安全问题现状的深刻担忧。随着社会发展、公众生活水平的不断提高，人们对食品安全的期待也在不断上升，但是近年来食品安全事件、食品添加剂过量等问题多发，刺激着公众脆弱而敏感的神经，使食品安全问题成为舆情高危区。正因如此，在涉及食品安全问题的报道中，必须要有权威媒体适时引导舆论，防止"标题党"和谣言信息的扩散引发舆论的非理性声讨。

"罂粟壳事件"中，在事件事实被澄清、主流媒体发表评论引导舆论讨论方向后，社交媒体舆论与传统媒体舆论走向合流、形成"共振"。不同舆论场域之间议程的相互设置和信息的传播共享，使得事件的关注度被加强、舆论讨论时间被延长，"罂粟壳危害不容小觑""相关部门加大食品安全检查力度""对违法商户严肃处理"等观点成为舆论主流观点，影响力进一步扩大。

七、事件点评

"罂粟壳事件"持续时间长、关注热度高、影响范围广，成为 2016 年重要的舆情事件之一。该事件的发生，一方面向公众再次普及了食用罂粟壳的严重危害，对罂粟壳相关话题的关注度明显上升；另一方面，直接促成了各地陆续开展针对违法添加罂粟壳问题的专项整治行动，对大量违法商户进行了严肃处理，有效地打击和震慑了此类违法行为。

随着新兴媒体的迅速发展，传统媒体独大的格局被打破，传统媒体和社交媒体在传播过程中的角色分化愈发明显。传统媒体依然是事件传播过程中的主导者，凭借自身的高新闻生产力、高权威性、高影响力，传统主流媒体能够在第一时间获得可靠消息，将"罂粟壳事件"带入舆论视野；在舆情的发展过程中，传统媒体深入挖掘新闻内容、发表评论文章，把舆论引向理性的、深层次的、多维度的讨论，充分发挥了舆情监督的作用。而社交媒体愈发成为重要的信息分发扩散渠道。海量的自媒体遍布了互联网的各个角落并根据自身定位吸引特定用户群，来自权威媒体的消息经由自媒体的扩散传播，深入到更细分的受众群体；在自媒体的组织下，不同意见用户聚集在自己的意见领袖之下，更充分地表达自己的观点看法，使舆论的议题更加多元。

📘 第五节　哈尔滨"天价鱼"事件舆情分析

2016年2月12日，江苏常州网友@jack光头（自称陈岩）微博发帖称，2月9日他们一行人在导游带领下于哈尔滨松北区"北岸野生渔村"餐厅就餐，结账时竟遇"天价鱼"，两桌饭共花费10302元。一时间，哈尔滨"天价鱼"事件在网上引发热议，被网友戏称"神鱼"。事件后经多次调查和舆论反转，在事件报道和进一步披露的过程中，"天价饭菜"、旅游纠纷、政府监管不力等问题引起舆论普遍关注。

一、舆情演化过程

（一）整体热度分析

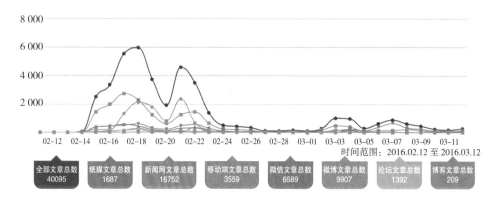

图 5-5-1　哈尔滨"天价鱼"事件舆情热度变化图

从哈尔滨"天价鱼"事件的舆情热度变化图来看，自2016年2月12日陈岩发帖后，十余天的时间内该事件在多个平台引起广泛关注。其中，新闻网文章总数占全部文章总数的比例最大（约占41.8%），可以看出专业新闻媒体对该事件表现出了很高的关注热情。其次发布相关内容最多的是信源发布信息所使用的平台，即微博平台，大约占据相关文章总数的24.7%。总体而言，该事件相关舆情呈现出"范围广泛""数据分散""持续较久"的特征。

（二）传播阶段分析

图 5-5-2　哈尔滨"天价鱼"事件传播渠道分析图

1. 第一阶段：事件发酵

2016 年 2 月 12 日，江苏常州网友 @jack 光头（帖中自称陈岩，后述新闻报道中也有"陈某"的称呼，是指同一人）微博发帖，称在 2 月 9 日其在导游带领下于哈尔滨松北区的"北岸野生渔村"餐厅就餐，但结账时发现鱼的斤两存在问题，一行人的两桌饭最后竟然花了 10302 元，遂报警。但当地警方存在与商家勾结的情况，店家甚至出手打人。陈岩呼吁网友转发以帮其讨回公道，并希望去哈尔滨旅游的朋友以此为戒。此时舆论大多对陈岩的遭遇予以同情，谴责北岸野生渔村餐厅的宰客行为。

2. 第二阶段：事件反转

2 月 14 日下午，涉事饭店表态，指出实际支付费用为 7200 元，并且饭店也不存在缺斤少两的行为，是客人酒后赖账并且出手打人。在《新京报》记者致电询问饭店时，店员回应称该店明码标价，可以放心消费。

2016 年 2 月 15 日晚，哈尔滨市松北区相关部门在联系当事人未果的情况下，经过对店家的单方面取证后公布了该起消费争端问题初步的调查情况通报，认为涉事饭店"明码标价不违规"。这一报告发布之后，网友不再声讨饭店，舆论发生反转，即转为指责陈岩等人无理取闹。

3. 第三阶段：事件二次反转

调查通报公布后，陈岩接受媒体采访，提出调查存在许多漏洞。在通报公布半小时后，《新京报》曝出还有一个浙江旅行团在同一渔村的遭遇与陈岩等人非常相似。

另一方面，中新网记者经过向前台经理赵玲核实，得知在手写账单上签字的并不是游客本人，而是该店服务员为"免责"的代签，也有媒体曝出涉事饭店的餐饮许可已经过期。在越来越多的事实证据支持下，舆论经历二次反转。

4. 第四阶段：权威部门发声

2016 年 2 月 21 日，哈尔滨市松北区"天价鱼"事件专项调查组完成对相关问题的调查并做出对该事件的最终裁决，认定这是一起严重侵害消费者权益的恶劣事件，决定采取吊销涉事饭店营业执照、对店主罚款 50 万元等处罚决定，同时启动对相关部门负责人及工作人员的问责程序。关于该事件的判决总算有了定论，但关于政府监管、旅游城市、餐饮服务业等议题的讨论并未立刻结束。

（三）传播渠道分析

事件发生原因是当事人通过微博平台发帖爆料，称 2 月 9 日其在导游带领下，在哈尔滨松北区的"北岸野生渔村"餐厅就餐，但结账时发现鱼的斤两存在问题，一行人的两桌饭最后竟然花了 10302 元，店家动手伤人且态度蛮横，报警仍旧未能处理该事件，提醒网友在哈尔滨旅游时注意不要"被宰"，并且配图餐饮小票和其他照片作为佐证。该事件经由网友转发和声援，由于关乎春节期间旅游纠纷、政府有关部门监管不力等敏感问题，短时间内就成为公众关注的公共事件，并引起新闻媒体的注意，记者遂介入事件报道并展开采访调查。政府有关部门同样采取措施，及时成立调查组，将调查进度与调查通报及时反馈给媒体进行报道。

1. 自媒体

微博作为信息源在此次事件中充分发挥了自媒体的优势。正是因为自媒体一定程度上将话语权下放，且准入门槛低，才会带来"人人都有麦克风，人人都是传声筒"的新局面，陈岩也才得以发布关于自己旅游纠纷经历的内容。但在新闻传播的过程中，也暴露了自媒体不善查证、缺乏专业性的弱点。自媒体环境下新闻真实性难以考证，追求时效性的结果使信息片面化呈现，并且主动参与事件评论或转发的公众往往会带入过多个人情感，使得舆论缺乏理性和判断力。

在自媒体影响力越来越强的今天，过分注重时效性、信息传播片面化、公众主观情绪等因素都导致诸如哈尔滨"天价鱼"事件这样的"反转新闻"

频发。这类事件经过自媒体的传播和放大，形成了很强的舆论影响力，并进一步设置其他媒体议程，使得其他媒体不得不持续关注并陆续更新报道。

2. 传统媒体

传统新闻媒体对事件的追踪报道调查展现出媒体从业者的专业性和对新闻深度挖掘的能力，传统新闻媒体发表的报道文章能引起公众关注并引导舆论转向，也彰显出传统媒体在公众心目中的公信力和新闻报道领域的生命力。《新京报》记者及时向饭店致电确认信息、探寻是否有消费者在该渔村就餐遭遇类似事件，中新网记者采访并确认手写账单上的签名为服务人员"代签"，以及其他专业记者采访当事人、查找取证该饭店餐饮许可证等行为，都可以视为传统新闻媒体记者自身媒介素养和专业精神的彰显，有效推进事件的进一步调查和裁决。

另一方面，真实性是新闻的生命，无论自媒体对传统媒体的挑战与冲击有多大，传统新闻媒体既然肩负着"把关人"的重任，就必须坚持真实性、客观性等传统原则，严格按照新闻生产机制了解事实、接近真相。每一次事实的"反转"都是对舆论生态和公信力的威胁和破坏。

二、传播主体分析

（一）报道媒体

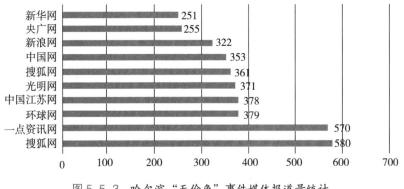

图 5-5-3　哈尔滨"天价鱼"事件媒体报道量统计

一点资讯网、搜狐网两家新闻网站，对此次"天价鱼"事件给予了较高关注，成为报道数量最多的新闻媒体。

（二）社交媒体意见领袖识别

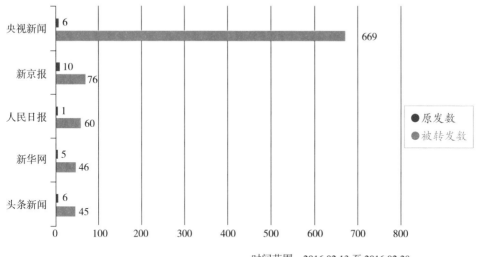

时间范围：2016.02.13 至 2016.02.28

图 5-5-4　哈尔滨"天价鱼"事件微博意见领袖排行

哈尔滨"天价鱼"事件舆论发酵的主阵地在微博平台，进一步关注微博意见领袖可以看出，本次事件央视新闻的意见领袖地位较其他媒体优势显著。二至四位分别是《新京报》《人民日报》、新华网和头条新闻。这证明在本次事件中主流媒体介入效果显著，充分发挥了舆论引导的作用。

表 5-5-1　哈尔滨"天价鱼"事件部分微信热门文章及阅读量列表

微信公号	文章标题	阅读量
央视新闻	哈尔滨"天价鱼"调查结果：吊销执照店主罚 50 万	260000+
央视新闻	调查丨到底是宰客还是赖账？哈尔滨"天价鱼"的真相是什么？	210000+
央视新闻	评论丨四天内舆论三度反转　究竟谁撒谎了？	180000+
新闻夜航	反转？哈尔滨"天价鱼"事件追问：还有多少疑问待解？是否会出现大反转	160000+
新闻夜航	重磅丨监控视频曝光，哈尔滨"天价鱼"真相究竟是什么？调查结果是什么？女游客同一家店被曝消费 1 万 6 又是咋回事？	120000+
新晚报	哈尔滨严处"天价鱼"吊销营业执照，罚款 50 万元丨对相关责任人启动问责	110000+

续　表

微信公号	文章标题	阅读量
新闻正前方	"天价鱼"事件终于落下帷幕！饭店赔钱又停业！	100000+
央视新闻	追问｜哈尔滨"天价鱼"举报人再发声！所诉属实吗？饭店有没有宰客？鳇鱼是啥鱼？五大疑问仍待解	90323
凤凰网	哈尔滨天价鱼始末：黑了你钱包，还要再泼身脏水	77410
政商内参	一条给东北添堵的鱼…大东北经济衰败是有原因的	56191

据本研究整理

该事件微信平台相关报道同样引起公众关注。从央视新闻对该事件的追踪报道每条都拥有较高的阅读量就可以看出，公众对代入感强的公共议题有很高的热情。

三、关涉主体分析

（一）关涉机构

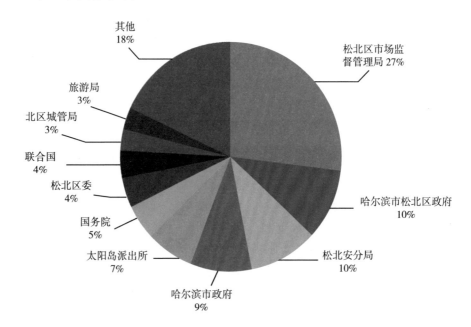

图 5-5-5　哈尔滨"天价鱼"事件关涉机构

1. 景区餐饮业：职业操守遭质疑

此次事件并非个例，而是众多景区旅游纠纷事件的缩影。景区餐饮业因为价格昂贵、口感不佳、没有特色、经营许可过期等问题一直广受诟病，特别是在节假日期间，各个媒体平台几乎都会出现相关报道。哈尔滨"天价鱼"事件只是将景区餐饮业的问题再次暴露在公众的视野中。

国家旅游局2017年1月9日发布的数据显示，2016年国内旅游44.4亿人次，同比增长11%，国内旅游总收入3.9万亿元，同比增长14%。国内旅游越来越受到人们的青睐，旅游相关产业也在旅游业的带动下展现出良好的经济效益。景区巨大的人流吞吐量、店家有限的接待量和游客极高的随机消费给景区餐饮业带来了生命力，却带走了进步的动力。景区餐饮业中不乏商家只看重消费者随机消费的潜力，与旅行社或导游暗中操作，破坏市场竞争的公平性，共同在游客身上榨取利润，并且寻找规章制度中的漏洞"钻空子"，一旦出现问题就逃避社会责任互相推诿或百般抵赖。此事件中的饭店就在初步被调查时伪造客人亲笔签名，掩盖餐饮许可过期的事实，这一系列不当行为不仅会影响该店自身声誉，也会影响所在景区、城市以及政府相关部门的形象，降低景区餐饮业的整体口碑。

2. 政府部门：监管不力与调查仓促

旅游纠纷的广泛存在从侧面反映出政府相关部门的失职。在事件被曝出后，哈尔滨松北区委宣传部官方微博"@松北快报"于14日发布消息称，已成立联合工作小组，并于15日晚发布了第一次调查结果。这说明一些地方政府在应对舆情的态度和机制上有巨大进步，值得赞赏。但事件调查组在没有和当事人陈先生取得联络的情况下，仅就单方面了解的情况，匆匆发表店家"明码标价"结论。商家是否存在回扣、鳇鱼是否野生、是否缺斤少两，甚至连最基础的餐饮服务许可证是否有效的问题都没有交代清楚，未挠准舆论期待回应的"痒处"，快犹不及，引发了次生舆情灾害。网民认为，仅仅因为明码标价就认为商家没有违规行为没有说服力，而且调查过程中官方始终只引用了店家的证言，对消费者一方的论述完全忽视，下结论太过草率。

近年来，很多政府部门都意识到一旦遇到这类社会纠纷，必须第一时间介入展开调查，这是进步。但是，一次按规矩办的纠纷解决、一次有质量的舆情处置，并非只有"快"这一个标准。如果不经全面调查就公布一个不能准确还原真相、只提供"局部真实"的结果，只会让事情变得更复杂。

（二）关涉人物分析

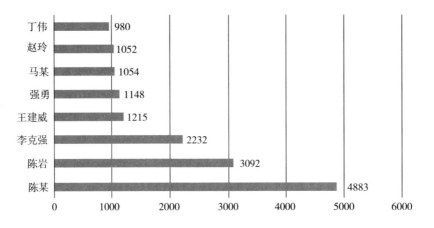

图 5-5-6　哈尔滨"天价鱼"事件关涉人物

哈尔滨"天价鱼"事件关涉人物热度排行中，热度榜首是当事人陈岩（陈某同样指陈岩）。除了对当事人的关注，还有其他6位关涉人物关注度较高。其中，李克强是国务院总理，王建威、强勇是新华社相关新闻报道的记者，马某是该店法定代表人，赵玲是北岸野生渔村经理，丁伟是哈尔滨市松北区副区长、事件调查组负责人，并曾就这次事件接受央视记者采访。通过关涉人物热度排行不难看出，这次事件中，公众除了关注当事双方，还将注意力放在了政府相关部门和负责人身上，说明政府的监管、权力的使用等问题依旧广受关注。

我国旅游群体不断扩大，而国内旅游是其中非常重要的一部分（《中国旅游发展报告（2016）》中指出"国内旅游成为中国最主要的旅游消费市场"）。本次事件之所以能引起舆论广泛关注甚至成为热点事件，一是由于微博时效性强、传播范围广；二是因为当事人本人情绪化言论的感染作用，但更重要的是公众对于类似事件具有很强的共鸣和代入感，会主动通过评论、转发等形式参与到事件中来。

四、监管介入效果评估

涉事饭店在本次事件中始终表现出消极的处理态度，隐瞒事实真相且回避媒体追问，不利于服务业特别是景区餐饮业正面形象的塑造。调查组在公布初次调查情况通报时未能与当事人取得联系，并且调查本身也存在许多漏洞，而后当事人再次发声，公众的关注促使新闻媒体争先调查取证，而这些调查取证的结果又直接推动调查组针对本次事件展开进一步调查，并最终得出与初次调查通报截然不同的结论。可以说，这是一则在公众舆论和媒体报道共同努力下的"倒逼式"新闻。

另外，哈尔滨当地相关部门未能及时发现，在2月12日网民爆料后的两天时间内并无任何回应。如果当地相关部门能够迅速发现这条潜在舆情，并进行妥善处理解决，就不会闹得"满城风雨"。

五、网民关注度和态度变化

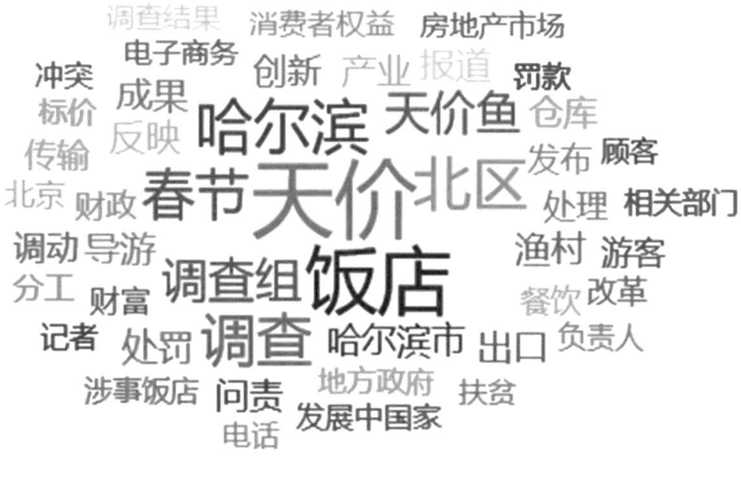

图 5-5-7 哈尔滨"天价鱼"事件词云图

本次事件中网民最为关注的是"天价鱼"事件本身，较为主要的热词大多是相关的地理位置、政府调查等。

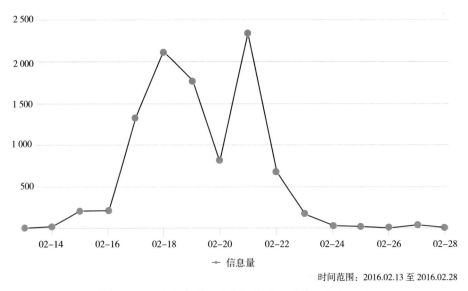

时间范围：2016.02.13 至 2016.02.28

图 5-5-8　哈尔滨"天价鱼"事件微博关注度变化图

由微博关注度变化图可以看出，当调查组调查通报的公布时间即事件出现反转的两次转折时点到来时，相关信息量的高峰值也随即出现，表现出很强的时效性。

六、传播现象分析

（一）"天价"热词引爆公众敏感点

"天价"这个在青岛大虾事件中被各大媒体广泛传播的敏感热词，无形之中已在公共舆论中形成了倾向性关注基础。当这个词被拿来作为哈尔滨鳇鱼事件的醒目标题时，自然会获得社会舆论的倾向性关注。而"长假旅游""宰客""欺诈"这些似曾相识的舆论标签，势必触发公众对旅游市场秩序各种不满的吐槽，哪怕有些观点与"天价鱼"事件本身并无直接关系，这也是舆情搭车现象的明显特征之一。

（二）舆情三次反转，透支政府公信力，政府舆情应对要防止二次舆情灾害

哈尔滨的"天价鱼"事件情节一再反转，令人防不胜防。舆论场上有一种观点，认为类似纠纷在解决过程中，"剧情"来回反转并非坏事，真理越辩越明，真相越"反转"越能接近事实。但多次反转这个过程本身，是对公共舆论资源的一种浪费，是对公众精力的一种消耗，是对相关政府部门公信力的侵蚀，也是对一座城市口碑的磨损。有媒体评论认为，"调查了，不等于调查充分了，不等于调查者展现了令人信服的客观公允，不等于调查者的努力足够、能力到位"。一次质量不高的调查，可能让一起风波延伸出"次生灾害""次生舆情"。公众关注这锅鱼的真相，更关注搞清这个真相的过程。哈尔滨"天价鱼"的是非曲直，由管理部门主动调查清楚还是仰仗当事者来回反转"剧情"解释清楚，尽快以令人信服的结论证明清楚还是拖拖拉拉、了犹未了糊弄清楚，其产生的社会效果是大不一样的，公众对市场监管者态度与能力的评判结果也是大不一样的。

七、事件点评

哈尔滨"天价鱼"事件不是偶发的个例问题，只是较为极端地反映出服务业特别是景区餐饮业存在的严重弊病。此次事件能由个人微博内容短时间内演变为热点的公共事件，自然离不开微博信息传播便捷、准入门槛低的优势，也离不开充分发挥主动性参与事件的微博用户，而其背后隐藏的是公众关于这些问题长久以来积存的严重不满情绪。

主流媒体在此次事件中充分掌握话语权，充分发挥舆论引导的作用，但媒体不应过分注重新闻时效性而失去对新闻真实性的追求。

此次事件中政府相关部门成立调查组非常及时，在事件引起公众关注之初就展开了调查，显示出积极维护公众利益应有的姿态。但后来初步调查过于草率，不利于政府形象的树立。《人民日报》在关于该事件的评论中写道："从近年来屡屡出现的旅游纠纷可以看出，游客对旅游目的地的服务业层次、执法水平乃至当地人的文明程度，都释放出了强烈需求"。政府部门在相关问题上还大有可为，也应大有作为。

📖 第六节 "小苏打'饿'死癌细胞事件"舆情分析 ◢

2016年9月22日，《钱江晚报》的微信公众号发布了一条名为《浙江医生真牛！用十几块钱的小苏打饿死了癌细胞》的文章。报道称早在2012年，浙江大学肿瘤研究所胡汛教授团队就在国际期刊上发表了一项重要研究成果，证实可以通过小苏打"饿"死癌细胞，并且在40位中晚期肝癌病人身上进行临床试验后有效率高达100%，初步统计病人的累计中位生存期超过3年半。这一新闻发布后，@人民日报、@新华社、@央视财经等主流媒体微博和其他各路自媒体纷纷转载，朋友圈内一时间疯狂转发，该科研成果成为人们关注和讨论的焦点。

一、舆情演化过程

（一）整体热度分析

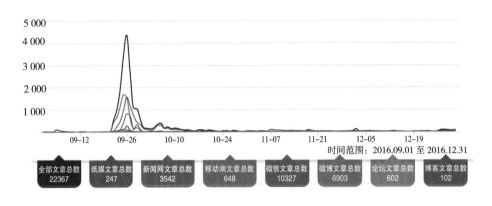

图 5-6-1 "小苏打'饿'死癌细胞事件"整体热度分析图

从整体热度分析图来看，"小苏打'饿'死癌细胞"新闻的相关文章主要在微信平台发布并引起讨论，约占全部文章的 46.2%。其次是在微博，相关文章约占文章总数的 30.9%，但与微信存在不小的差距。总体而言，与该事件相关的舆情呈现出"影响广""高峰值""较集中"的特点。

（二）传播阶段分析

图 5-6-2 "小苏打'饿'死癌细胞事件"传播阶段分析图

1. 第一阶段：新闻发布与广泛传播

2016 年 9 月 22 日，《钱江晚报》的微信公众号发布了一条名为《浙江医生真牛！用十几块钱的小苏打饿死了癌细胞》的医学进展消息。报道称早在 2012 年，浙江大学肿瘤研究所胡汛教授团队就在国际期刊上发表了一项关于小苏打抗癌的科研成果，该团队发现了癌细胞轻易"饿不死"的原因，也找到了一个"饿死"癌细胞的方法。胡汛教授团队和浙大二院放射介入科晁明教授团队合作，在 40 位中晚期肝癌病人身上尝试了这种新的治疗手段，有效率 100%，初步统计病人的累计中位生存期超过 3 年半。随后，该新闻被 @ 人民日报、@ 央视财经、@ 新华社等主流媒体微博和微信公众号广泛转载。

2. 第二阶段：舆论聚焦

近些年来，癌症在中国的发病率和死亡率越来越高，正成为公众面临的首要死亡原因和重要的公共卫生问题。在这样的社会环境下，足够生动形象的标题、与癌症相关的医学进展消息足以引爆朋友圈。在信息大量转载的过程中，不乏有人误以为日常廉价的小苏打就具备攻克人类生命之敌的强大能力，并推演出酸性体质抗癌和喝苏打水防癌这种伪科学的结论，这些信息同样在朋友圈和网络散布开来。

在该研究成果引起广泛关注的同时，争论声也此起彼伏，并且呈现出越来越两极化的态度：既有人为人类攻克癌症欢呼，认为该团队可以凭此项成果获得诺贝尔奖，也有人因缺乏可靠性和真实性而质疑，或是因为此研究停留在实验室阶段而贬低研究成果。一时间，相关报道成为舆论关注的焦点问题。

3. 第三阶段：公众指责与媒体澄清

在公众的瞩目下，相关研究团队接受媒体采访时对不实内容进行辟谣，不少自媒体也纷纷发声，在微信公众号上发布科普类文章，并且引用发布在学术杂志《eLife》上的研究论文原文，指出研究团队是针对肝癌进行的研究，并且得出的结论是"在小规模对照临床试验中，碳酸氢钠（小苏打）配合动脉插管化疗栓塞术（英文缩写：TACE）能显著提高TACE治疗的效果"，并非是单独使用小苏打就可以治疗癌症，该疗法也还需未来更大规模试验，现有报道纯粹是"标题党"混淆视听，无法体现媒体的专业性。也有人将主流媒体报道标题与医学行业报纸《健康报》在报道时所用的标题"堵血管＋小苏打或能'饿死'肝肿瘤"进行对比，指责媒体在医学报道和科普报道时忽视客观性与专业性，呼吁新闻应更注重本质和真实。

由于人们的质疑和指责，@人民日报、@央视新闻等纷纷发表澄清文章，指出报道标题失实，肯定已取得的医学成果，并针对报道时出现的问题进行了深入反思。但该事件仍旧在较长时间内被人们转载和讨论，给媒体的形象和公信力带来了不良影响。

（三）传播渠道分析

"小苏打'饿'死癌细胞事件"的开端和引爆都在微信平台。2016年9月22日，《钱江晚报》的微信公众号发布了一条名为《浙江医生真牛！用十几块钱的小苏打饿死了癌细胞》的医学进展报道，称浙江大学肿瘤研究所胡汛教授和浙二放射介入科晁明教授团队发现了一种通过"饿"死癌细胞治疗癌症的新方法，并且使用的是常见的小苏打（碳酸氢钠）。小苏打可以去除肿瘤内的氢离子，从而达到快速有效地杀死肿瘤细胞的目的。由于癌症是公众关注的热点话题且该疗法看似简单容易，加之其他公众号的转载和朋友圈的转发，该新闻很快成为公众舆论关注的热点事件。

1. 自媒体

《钱江晚报》在微信公众号上发布该条新闻后，自媒体内容可以分成两类。一类自媒体公众号不加考证就对内容进行转载，甚至通过对标题和内容的任意裁切拼接，出现"喝苏打水就可以抗癌""靠日常生活中十几块钱的小苏打就能治肝癌"等不切实际的说法，助长公众对该科研成果的误解。另一类自媒体公众号充分发挥对主流媒体报道的监督作用，深挖信息源头，澄清对该报道的误解，并且对媒体长久以来在医学报道中的不足之处进行思考并提出批评建议。比如，微信公众号"占豪"原创文章《"十几块钱的小苏打饿死癌细胞"？看媒体如何把科学改造成谣言？》就详细解读事件真相，呼吁媒体真实客观地报道新闻，该文章也获得 10 万＋的阅读量，颇具影响力。总体来看，后一种自媒体公众号在一定程度上反映了纷繁复杂的信息环境"自净"的能力。

2. 传统媒体

传统媒体应该保证正确的舆论导向，但在此次事件中却纷纷沦为被指责的"标题党"。首先是《钱江晚报》在微信公众号发布该报道，紧接着《人民日报》、新华社、央视财经等具有广泛影响力的主流媒体纷纷在各自的微信公众号上进行转载，虽然改变原文标题，但并未更改标题中具有误导读者倾向的内容。比如，《人民日报》微信公众号平台发布的《重大突破！癌细胞，竟被中国医生用小苏打"饿"死了！》就获得 10 万＋的阅读量和34081 次点赞，影响力之广泛可见一斑。随着事件发展和公众指责情绪的高涨，《人民日报》、央视新闻等主流媒体立即进行回应，比如央视新闻微信公众号就发布题为《真相 | 朋友圈疯传的"小苏打可以饿死癌细胞"是真的吗？当事医生回应》的文章，对关于该报道的谣言进行辟谣。但这一事件仍旧影响了主流媒体的公信力，难免遭受舆论指责。

二、传播主体分析

（一）报道媒体

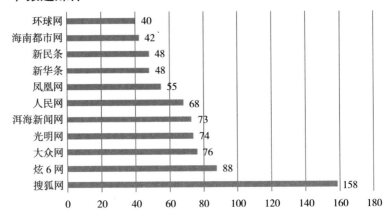

图 5-6-3　"小苏打'饿'死癌细胞事件"媒体报道量统计

由上图可以看出，除了搜狐网之外，各大新闻网站对本次事件的关注报道量并不高，本次事件的讨论更多集中在微信和微博平台。社交媒体用户对信息的即时需求超过了对信息深度挖掘的需要，加上其互动放射型的传播方式等特点，使得社交媒体成为谣言传播的温床。

（二）社交媒体意见领袖识别

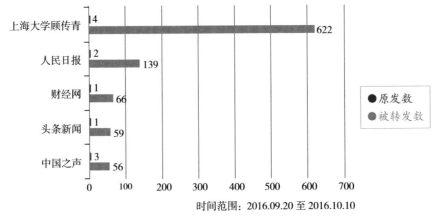

时间范围：2016.09.20 至 2016.10.10

图 5-6-4　"小苏打'饿'死癌细胞事件"微博意见领袖排行

通过该事件微博意见领袖识别图可以看出，@上海大学顾传青作为率先将该报道转发在微博平台的"大V"，在事件发酵过程中占据首要位置，这也体现出微博传播注重时效性的特点，最及时发布热点内容的人往往容易吸引公众稀缺的注意力。而后@人民日报、@财经网、@中国之声等主流媒体也在舆论引导中占据重要位置，其作用不可忽视。

表 5-6-1 "小苏打'饿'死癌细胞事件"部分微信热门文章及阅读量列表

微信公号	文章标题	阅读量
钱江晚报	浙江医生真牛！用十几块钱的小苏打饿死了癌细胞	100000+
人民日报	重大突破！癌细胞，竟被中国医生用小苏打"饿"死了！	100000+
央视财经	重大突破！癌细胞，竟被中国医生用小苏打"饿"死了！	100000+
烧伤超人阿宝	"十几块钱的小苏打饿死癌细胞"？看媒体如何把科学改造成谣言？	100000+
人民日报	朋友圈疯传"小苏打饿能死癌细胞"是真的吗？当事医生回应……	100000+
占豪	重大突破！癌细胞，竟被中国医生用小苏打"饿"死了！	100000+
新华社	重大突破！癌细胞，竟被中国医生用小苏打"饿"死了！	100000+
丁香医生	小苏打饿死癌细胞？媒体能别这么标题党吗？	100000+
央视新闻	真相|朋友圈疯传的"小苏打可以饿死癌细胞"是真的吗？当事医生回应	100000+
共产党员	【真相】"小苏打饿死癌细胞"疯传朋友圈，真相其实是……	100000+

据本研究整理

除了微博，微信平台也越来越成为近来舆论争夺的重要"战场"，拥有不可小觑的广泛影响力。表 5-6-1 整理了"小苏打'饿'死癌细胞事件"相关的文章内容，据此表可以看出不少主流媒体转载了同样的文章，并且使用相似甚至一模一样的标题，丧失了"把关人"的作用。

三、关涉主体分析

（一）关涉机构

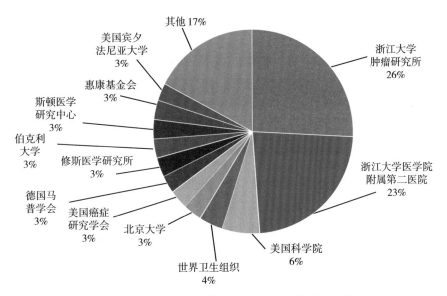

图 5-6-5 "小苏打'饿'死癌细胞事件"关涉机构

1. 主流媒体：沦为"标题党"遭指责

注意力稀缺是移动互联时代新闻信息传播面临的重要难题，足够吸睛的标题能够帮助主流媒体赢得受众的注意力，从而使相应报道获得关注。一个充分吸引人的标题固然重要，但与此相比，主流媒体的责任与担当却更加重要。

将《钱江晚报》微信公众号发布的报道标题"浙江医生真牛！用十几块钱的小苏打饿死了癌细胞"、《人民日报》微信公众号平台发布的报道标题"重大突破！癌细胞，竟被中国医生用小苏打'饿'死了！"与医学行业报纸《健康报》发布的报道标题"堵血管＋小苏打或能'饿死'肝肿瘤"相比，可以发现如下问题：一是前两者在标题中只强调"小苏打"的作用，但实际上该研究采用的是"小苏打配合 TACE 治疗肝肿瘤"疗法（"TILA-TACE

治疗"），行业报纸使用的"堵血管 + 小苏打"显然更加符合实际；二是该研究有着非常严格的定义，是针对原发性的肝细胞肝癌患者的，并且临床试验研究范围仅针对中晚期的原发性肝细胞肝癌，并非前两者在报道标题中使用的可以指称全部癌症的"癌细胞"，行业报纸使用的"肝肿瘤"明显更符合研究实际。可以说，主流媒体在报道中缺乏专业知识，应加强与行业内专业媒体的学习交流。

2. 医学领域：研究成果遭质疑，医患矛盾被激化

媒体不当报道不仅影响自身的形象和公信力，也会给医学研究团队带来不必要的麻烦。"小苏打'饿'死癌细胞"的报道发布后，浙江大学医学院附属第二医院上至院长下至急诊科都接到了无数咨询电话，甚至有患者从四川飞到杭州急切求医。对于癌症病人而言，这一医学成果仿佛雪中送炭，患者将其视为救命稻草，情绪自然会非常激动，但相关成果仅仅停留在初步研究阶段，并且只针对原发性肝细胞肝癌，不是成熟的、常规的治疗项目，无法治愈所有癌症患者，这无疑会让本就存在已久的医患矛盾再次被激化。此外，这种咨询也打乱了研究者的常规工作和日常生活。

另一方面，由于相关报道和辟谣科普的相继出现，很容易让公众产生该研究并未取得实质性成果、甚至研究没有意义的感受，但实际上该研究代表了一个治疗肿瘤的新思路，有理论上的意义，该研究的确有自身的价值，不能全盘否定。

3. 公众：媒介素养需提高

事实上，相关报道有不少都在正文中指出了研究的适用范围和治疗方式，"苏打水治疗癌症""酸性体质抗癌"的言论在文章中完全没有涉及，多是断章取义的结果。公众应提高自身媒介素养，不能仅凭标题作出判断，对内容进行片面理解。

（二）关涉人物分析

汪健 117
霍华德 179
诺贝尔 220
解离成 286
晁明 1185
0
200
400
600
800
1000
1200
1400

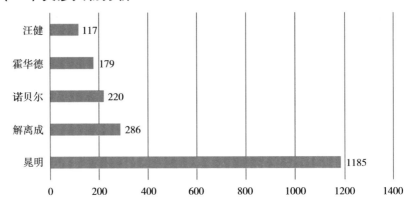

图 5-6-6“小苏打‘饿’死癌细胞事件”关涉人物

该事件关涉人物排名第一的是浙大二院放射介入科晁明教授。由于事件关涉到诺贝尔奖、霍华德·休斯医学研究所，所以诺贝尔、霍华德搜索量较高。汪健是华大基因董事长，曾发表过希望通过精准的基因检测方法和免疫学治疗提高癌症存活率的相关言论。

四、网民关注度和态度变化

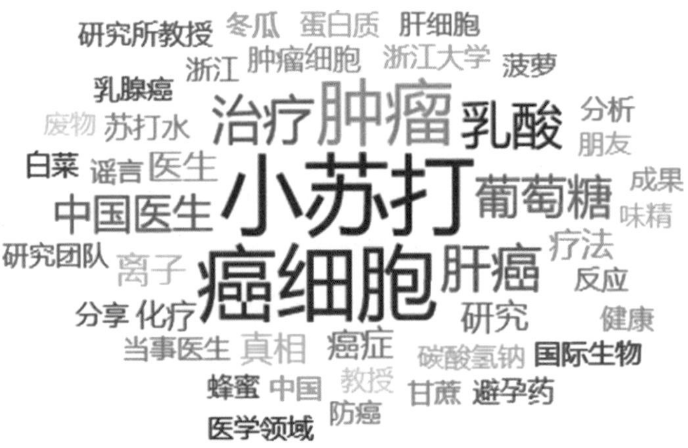

研究所教授
冬瓜
蛋白质
肝细胞
浙江
肿瘤细胞
浙江大学
菠萝
乳腺癌
治疗
肿瘤
乳酸
分析
废物
苏打水
朋友
白菜
谣言
医生
小苏打
葡萄糖
成果
中国医生
味精
研究团队
离子
癌细胞
肝癌
疗法
反应
分享
化疗
研究
健康
当事医生
真相
癌症
碳酸氢钠
国际生物
蜂蜜
中国
教授
甘蔗
避孕药
防癌
医学领域

图 5-6-7　“小苏打‘饿’死癌细胞事件”词云图

网民在此事件中将关注重点放在"小苏打""癌细胞""肿瘤""治疗"等疾病相关信息上，可见癌症相关医学信息在公众心目中的受重视程度较高。其次，公众也普遍表现出对医生、研究团队、所属院所的关注。另外，谣言、真相等词语也成为事件热词，可见公众在态度倾向上非常重视媒体报道的真实性和客观性。

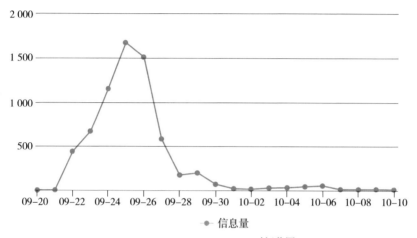

时间范围：2016.09.20 至 2016.10.10

图5-6-8 "小苏打'饿'死癌细胞事件"微博关注度变化图

事件相关微博信息报道较为集中，与事件总体舆情热度发展状况高度吻合。

五、传播现象分析

微信是一种半开放的社交媒体，新闻的传播基于病毒式的人际传播关系网，以点对点的方式做到新闻信息的迅速传播。一方面，公众普遍对人际传播关系网表现出更高的信任度，且媒介素养并未达到理想水平；另一方面，互联网时代传播呈现出碎片化的特点，信息真实性难以考究，综合两方面因素使得微信很容易成为谣言传播的温床。在这种信息环境下，主流媒体凭借自身的专业性，在大多数人心目中成为可靠性、真实性的代名词，因此主流媒体发布的内容更容易赢得公众信任。正是基于微信传播的特点与主流媒体作为信源的可信性保证，"小苏打'饿'死癌细胞"这一关于癌症主题的新闻报道才能在短时间内引起舆论广泛关注，并且升级为热点事件。

六、事件点评

本次事件中主流媒体为了吸引公众注意力和普及医学信息，采用了生动通俗的语言作为新闻标题，显然在新闻实践的过程中并未把握好通俗语言与科学语言之间的平衡，一味追求通俗化表达和"眼球效应"，失去了医学相关报道应有的专业性与严谨性，成为谣言传播的"始作俑者"，严重损害了主流媒体的公信力，浪费了社会关注度，更严重挑战了社会信任感。科学研究和公众理解之间存在着认知鸿沟，媒体应该扮演的角色是一名出色的"译者"，但"用力过猛"反而会带来反效果，新闻媒体在新闻实践中应坚持新闻自律，回归新闻专业主义，找到通俗语言与科学语言之间的平衡点，真正做到满足公众了解科研成果的渴求和愿望，同时提升公众的科学素养。

新技术发展带来自媒体话语权的下放，给了每个人发表言论的机会，自媒体相关辟谣信息和对医疗技术的深入解读很大程度上帮助谣言顺利净化。但是，其中也不乏断章取义、传播谣言的自媒体，对于这些自媒体，有关部门应制定切实可行、严格有效的管理措施和管理条例，进一步净化网络传播环境。

第七节 "饿了么无证经营事件"舆情分析

订餐平台"饿了么"以及与其相关的合作商家无证经营问题是贯穿2016 年始终的媒介热点话题，在新闻网站的报道和社交网站的讨论中都引起了极大的反响。整个事件源自央视 3·15 晚会，在消费者权益日，央视通过调查报道指出"饿了么"对合作商家的管理缺乏约束的状况，这导致很多商家无证经营，危害食品安全。而3·15晚会之后"饿了么"诸多耐人寻味的表达和随后各深度调查报道对此事的探究，都成了整个系列事件热度维持的原因。下半年，随着各地对外卖送餐行业的整体规范和整顿，众多的调查报道也纷纷出炉，揭露了无证经营的真相，在互联网和现实世界中引起了大众的广泛讨论。

一、舆情演化过程

（一）整体热度分析

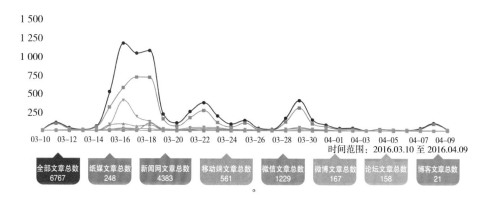

图 5-7-1　"饿了么事件"舆情热度变化图

从整体关注度来看，与"饿了么"相关的舆情出现了多次反复，各媒体报道及舆论场之间持续共振、互相催动。整个话题讨论热度的上升都是由于3月15日消费者权益日晚会报道的"饿了么"诸多合作商家无证经营的新闻事实，其后的每次讨论也大多源于某个媒体的调查报道。总体来看，在"饿了么事件"中，传统媒体的议程设置功能尽显无疑，可以说三次大的讨论热潮都是来自于媒体的深度报道。本次事件中的社交网络和自媒体都是作为话题参与者而非引导者而存在的。

（二）传播阶段分析

3·15晚会公布饿了么无证经营的问题 ➜ 食药监部门调查美团、百度旗下外卖 ➜ 中国消费者协会外卖调查公布

图5-7-2 "饿了么事件"传播渠道分析图

1. 第一阶段

在2016年的3·15晚会上，网络订餐平台"饿了么"被曝出无证商家藏身其中。据央视报道，"饿了么"订餐平台中多家餐馆无证经营或标注地址与实际不符，存在食品安全隐患。此外，"饿了么"平台还存在引导商家虚构地址、上传虚假实体照片，甚至默认无照经营的黑作坊入驻等情况。央视记者以卧底调查的方式呈现事件的整个过程，记者应聘成为"饿了么"的一名送餐员，但是在配送中却发现"饿了么"APP上一家名为"食速达"的商家，菜品色泽艳丽，厨房不锈钢灶具洁净透亮，而实体店的厨房却是昏暗狭小的制作间，墙上、灶台上、锅具上到处是黑乎乎的油渍；掉进脏东西的饭盒，在桌上磕打一下，就直接装饭；用完的盛饭板直接放在全是污渍的锅盖上。当日晚间，"饿了么"官方回应称，高度重视3·15晚会内容，已经紧急成立调查组，下线涉事餐厅，并核查全国范围内餐厅资质。事件被各个新闻网站和APP广泛转载，也在使用"饿了么"订餐的人群中引起了讨论。这不仅体现了央视作为主流媒体强大的议程设置能力和号召力，也说明3·15晚会作为一个品牌已经深入人心，更体现出大众对于相关话题的关注程度已经达到一个很高的层级。由此可见，并不可以一味认为媒体议程就可以引导社会议程，也要看到两者在一定程度上本来就存在相似性。如果想要更好地参与舆论甚至引导舆论，就必须投身到大众关注的话题中去。

2. 第二阶段

2016年8月，《新京报》独家刊发《黑作坊办假证挤进百度美团外卖推荐》系列调查报道，曝光海淀区石佛寺村河南烩面制假证上线外卖平台、五道口购物广场美食城无证经营、朝阳区中弘·北京像素小区百余家黑店聚集等外卖乱象。工商、城市管理、食品药品监管、综合治理、安全生产监管等部门分别在常营乡、五道口新村集合，对两个地区的无证餐饮企业开展联合执法检查。违规餐厅多已停止营业，其中海淀区30多户无证餐厅被责令停业，且北京像素小区"外卖村"100多家餐厅均已停业。有关部门也再次强调，餐厅在网络订餐平台入网必须有许可证，对于可能存在的在网络平台提供虚假许可证信息进行经营的行为，也将对平台和经营者依法处理。目前，相关地区食品药品监督管理局已分别对美团网、百度外卖两家网络订餐平台所属企业立案调查。"饿了么"官方也发布声明称"饿了么"成立专门的食品安全部门严审商家资质，食品安全保障已取得显著成效。

3. 第三阶段

中国消费者协会于11月10日通报了2016年网络外卖订餐服务体验式调查结果，总结了线下送餐服务及送餐质量体验部分七大突出问题。作为类似年度总结性质的调查，中消协指出本次活动对百度外卖、淘宝外卖、"饿了么"等平台完成了1006次体验，同时实地暗访了93家网络外卖订餐平台入驻商家的实体门店。作为重要的消费者权益保护部门，中消协在整个事件的关注和处理上做得相对比较到位，各大新闻网站也第一时间转载了这一信息。但是值得注意的是，历经一年断断续续的讨论，整个话题的热度已经有所下降，所以最后参与话题讨论的网民数量相对有限。

（三）传播渠道分析

整个事件在三个阶段的舆情虽然小有差异，但是总体发展模式却几乎相同，都是由一个相对具有公信力和传播力的传统主流媒体公布深度调查的信息，继而在媒介间引起了议程设置的现象。

就传统媒体而言，其首先是整个新闻的挖掘者和公布者，普遍以客观态度进行新闻报道，关注事件本身、寻求解决方式。在涉及人民日常生活的事件上，告知社会更为准确的信息应当是媒体人的职业操守。传统媒体的公信力在整个事件中得到了一定的体现。

在本次事件中，自媒体的讨论热度相对而言并不如其他年度话题高。首先，在较为客观的事实报道面前，自媒体的内容并没有太多可以延伸的方面。因而网民的很多观点都是带有情绪化的，体现了一种情感的释放。此外，伴随着网民独立分析能力和逻辑能力的增强，某些传统媒体的公信力的确在下降。以公布"饿了么"无证经营为例，作为整个外卖行业的从业者之一，这种大家不难猜想到的问题不可能是只出现在"饿了么"一个商家的身上，但是为什么只报道它存在问题，难免引起网友的思考。

二、传播主体分析

（一）报道媒体

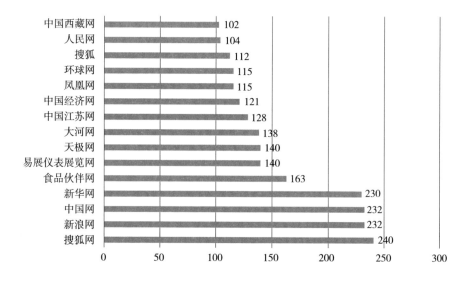

图 5-7-3 "饿了么事件"媒体报道量统计

从媒体报道量的统计也可以看出，整个事件的讨论规模较大，各个新闻网对本事件的关注也达到了比较高的程度。参与"饿了么"事件报道的媒体累计达到 1300 余家，其中搜狐网、新浪网、中国网、新华网四家媒体对该事件的相关报道数量最多、对事件的关注程度最高。

（二）社交媒体意见领袖分析

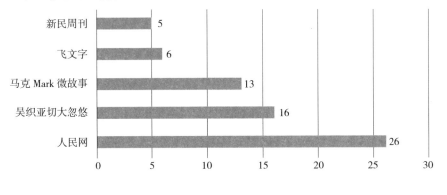

图5-7-4　"饿了么事件"微博意见领袖

本次事件中，微博舆论平台是话题参与者之一，但不是舆论引导平台，参与舆论讨论的微博用户包括 @ 人民网等媒体账号和 @ 吴织亚切大忽悠、@ 马克 Mark 微故事等自媒体账号。

三、关涉主体分析

（一）关涉机构

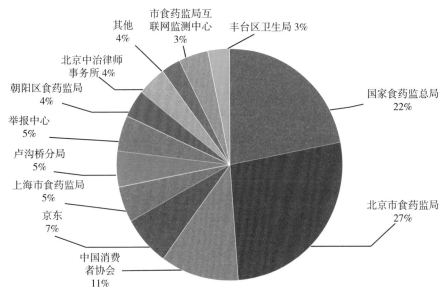

图5-7-5　"饿了么事件"关涉机构

本次事件的关涉机构比较单一，主要是各地的食品药品监管局。其中出现相对较多的就是北京市食药监局，这自然也和整个事件第二阶段针对北京地区的外卖行业进行重点整顿有关。许多监管和法律机构也牵涉到话题讨论之中，体现了用户希望加强监管、严肃法纪的愿望，对当今的网络订餐管理表达了不满和督促。大众愿意向政府相关职能部门寻求解决手段，在一定程度上体现了人民法治观念的提高，更倾向于依靠法律解决和处理问题。从国家的层面分析，建设更好的法治型社会和法治型国家，政府理当认真倾听群众的呼声。

（二）涉事人物

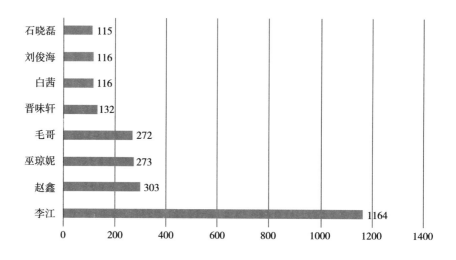

图 5-7-6 "饿了么事件"涉事人物图

涉事人物中多数都是各地的食品药品监管局的负责人，很多是专门分管网络订餐平台食品安全监管的工作人员，大多数都是相关新闻中被采访的对象。

四、网民关注度和态度变化

（一）词云分析

网络外卖订餐是最近几年来非常火的就餐形式，同时也是被大众热议的社会热点话题。外卖订餐作为互联网时代的一种新兴经济形式，其出现在很大程度上满足了社会各个方面的不同需求。但是，监管的匮乏和无良的商家使得整个外卖行业背后乱象丛生。在整个词云图中出现了监管部门、执法人员等词汇，体现了网民对于政府监管责任的期待。

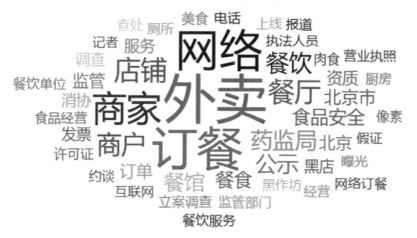

图 5-7-7　"饿了么事件"词云图

（二）微博网民关注度分析

在微博平台，中国消费者协会在 11 月公布了 2016 年网络外卖订餐服务体验式调查结果，引起网民极高关注，可能与此次调查涉及面广、涉及商家多有关。

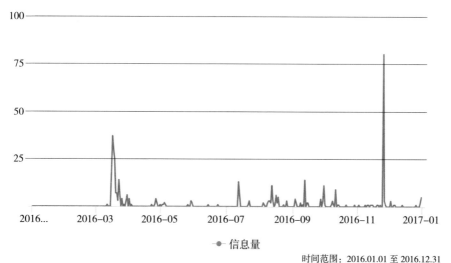

时间范围：2016.01.01 至 2016.12.31

图 5-7-8　"饿了么事件"微博关注度变化图

五、事件点评

总体来看，相较于参与报道的新闻媒体的数量和质量，社交媒体和自媒体在本次事件中的发声保持在一个比较低的层次。一方面，这有可能是因为事情的框架比较单一，用户往往只能做单向的情感抒发，很难自己进行思考和分析，因而话题的参与度和持续时间虽有反复，但是往往有些低迷。另一方面，监管部门更应注意到的是，整个讨论不足的原因也有可能是用户对于外卖行业乃至整个缺乏监管的市场表现出一种麻木的态度。无论外卖行业存在怎样的乱象，用户仍然离不开类似的订餐服务，这是由现在紧张的生活节奏和社会现实所决定的。任何一个涉及人民群众切身利益的事都不应该是小事，监管部门应该持续予以关注。

📑 第八节 "玉林狗肉节事件"相关舆情分析

玉林狗肉节是一个近年来一直保持着热度并且在支持和反对两方之间引发很多摩擦的热点话题，而要搞清楚事情的起因，就要了解荔枝狗肉节到底是什么。一般来讲，荔枝狗肉节是广西玉林市民间自发形成的节日，是一种欢度夏至的传统民俗。每年夏至这天，当地民众习惯于聚在一起食用狗肉，呼朋唤友地聚在一起欢度夏至，并用新鲜荔枝就酒。但是，玉林市政府并没有引导或组织过狗肉节，真正的"荔枝狗肉节"并不存在，这是与饮食文化有关的自发行为。每年夏至，与"玉林狗肉节"相关的报道数量和舆论热度往往呈现明显的上升趋势。

一、舆情演化过程

（一）整体热度分析

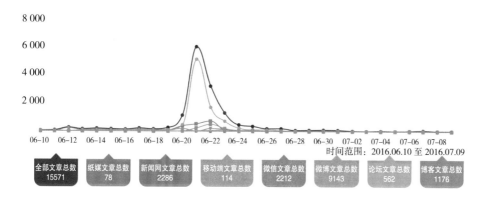

图 5-8-1　"玉林狗肉节事件"舆情热度变化图

"玉林狗肉节"相关的舆情相对比较容易把握，即在狗肉节前后不到一周的时间，众多的讨论和话题出现在网络上，引发网民大量参与。每年的狗肉节都会引发类似的讨论，而引发的舆情也大都类似，且整个话题相对其最高热度而言消弭极快。参与话题讨论的大部分用户在转发、评论之后往往都不再跟进，导致"狗肉节事件"更像是一场舆论的"狂欢"，讨论热度来得快也去得快。

（二）传播话题分析

本文围绕与玉林狗肉节相关的几项热度较高的小话题进行分析。

1. 高铁 P 图事件

高铁 P 图事件也是 2016 年度最早与"玉林狗肉节"相关的话题之一。6月 20 日，一段题为"广西玉林高铁玉林狗肉节"的图片在微信和网络上传播，引起网民的关注。该图片显示，在一列动车车身上，印有"6·21 玉林狗肉节欢迎你"字样。这辆动车停靠的车站站台地面上也印有"玉林荔枝狗肉节大美丽欢迎你的到来"字样。经核查，南宁铁路局未在任何动车、车站发布过该内容的广告宣传。"玉林狗肉节"相关文字是有人用 P 图软件在视频后期添加的,属恶意炒作。整个事件一度引发网民热烈讨论,但是很快就有人指出其中不合逻辑的地方并认定此事属于恶意炒作,而且中国新闻网也在 21 日撰文解释清了事情的真相。虽然整个事件是一场极为拙劣的骗局,包括媒体和受众在内几乎都很快地对其做出反应,但是其仍然作为整个狗肉节话题组的一部分引起了随后的讨论。可以说在很多情况下,用户如何利用媒介内容和消解媒介内容都是传播者难以预计的。

2. 微博投票事件

由博主 @ 班主任的课发起的 # 你支不支持取缔玉林狗肉节?# 成为讨论的热点话题,累计参与人数超过 2 万。很多网民都是通过转发、评论以及在话题中投票表达自己的态度。而话题设置了三个选项,分别是"反对吃狗肉,更反对有这样血腥的狗肉节""吃狗肉跟吃其他肉没区别,别道德绑架""从不吃狗肉,不反对也无权要求别人不吃"。其实关于整个事件中舆情的情况,从选项的设置中也可以看出端倪。大多数反对者,都持一种完全反对的态度,即不仅反对食用狗肉,而且要求取缔以此为卖点的狗肉节。而支持者,或者更为准确地说是不反对者,其关注的焦点则并不是仅仅针对狗肉或狗肉节,而是所谓的"动物保护人士"的某些做法,其支持狗肉节的存在,很大程度上只是为了反对某些态度过激又缺乏思考的爱狗人士。值得注意的是,还有很大一部分网民选择了第三项,这是个看似中立,实则也对"动物保护人士"的某些行为保有意见的选项。由此可见,在整个舆情中,实则有两个话题,一是狗肉节的去留,二是对爱狗者的讨论。这也是我国现阶段舆情的主要特点,即处于话题对立面的两方的对抗态度往往极为激烈,有时这种摩擦甚至超过了话题本身。可以想见,更为关注动物权益的群体往往也更为关注人权、难民之类的话题,而与之对应,另一个群体则更为看重自由的选择权利和社会运行的效率。所以很大程度上,话题的参与者都可以利用相关模式进行理解。

3. 外交部回复事件

就在民间热议相关话题的同时,"玉林狗肉节"当天,中国外交部举行的一场例行记者会上，就有记者向外交部发言人华春莹提问："今天在广西玉林举行每年一次的狗肉节。国际上对此有很多看法，有些动物保护机构和个人要求停办这一活动。中国政府支持这个狗肉节吗？"华春莹女士在回答问题时强调这属于"个人饮食偏好"，称"首先，这不是一个外交问题。据地方政府介绍，在中国农历夏至节气食用荔枝和狗肉，是玉林市民间的一种饮食行为，属个人饮食偏好。不存在以食用狗肉为名的节庆活动。玉林市当地政府也从来没有支持、组织、举办过所谓的'玉林狗肉节'"。

相关事件会在外交部的发布会中出现，看似令人惊讶，但是仔细思考一下其中的原因，这个问题就不难理解了。众所周知，在部分外国媒体的"有色眼镜"宣传之下，中国部分地区的诸多饮食习惯和风俗都被看作有违于西方社会的"普世价值"，这种报道潜移默化地影响了外国人对于中国的看法。众多民间组织乃至影视明星都会针对狗肉节举行和参加各类活动，以保护包括狗在内的各类动物。由此，外交部发布会中会被提问类似问题也就并不奇怪了。而外交部的表态也成为众多网民关注的对象。同样，这种中立的表述实则表达出很多网民对激进的爱狗人士的不满。"个人饮食偏好"很好地表述了被裹挟进狗肉节这个舆论热点中的很多人的态度。而一旦话题深入到如何保护动物、是否禁止食用时，很多原本持中立态度的网民就对"爱狗人士"的咄咄逼人感到不满。但是出于害怕被激进的"爱狗人士"攻击，在微博的热点话题讨论中，愿意发声的人也相对较少。伴随外交部发言人极具公信力和高度客观性的发言，众多网民才通过对其支持表达出自己的情绪。

（三）传播渠道分析

毫无疑问，微博是整个狗肉节事件讨论的重要阵地。无论是支持者还是反对者，都能够在微博的诸多热议话题中找到自己的位置，发表个人的看法。

依照上文的分析不难发现，很多支持狗肉节的网民并不是要表达自己对狗肉的支持或是喜爱，更多程度上，其目的是针对某些激进的动物保护者表达自己的异议，微博往往成为这个群体热衷于使用的媒介。

二、传播主体分析

（一）报道媒体

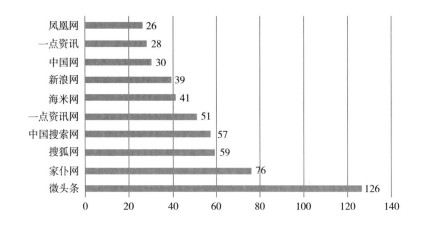

图 5-8-2　"玉林狗肉节事件"媒体报道量统计

从媒体报道量的统计也可以看出，各大新闻网站媒体对该事件的关注程度并不高。事件的大规模讨论主要发生在微博、微信平台，大量网民参与其中表达自己的态度。

（二）社交媒体意见领袖分析

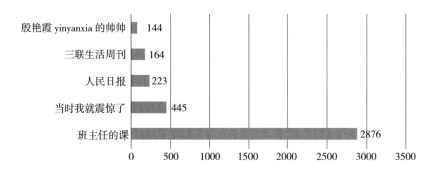

图 5-8-3　"玉林狗肉节事件"微博意见领袖

博主"@班主任的课"因发起投票成为排名第一的意见领袖。虽然依照上文的分析，似乎可以感觉到其对整个事件保持一种呼吁理智且倾向于谴责支持取缔者过激行为的态度，但是该博主在发布微博时添加了一张哭泣的狗的图片。这无疑在两方的意见之中取了中间值——既要关注动物权益的保护，也要关注保护的手段和个人选择的自由。

三、关涉主体分析

（一）关涉机构

本次事件的关涉机构比较多元，有动物保护组织、当地政府、发表意见的专家所属的高校、外交部、国务院等。由此可见整个事件所牵涉的群体很广，但是从另一方面来说，既然是涉及全社会的问题，自然就不能也不应该达成一个统一的意见。在这样一个涉及风俗和民间商业活动的问题上，倘若有这么多来自各行各业的人都能够发表意见，则说明整个事件本来就应该是个体的个人选择。

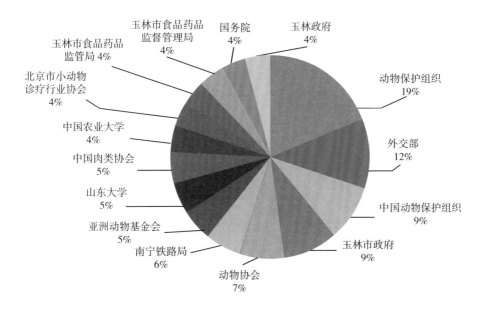

图 5-8-4　"玉林狗肉节事件"关涉机构

因此，虽然涉及的机构如此之多，但是几乎没有舆情是针对政府的。

可见，公众和官方在相关事件上的态度是一致的，整个"玉林狗肉节"的话题本来就是单纯的"个人饮食偏好"问题，政府的参与不仅会扰乱整个话题的秩序，还会引发某些国外媒体不客观、不真实的报道。

（二）涉事人物

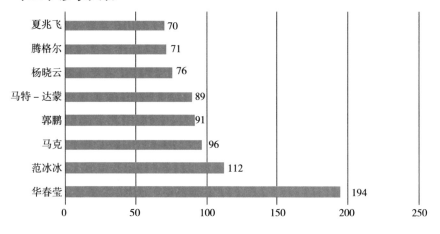

图 5-8-5　"玉林狗肉节事件"人物图

涉事人物中外交部发言人华春莹的热度最高，原因是其在外交部发布会中的发言被广泛引用。其后的诸多艺人大都是参与联名支持取缔"玉林狗肉节"的。

四、网民关注度和态度变化

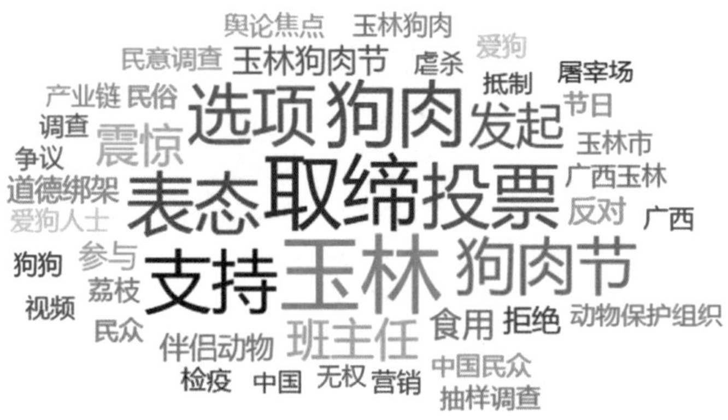

图 5-8-6　"玉林狗肉节事件"词云图

取缔"玉林狗肉节"是整个话题争论的焦点，也是传播最为广泛的微博投票话题的标题。这种并无政府参与又不涉及政府问题的话题，成为众多网民表达个人立场、展示个人态度的重要领域。

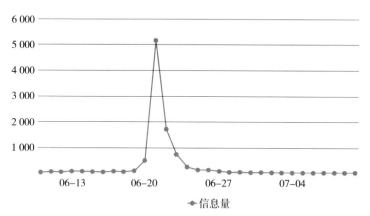

时间范围：2016.06.10 至 2016.07.10

图 5-8-7　"玉林狗肉节事件"微博趋势图

该事件在微博中的讨论高峰主要集中在狗肉节前后不到一周的时间段内，显示出爆发快、消弭也快的特点。

五、事件点评

有网民认为，吃不吃狗肉的争论多少有些"狗血"化了。一方面，对于少数极端爱狗人士的行为，多数公众都难以接受；另一方面，有关动物福利改善的讨论，却都被忽视了。从上文的分析中不难发现，"玉林狗肉节"的话题讨论更接近一种民间舆论的"狂欢"。甚至可以说，在话题的讨论中，很大一部分参与者对狗肉节本身并不持有什么态度，而是对之前的讨论参与者的某些行为存在不满。由此可知，"玉林狗肉节"已经成为中国民间舆论场的例行节日，在这个官方传媒力量往往很少参与讨论和表达态度的舞台上，众多自媒体和社交网站的深度用户希望借助相关话题展示自己的态度或扩大自身的影响力。

在话题讨论的后期，更多网民倾向于理性和客观地表达自己的意见，对过激的言论和行为往往持一种否定的态度。在这种情况下，相关部门中立的表述往往被这部分网民引述以表达自身的看法。由此可见，在舆情监测和舆论引导的某些方面，相关的职能部门可以拥有更多的选项。

🔍 第九节 "日本辐射海鲜流入中国事件"舆情分析

自 2011 年日本 "3·11" 大地震后，日本福岛附近海域所产海鲜受到核辐射的污染，几乎所有国家都禁止进口产自该地区的海鲜，造成该海域附近的海鲜价格大跌。山东一家海产品进出口公司为了牟取暴利，通过绕道越南的方式逃避海关检验检疫和国家税款，使得部分产自日本福岛附近海域的海鲜流入国内。经过警方调查，走私团伙被抓获。事件被报道后，走私团伙转卖辐射海鲜等问题引起了舆论的广泛关注。

一、舆情演化过程

（一）整体热度分析

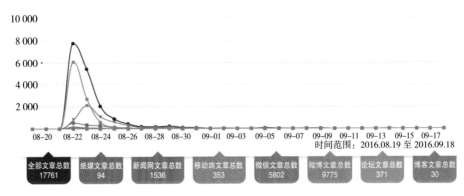

图 5-9-1 "日本辐射海鲜流入中国事件"舆情热度变化

从整体关注度来看，与"日本辐射海鲜流入中国事件"相关的舆情总体呈现出"高峰值""范围广"的发展特征。

（二）传播阶段分析

图5-9-2 "日本辐射海鲜流入中国事件"传播渠道分析图

1. 第一阶段：事件起因

2011年日本"3·11"地震引起核泄漏，造成福岛附近海域的海产品受到污染、价格大跌，而山东一家海产品进出口公司却走私转卖被辐射污染的海鲜到国内，引起了青岛海关的注意。经调查核实，青岛海关最终抓获走私团伙并首先对这一案件进行了披露，把日本辐射海鲜流入中国这一事件引入大众视野。

2. 第二阶段：央视报道

根据青岛海关提供的消息，8月21日，央视新闻频道在《朝闻天下》中对走私团伙逃税逃检售卖日本辐射海鲜事件进行了报道，在执法记录仪拍摄的画面中，警方抓获走私团伙的具体过程也得以展现，大量辐射海鲜的图片被曝光。同时，央视中文国际频道也对事件进行了报道。

3. 第三阶段：舆论聚焦

央视对日本辐射海鲜事件进行报道后，新浪财经也进入辐射海鲜报道行列。微博用户@小杰爱地球、@球鞋的乖乖等发布了有关日本辐射海鲜通过走私进入中国的微博，并对走私团伙进行了谴责。从8月22日上午开始，微博上关于该事件的讨论和评论不断增多，大量图片和截屏引起了人们的广泛关注和讨论。8月22日下午，华龙网一篇名为《日本"辐射海鲜"走私卖到中国 案值达2.3亿元 山东一公司涉案》的文章被转载了数百次。同时，微信公众号上关于该事件的议论和文章数量逐渐上升，引起人们的普遍关注。

4. 第四阶段：事件后续发展

日本辐射海鲜由走私团伙卖入中国这一事件受到关注的同时，人们也开始纷纷对这批海鲜可能对自身造成的危害产生担忧，对市场上售卖的进口海鲜也存在疑虑。8月25日，各大网站和新闻客户端开始对各个省、市的海鲜整治情况和检验检疫情况进行报道，通过加强对各地区排查及检验结果的公布来打消人们在购买过程中的疑虑。

（三）传播渠道分析

1. 传统媒体

这一事件开端于央视对青岛海关抓获辐射海鲜走私团伙案情的报道。8月21日早8点半，央视新闻频道《朝闻天下》栏目对青岛海关侦查组破获的一起海鲜走私大案进行了报道，其中部分流入中国的日本辐射海鲜图片也被曝光，通过警方的执法记录仪画面，案件的发生过程和详情被获知，因此，央视这一传统主流媒体在此次事件中充当了第一发声者，并且成为后续传播中的权威信源。

2. 自媒体

继央视对"日本辐射海鲜流入中国"事件进行报道后，8月21日下午，新浪财经网对该事件进行了再次报道，但此时的关注度并未明显提高，有关该事件的新闻也没有得到广泛转载。这一事件真正引起舆论聚焦是从8月22日上午在微博上得到广泛议论开始。8月22日凌晨，微博用户@小杰爱地球在微博中提到日本辐射海鲜经走私进入中国事件，@优雅爱微笑等微博用户发布微博对辐射海鲜事件进行谴责，此后，越来越多的用户在微博中通过视频、图片和文字的形式对该事件进行评论和转发。到8月22日下午两点半，青岛市人民政府新闻办公室官方微博@青岛发布博文中有关该事件的视频点击量已达数百万，并得到上千次转发，网友的评论也多以谴责为主。传统主流媒体在对事件进行初次报道后，微博、微信等自媒体和新闻网的二次传播，促成了强大的社会舆论。

自媒体的参与促进了这一事件舆论的形成。除了微博，微信公众号和新闻网也对该事件的舆论形成起到了推动作用，例如微信公众号"美国国际日报""丰宁新闻"分别发布了《日本"辐射海鲜"走私入境被查5000余吨价值2.3亿》《震惊！5000余吨日本"辐射海鲜"被卖到中国》两篇文章，引发网民广泛关注。除了新浪网、华龙网对事件进行报道外，在后续对各地海鲜市场的排查过程中，大众网、搜狐网等多家新闻网也对其进行了追踪报道，如《2016年至今天津口岸未进口日本水产品 检验检疫严格把关》《"辐射海鲜"暴露监管缺失》等文章被纷纷转载，使得舆论从对走私日本辐射海鲜事件本身的谴责，转向对事件得到进一步解决的期待和对监管机构的讨论和质疑。

二、传播主体分析

（一）报道媒体

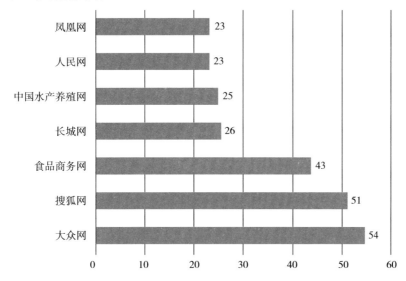

图5-9-3 "日本辐射海鲜流入中国事件"媒体报道量统计

在此次事件中，最主要的舆情来自微博讨论，其次是微信公众号发文，而各类新闻网站对此事件报道较少、关注程度较弱。

（二）社交媒体意见领袖识别

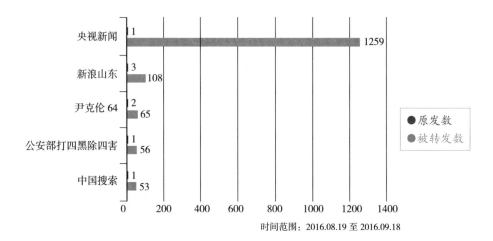

时间范围：2016.08.19 至 2016.09.18

图 5-9-4 "日本辐射海鲜流入中国事件" 微博意见领袖排行

本事件中，微博平台最主要的意见领袖是 @ 央视新闻，在 @ 央视新闻的微博发出后，引起了网友的高度关注。除此之外，还有 @ 新浪山东、@ 尹克伦 64 等微博账户也成为了事件发展过程中的微博关键意见领袖。

表 5-9-1 "日本辐射海鲜流入中国事件" 部分微信热门文章及阅读量列表

微信公号	文章标题	阅读量
全球未解之谜	2.3 亿日本核辐射海鲜进入中国！背后两点发现更可怕	100000+
中国历史	2.3 亿日本核辐射海鲜进入中国！背后两点发现更可怕	100000+
铁血军事	2.3 亿日本核辐射海鲜进入中国！背后两点发现更可怕	100000+
参政内幕	2.3 亿日本核辐射海鲜进入中国！背后两点发现更可怕	66728
军事解密	2.3 亿日本核辐射海鲜进入中国！背后两点发现更可怕	65176
苏州交通广播	刚刚发生！苏州、上海、南京都传遍了，简直丧尽天良！	62618
老兵之窗	2.3 亿日本核辐射海鲜进入中国！背后两点发现更可怕	59152
广州印象	核辐射海鲜已流入广州？央视都播了！警示所有广州人	57421
南国早报	震惊！日本"辐射海鲜"竟从广西入境，背后内幕很可怕！	43040
阅尽天下沧桑	2.3 亿日本核辐射海鲜进入中国！背后两点发现更可怕	41451

据本研究整理

在此次事件中，大量自媒体微信公众号转载了《2.3亿日本核辐射海鲜进入中国！背后两点发现更可怕》这篇"标题党"味道十足的文章，并获得了非常高的点击量。

三、关涉主体分析

（一）关涉机构

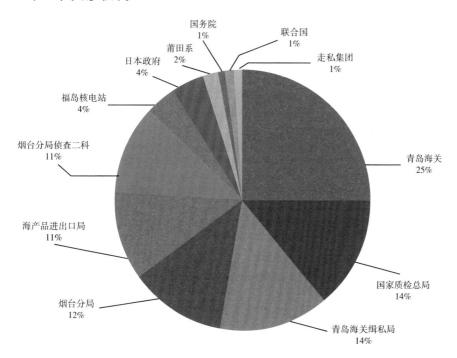

图5-9-5 "日本辐射海鲜源流入中国事件"关涉机构

1.青岛海关

在"日本辐射海鲜走私进入中国事件"中，青岛海关既是案件的侦破者，也是信息的第一发布者，所以受到舆论的格外关注。在其报道中，大众能够很清楚地了解青岛海关抓获走私团伙的过程，并且知晓青岛海关已经"切断"了一条沿海走私路线，故得到不少网民的肯定。网民认为，在进出口贸易中，海关的检疫检验职责不容懈怠。

2. 国家质量监督检验检疫总局

"日本辐射海鲜流入中国事件"被报道后，国家质量监督检验检疫总局也受到了不少舆论质疑。虽然早在 2011 年国家质检总局就发文规定日本福岛附近海域的海产品禁止进口，但走私团伙依然能够绕过检疫检查，使得辐射海鲜能够在中国市场上长期售卖，这暴露了监管的缺失，所以在事件曝光后网民对监管不力也发出不少指责之声。

3. 海产品进出口公司

作为涉案机构的山东海产品进出口公司成为该事件中被口诛笔伐的对象，为了赚取高额利润不惜以危害人们的健康为代价，最终被海关侦查组抓获。此外，山东海产品进出口公司的不法行为也再次提醒其他商家要对商业诚信高度重视。

（二）关涉人物分析

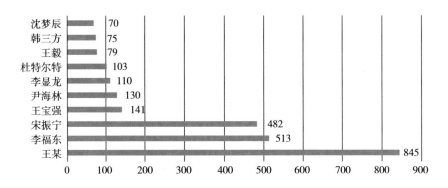

图 5-9-6 "日本辐射海鲜流入中国事件"关涉人物

"日本辐射海鲜流入中国"事件中，作为涉事公司的老总王某进入人们的视野，因其为了商业利益超越底线进行违法活动而受到了舆论的遣责。

除了涉案的走私团伙老总王某外，青岛海关缉私局侦查处的李福东以及青岛海关缉私局烟台分局侦查二科副科长宋振宁也备受网民关注。作为抓获走私日本辐射海鲜团伙的海关工作人员，其因抓获走私团伙并有效切断一条走私线路而受到舆论的好评。

四、监管介入效果评估

"日本辐射海鲜流入中国事件"在被媒体报道之初，一些监管机构就已经介入，比如青岛海关。在网民为流入市场的辐射海鲜担忧时，广西电视网、扎克新闻客户端、大众网等分别报道了多个地区对进口水产品检疫检验严格把关的新闻，起到平复人们情绪、排除人们对食品安全感到担忧的作用。不过，在走私团伙被抓获之前，仍然有不少日本辐射海产品已经流入国内，所以还是引起了舆论对国家相关部门监管缺失的不满。在信息畅达的今天，面对食品安全问题，相关部门应当及时做出回应并快速解决问题。

五、网民关注度和态度变化

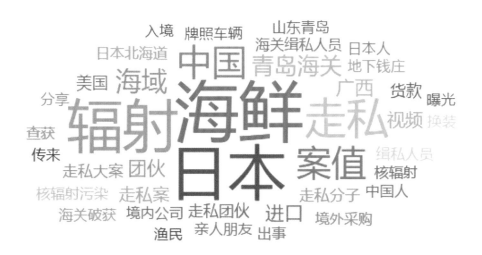

图 5-9-7 "日本辐射海鲜流入中国事件"词云图

"日本辐射海鲜流入中国事件"中，网民关注的主要焦点词汇为"海鲜""辐射""日本""走私""中国"等。其中能够反映网民态度的字眼为"走私""走私团伙""地下钱庄"等，这些词表达了网民对此事件的负面态度。

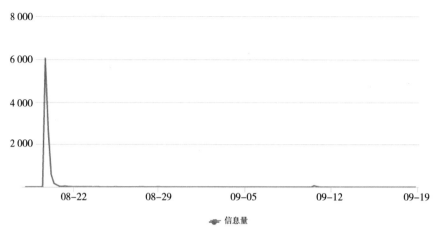

时间范围：2016.08.19 至 2016.09.19

图 5-9-8　"日本辐射海鲜流入中国事件"微博关注度变化

该事件的微博关注度峰值高但持续时间较短，微博舆论对整个事件的关注主要集中在 2016 年 8 月 22 日到 8 月 23 日之间，随后便迅速消弭。

六、传播现象分析

在"日本辐射海鲜流入中国"事件中，传统媒体、新闻网站和微博微信等自媒体的共振值得关注，尤其是微博、微信在舆论生成过程中的强大推动作用引人注目。央视作为国家主流媒体，担负着重大的社会责任，在此次事件中，其通过对案情的详细揭露，把辐射海鲜这一有关食品安全的重要议题引入公众视野，起到议程设置的作用。而在微博、微信等平台中可以看到央视的报道视频、图片和画面被作为权威信源不断引用。用户不断地发布微博，同时引发大量的评论和转发，微信公众号和朋友圈以及多家新闻网的接连报道，形成了一个开放互动的舆论场，促成传统媒体和自媒体共振互动，最终促使相关部门采取更加积极的行动来应对这一事件。

七、事件点评

"日本辐射海鲜流入中国事件"再次引起人们对食品安全问题的关注和对商业诚信的担忧。食品安全与每个人的切身利益息息相关，因而走私团伙售卖日本辐射海鲜的行为能够迅速引起人们的广泛关注。而面对市场经济下的诚信缺失现象，建立更加完善有效的监管机制成为社会共同的期望。

在"日本辐射海鲜流入中国"事件的传播过程中，传统媒体和自媒体形成了共振和互动，使得这一议程得到广泛的设置。传统媒体凭借其长期积累的专业性和公信力，在自媒体快速发展的今天，依然能够发挥出其优势，成为自媒体传播过程中的权威信源。而自媒体则在形成舆论场的过程中起到了强大的助推作用。微博、微信以及论坛中的热议和转发，使得信息被二次传播，形成大范围的扩散，多元主体的参与也使得网民在参与讨论时逐渐趋于理性，从最初对走私团伙进行谴责的感性发泄转向对国家相关机构监管缺失的反思，展现了对社会良性发展的渴望，进而深化了公民意识。

第十节 "朋友圈养生帖暗含虚假广告事件"舆情分析

微信朋友圈是当下社交媒体不断发展过程中人们越来越依赖的舆论场之一，利用朋友圈的人际关系进行信息传播可以实现大众传播难以企及的效果。朋友圈经常出现的"养生帖"和"鸡汤文"中隐藏着的虚假广告甚至诈骗信息被媒体曝光后，引起了舆论的广泛关注。

一、舆情演化过程

（一）整体热度分析

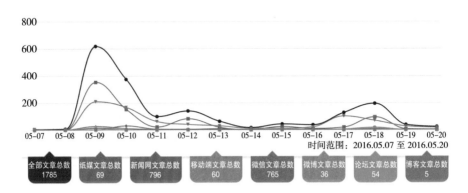

图 5-10-1　　"朋友圈养生帖暗含虚假广告事件"舆情热度变化图

从媒体关注度来看，与"朋友圈养生帖暗含虚假广告"事件相关的舆情总体呈现出"持续时间久""多峰值"的发展特征。

（二）传播阶段分析

图 5-10-2　　"朋友圈养生帖暗含虚假广告事件"传播渠道分析图

1. 第一阶段：新闻网对宋瑜父亲等事件率先关注

"朋友圈养生帖暗含虚假广告"事件首先在新闻网站被报道，2016 年 5 月 8 日，美国中文网发布《媒体揭鸡汤文产业链：一篇 10 万 + 文章转发平台赚 3 万》一文，该文章报道了宋瑜父亲等人被朋友圈鸡汤文所含的虚假广告骗取巨额钱财的事件。5 月 9 日，千测认证网、亚心网、东南网等新闻网站也对该事件进行了报道，把朋友圈鸡汤文虚假广告事件拉入公众视野。

2. 第二阶段：微博、论坛等社交媒体和新闻网共同引爆舆论

2016 年 5 月 9 日上午，濠滨论坛、新浪博客发表了《虚假广告傍上鸡

汤文 10 万 + 加文章 转发平台可获 3 万》《朋友圈鸡汤文暗藏虚假广告》等文章。同时，新浪微博上关于此话题的文章也不断增多，@半岛都市报、@安徽商报、@中财论坛等都发布或转发了与该事件有关的微博，在新京报官方微博新闻的评论区，网友纷纷留言参与该话题讨论，社交媒体和新闻网的共振形成了一个强大的舆论空间。

3. 第三阶段：后续事件发展

"朋友圈养生帖暗含虚假广告"事件被报道后，国家工商行政管理总局第一时间提示公众要理性对待朋友圈养生帖中的广告，并在 7 月份发布了《互联网广告管理暂行办法》，宣布自 9 月 1 日起正式施行。

（三）传播渠道分析

1. 传统媒体

在此次事件的报道中，传统媒体把事件引入公众视野，发挥了强大的议程设置作用。

2. 自媒体

微博、微信、论坛等社交媒体和自媒体成为形成舆论的重要推手。同时，微博、论坛等的评论转发功能，使得网民之间可以进行更多互动，形成了一个更加开放的发言空间，而大量的转发，也使信息传播变得更加快捷。

二、传播主体分析

（一）报道媒体

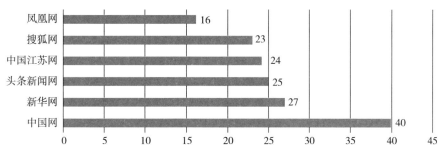

图 5-10-3 "朋友圈养生帖暗含虚假广告事件"媒体报道量统计

该事件的总体舆情热度并不高，而在事件的发展过程中，各大新闻网站的报道起着决定性的主导作用。中国网、新华网等权威媒体的多次报道迅速扩大了事件的影响范围，将"朋友圈养生帖暗含虚假广告"这一问题带入公众视野。

（二）社交媒体意见领袖识别

在该事件的微博舆论场中，@新浪财经、@中国经营报等成为意见领袖，得到网民关注。

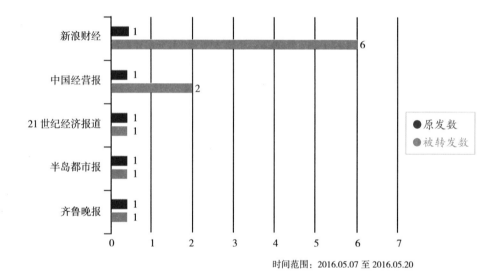

时间范围：2016.05.07 至 2016.05.20

图 5-10-4　"朋友圈养生帖虚假广告事件"微博意见领袖排行

表 5-10-1　"朋友圈养生帖暗含虚假广告事件"部分微信热门文章及阅读量列表

微信公号	文章标题	阅读量
21世纪经济报道	你随手转发的鸡汤文，可能是在替别人"赚钱"，更可能会害人！	42592
重案组37号	养生帖、鸡汤文攻占朋友圈？背后是虚假广告的千万级产业链！	8967
财经网	你转发的鸡汤文，背后有千万级产业链！	2712
新榜	养生帖、鸡汤文攻占朋友圈？背后是虚假广告的千万级产业链！	1066
分享奇迹分享爱	揭秘鸡汤文产业链：一篇10万+文章 转发平台赚3万	924
红网论坛	揭开养生帖、鸡汤文产业链骗人内幕，你上当了吗？	915

续　表

微信公号	文章标题	阅读量
阳山公安	每日攻占朋友圈的养生帖、鸡汤文，背后是虚假广告的千万级产业链！你还在转发吗？	807
山西新闻网	还在看朋友圈养生帖鸡汤文？其实是虚假广告	598
微诸城锐青年	揭秘鸡汤文产业链：一篇10万＋文章 转发平台赚3万	363
凤凰广州	养生帖、鸡汤文攻占朋友圈？背后是虚假广告的千万级产业链！	343

据本研究整理

在本次事件中，微博舆论的参与程度低，没有明显的意见领袖。在微信平台，"21世纪经济报道""重案组37号"的微信公众号文章获得了较高阅读量，成为该事件在微信传播中的关键意见领袖。而其他相关议题文章的阅读量较低、影响力较弱。

三、关涉主体分析

（一）关涉机构

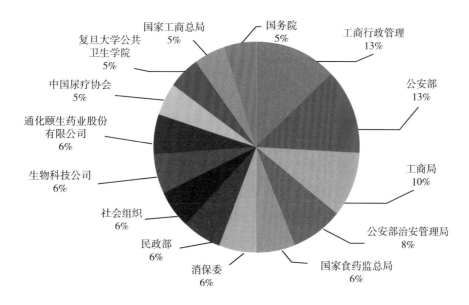

图5-10-5　"朋友圈养生帖暗含虚假广告事件"关涉机构

1. 国家工商行政管理总局

在"朋友圈养生帖暗含虚假广告事件"中，工商行政管理部门成为最受关注的机构。首先，在事件被报道之初，国家工商总局承认对微信朋友圈文章中暗含的虚假广告存在监管空白，而总局能做的也只是向广大用户提示风险。但多数网民认为，国家工商总局负责市场监督管理和行政执法的相关工作，有指导广告业发展、负责广告活动监督管理的工作职责，应当对暗含在微信朋友圈文章中的虚假广告加强管理。此后，国家工商总局在 7月份发布了《互联网广告管理暂行办法》，填补了这一监管领域中的空白。

2. 公安部

公安部的职责是预防、制止和侦查违法犯罪活动等，在"朋友圈鸡汤文暗含虚假广告"这一事件中，有的甚至涉及诈骗等危害社会的问题，所以公安部作为具有管理责任的机构之一，受到了舆论的关注。

3. 国家食品药品监督管理总局

在"朋友圈养生帖暗含虚假广告"事件中，国家食品药品监督管理总局也是受关注度较高的机构之一。在此次事件中，因劣质保健食品和保健器材高价售卖、损害到人们的健康和财产，舆论普遍认为国家食药监总局应当对朋友圈文章暗含广告中的保健食品质量加大监管力度。

此外，关涉到的机构还有民政部、消费者权益保护委员会等，可以看出，"朋友圈养生帖暗含虚假广告"这一事件所涉及的机构众多，各机构之间存在职能互相交织、界限不够明确的现象，这也给朋友圈文章中虚假广告的整治带来一定的困难。

（二）关涉人物分析

在"朋友圈养生帖暗含虚假广告事件"被报道前后，出现次数最多的有关人物是张某。张某是因在微信朋友圈中发布虚假广告遭到处罚的涉事人物。2016 年 8 月，张某在其朋友圈中发布了一条有关某驾校的虚假广告，对该驾校造成了不良影响，最终，甘肃高台县工商行政管理局对张某进行了行政处罚。"张某事件"与"朋友圈养生帖虚假广告事件"都属于朋友圈虚假广告类事件，舆论对两起事件予以了跟踪关注。

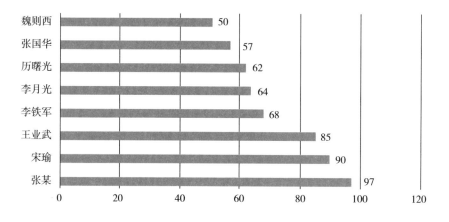

图 5-10-6 "朋友圈养生帖暗含虚假广告事件"关涉人物

宋瑜是与"朋友圈养生帖暗含虚假广告事件"直接相关的人物。在对该事件的报道中，宋瑜向媒体和记者反映了其父亲被朋友圈"养生帖"里含有的虚假广告骗走54万元的经历。

另一个在该事件中受到关注的人物是王业武，他是一家名为"微转淘金"转发平台的负责人，他把这个平台当作赚钱的"工具"，在朋友圈的"养生帖"等文章里投放虚假广告。

此外，该事件的关涉人物之一李铁军是猎豹移动安全专家，他披露了微信平台利用朋友圈虚假广告谋利的运作过程。

四、监管介入效果评估

"朋友圈养生帖暗含虚假广告事件"被媒体大量报道后，引起了人们的广泛关注，微博、微信、论坛等社交媒体形成了一个强大的舆论场，网民在此纷纷表达了对该事件的失望和谴责，甚至对老年人为了寻求健康却被骗的现象感到担忧和同情，同时对自己不经意间成为虚假广告的传播者而感到自责。不过，面对强大的舆论，新闻媒体和网络安全监测人员却只能提醒人们增强风险意识、理性分辨虚假广告，而国家工商行政管理总局和公安部等则表示在此方面存在法律和监管的空白，对朋友圈"养生帖""鸡汤文"中暗含的虚假广告还没有确切的管理依据，并且各部门职能相互交叉也给监管造成了一定的困难，其所能做的也只是向人们提示风险。因此，在事件被报道后相当长的一段时间内，该问题依然没有得到妥善的解决。直到 2016 年 7 月 4 日，国家工商总局发布了《互联网广告管理暂行办法》，对互联网上存在的各类虚假广告情形进行规范和管制，并宣布该办法于 9 月 1 日起正式施行。

从 5 月初对该事件的报道到舆论的形成，再到 7 月份正式监管的介入，整个过程说明监管介入机制还需要进一步完善。朋友圈作为一个熟人圈子，隐蔽的虚假广告可以借此实现病毒式的传播，劣质的保健食品营销甚至诈骗行为，将会给人们的生命财产造成巨大危害，监管机构需要对此加大监管力度、更好地履行职责。

五、网民关注度分析

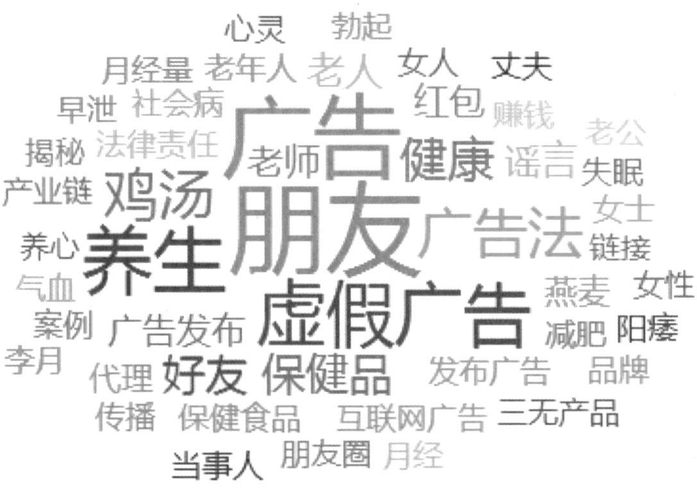

图 5-10-7 "朋友圈养生帖暗含虚假广告事件"词云图

根据"朋友圈养生帖暗含虚假广告事件"的热词排行，发现排名前几位的热词分别是"朋友""广告""虚假广告""养生""广告法"等，其中一些负面词汇，如"社会病""谣言"等，传达出网民对该事件的负面态度，同时也表达了网民对社会问题的关切。

六、传播现象分析

在"朋友圈养生帖暗含虚假广告事件"中，新闻媒体的报道时间、力度和范围起到了议程设置的作用。2016年5月8日，美国中文网发表了《媒体揭鸡汤文产业链：一篇10万+文章 转发平台赚3万》一文，后千测认证网、亚心网、东南网等各大新闻网站又对该事件进行了报道，议题得到了广泛的传播。同时，微博、论坛、博客、微信等社交媒体也逐渐增加了有关该事件的文章和评论，网民对朋友圈养生帖、鸡汤文暗含虚假广告的现象纷纷发表意见，形成了对朋友圈内潜在虚假广告的聚焦，促使国家工商总局在7月份发布了新的有关互联网广告管理的政策。

随着社会的不断发展，自媒体账号越来越多，个别企业为方便商业推广和营销，也开设自媒体，在一些热点事件中希望搭顺风车借势营销。很多账号为博取更多的眼球，经常转发一些谣言，导致很多未被核实过的信息被迅速传播。未来，自媒体会日益活跃，有可能成为网络热点事件的重要传播节点，社会舆论场会越来越复杂多元。

七、事件点评

"朋友圈养生帖暗含虚假广告事件"的报道过程，显示了新媒体、特别是社交媒体在当今社会中扮演的重要角色，在各个新闻网站对该事件进行报道后，微博、微信、论坛以及博客中的热议形成了一个开放互动的舆论场。社会舆论的关注和热议，最终推动相关部门发布了《互联网广告管理暂行办法》，从而填补了我国在市场广告监管领域中的空白。

而朋友圈中暗含虚假广告的"养生帖""鸡汤文"的大量传播，显示出社会转型期的一些新特点，比如人们在解决了温饱的情况下，对生活质量和健康更加关注。同时，虚假广告借助朋友圈中的"鸡汤文""养生帖"进行传播，反映出在社会快速发展过程中，法律和政策还没有更好地跟上时代的脚步，只有不断制定和完善相关法律和政策，才能更好地应对各种突发事件。此外，在媒介技术日新月异的时代，提高用户的媒介素养也是一项不可忽视的重要任务。

第十一节 "药品电子监管码事件"舆情分析

2016年1月，一起"药品电子监管码事件"吸引了公众的广泛关注。所谓药品电子监管码，就是药品包装上运用信息、网络等技术生成的一个电子码，相当于给药品一个独一无二的"身份证"，使得赋码药品不管走到哪里都能被实时监控。对于政府管理而言，监管码政策的实施能够从本质上对药品的价格、质量进行切实监管和严格把控。2016年1月25日，湖南养天和大药房企业集团有限公司状告国家食品药品监督管理总局，引发了政府和企业之间、企业与企业之间对于"谁来掌握监管码""谁来监督监管码"的争论。事件发展过程中，阿里巴巴集团旗下的健康平台于2016年2月23日发布声明，宣布启动向国家食品药品监督管理总局移交药品电子监管网系统事宜；2月24日，某些药房以"绑架公权"为由要求阿里健康彻底退出电子监管技术体系。当晚，阿里健康通过官方微博再度发声表示阿里健康坚持正规药品渠道的决心，也为拯救企业公信力实行危机公关。

一、舆情演化过程

（一）整体热度分析

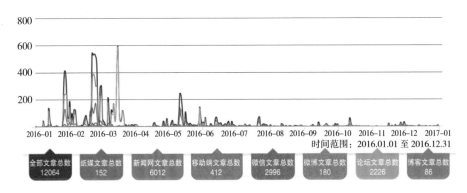

图 5-11-1 "药品电子监管码事件"舆情热度变化图

从媒体关注度来看，"药品电子监管码事件"相关的文章总数达 12064 篇，其中新闻网文章占到一半，是关注该事件传播的主要阵地。事件的舆情发展态势总体上呈现持续"时间长""关注热度高""范围较广"三个发展特征。

（二）传播阶段分析

图 5-11-2　"药品电子监管码事件"传播阶段示意图

1. 第一阶段：事件发酵，舆情爆发

2016 年 1 月 25 日，养天和大药房企业集团将国家食品药品监督管理总局以"行政违法"为由告上法庭，理由是国家食品药品监督管理总局强行推行由阿里健康运维的药品电子监管码。2 月 6 日，国家食品药品监督管理总局发布公告称，将妥善解决电子监管码等历史遗留问题。事件发展至元宵节前夕，国家食品药品监督管理总局再次发文，暂停了已经推进近十年的电子监管码体系。消息一出立即在微博平台上被 @ 经济之声、@ 财新网、@ 中央人民广播电台等主流媒体转发，引发网民围绕电子监管码监督管理权展开热烈的讨论。

2. 第二阶段：连锁药店联合声明

2 月 24 日，19 家连锁药店联合发布声明，要求全面取消现行电子监管码，并让阿里彻底出局，将阿里健康推上了风口浪尖，也将事件推向高潮。声明建议，全面取消现行电子监管码，与此同时，阿里健康应彻底出局。不少网民参与讨论并留言："这么多企业联合声明，到底要不要相信阿里？""药品电子监管码当初交给阿里管理背后究竟有什么秘密？"。当日，@ 财新网再次进行跟踪报道，发文《19 家药品零售商再次要求彻底废除药监码》引发网友的积极评论、转发，使得"药品电子监管码事件"正式成为社交平台讨论的热点议题。

3. 第三阶段：当事方阿里进行回应

2月24日晚，当事方阿里健康通过其官方微博账号@阿里健康发表长微博《阿里健康对某些药房声明的声明：坚持找假药的"麻烦"坚持给自己找"麻烦"》针对此事件进行回复，后经@广州日报、@都市快报等主流媒体转发传播过后，引来超过1600次转发和接近1000次点赞。阿里在打击假药问题上的坚定态度和对药品行业革新的必胜决心为挽救其企业形象、公信力做出了显著贡献，赢得网友的好评与赞赏。

4. 第四阶段：政府部门介入监督与后续关注

2016年2月29日，国务院新闻办公室就食品药品安全工作情况举行新闻发布会，国家食药监总局局长毕井泉再次谈及此事，表示电子监管码是在监管过程中的一种探索，对这种探索难免有不同的认识，甚至争议，监管部门会妥善处理这个历史遗留问题。此后，养天和大药房企业集团发表《湖南养天和大药房企业集团有限公司及李能董事长就药品信息码的声明》，宣称："鉴于国家食药监总局对药品电子监管码问题的积极响应，我司决定不再进行上诉。"随后，经过@中国日报、@财新网等主流媒体对该事件的深入调查与跟踪报道，事件舆论渐渐趋于平息。

（三）传播渠道分析

"药品电子监管码事件"舆情的爆发起源于1月25日养天和大药房企业集团将国家食药监总局以"行政违法"为由告上法庭。在事件的传播过程中，不管是国家食药监总局还是阿里巴巴，都积极通过其官方网站第一时间向外界进行信息发布，保证了传播信息及时与传播渠道畅通。

首先，从事件传播渠道方面看，事件前期新闻网关注量远大于微博微信和移动端，事件后期论坛的关注量较大。自媒体在此次"药品电子监管码事件"的舆论传播中扮演了重要的角色。在本次事件中，自媒体作为官方传播信息的另一种渠道，虽然与传统媒体相比在其权威性、影响力上稍稍逊色，但在整个事件的即时传播、讨论扩散等方面还是发挥着积极的作用，实现了舆论在网络平台层面的深入延展。通过新浪微博平台，广大网民通过参与话题讨论、用留言转发等方式表达着自己对药品电子监管码事件的看法与意见。@新浪科技在2月20日发表文章《食药总局叫停药品电子监管，阿里健康怎么办？》；@亿邦动力网在2月22日发表文章《一心堂总裁：药品电子监管码暂停的N个追问》均引发了网民的广泛讨论。

其次，在传播过程中，一月下旬、二月中下旬、三月下旬出现三个峰值，呈现拉锯战状态，传播持续时间较长。一月下旬的传播峰值产生于养天和大药房将国家食药监总局告上法庭，传统新闻门户网站随即围绕此事进行详细报道，并对药品电子监管码是什么、发展状况等方面进行介绍与分析，展示出传统新闻媒体应对突发性事件、敏感议题的能力；二月中下旬的传播峰值产生于19家连锁药店联合发布声明，要求全面取消现行电子监管码，并让阿里彻底出局，此时新闻信息的传播主要借助自媒体平台传播，通过其时效性和延展性引发受众的广泛关注。值得一提的是，自媒体传播与传统媒体传播相结合的方式必将成为新闻信息传播的主流，在该次药品电子监管码事件中便展现出新旧媒体相互促进结合的传播优势。

二、传播主体分析

（一）报道媒体

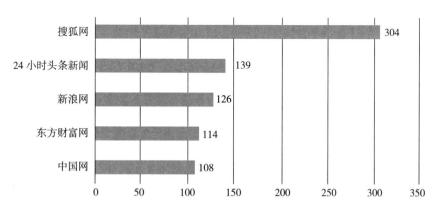

图5-11-3 "药品电子监管码事件"媒体报道量统计

就"药品电子监管码事件"的媒体报道量而言，排在第一位的是搜狐网，报道量为 304 篇；紧随其后的依次是 24 小时头条新闻、新浪网、东方财富网和中国网，报道量分别为：139 篇、126 篇、114 篇和 108 篇。说明在此次药品电子监管码事件中搜狐网在消息传播和影响力方面占据优势。

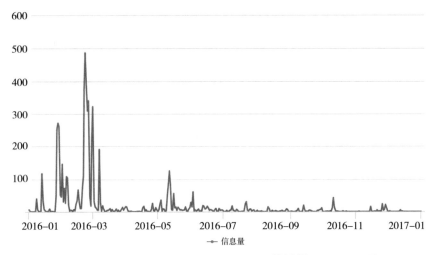

时间范围：2016.01.01 至 2016.12.31

图 5-11-4 "药品电子监管码事件"新闻报道趋势图

就"药品电子监管码事件"的新闻报道趋势而言，事件报道呈现波及范围广、持续时间长、集中报道量大的特征。2016 年 2 月 24 日达到新闻报道的顶峰，新闻报道量接近 500 条，整个事件的新闻报道在 2016 年 1 月至 3 月中旬都处于持续的热门报道状态。

表 5-10-2 "药品电子监管码事件"部分微信热门文章及阅读量列表

微信公号	文章标题	阅读量
赛柏蓝	中信平台关闭，阿里电子监管码收费涨了！	40320
蒲公英	重磅：中信关闭，阿里闪亮登场，苦了企业，病人受害	28549
互联网那些事	阿里与药店之争 药品电子监管码成罪魁祸首	25833
中国药店	CFDA 或将取消推行电子监管码，养天和仍要"死磕到底"	23918

微信公号	文章标题	阅读量
创业邦杂志	马云坚持要找假药麻烦，阿里健康重启药品追溯平台	18564
E药经理人	CFDA叫停药品电子监管码　此前投入谁来补偿？	15376
36氪	8点1氪：阿里健康欲筹建第三方追溯平台	15027
蒲公英	监管码暂停，药企怎么办？蒲公英各方声音汇总	14373
虎嗅网	药品电子监管码暂停，阿里出局：既无善始，能否善终？	13410
电商兵法	19家药店联合声明：取消监管码 阿里彻底退出	10727

据本研究整理

"药品电子监管码事件"的微信关注主体以医药行业自媒体号为主，如"赛柏兰""蒲公英""中国药店""E药经理人"等。

（二）社交媒体意见领袖识别

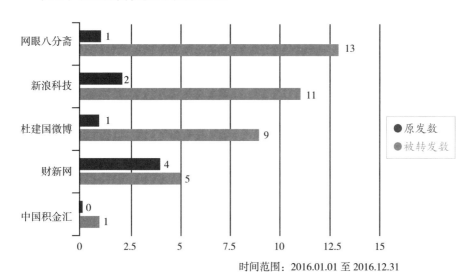

时间范围：2016.01.01至2016.12.31

图5-11-5　"药品电子监管码事件"微博意见领袖排行

此次药品电子监管码事件中涉及的微博意见领袖主要包括@网眼八分斋、@新浪科技、@杜建国微博、@财新网、@中国积金汇。社交媒体平台在引导公众讨论、发表领袖意见方面发挥着重要作用。

三、关涉主体分析

（一）关涉主体

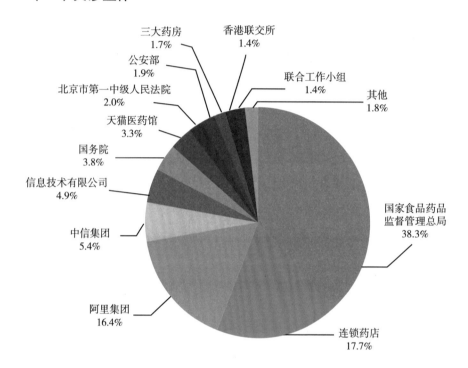

图 5-11-6 "药品电子监管码事件"关涉机构

"药品电子监管码事件"中所关涉的机构包括国家食品药品监督管理总局、连锁药店、中信集团、信息技术有限公司、国务院、天猫医药馆、北京市第一中级人民法院、公安部、阿里集团、香港联交所等。

1.国家食品药品监督管理总局

国家食品药品监督管理总局作为本次"药品电子监管码"事件的主要监管部门，在本次事件中主要起到事件调查、信息发布、监管督查等作用。国家食品药品监督管理总局在事件传播的酝酿阶段就通过官方网站发布消息称"将妥善解决电子监管码等历史遗留问题"，并随着事件的进一步发展放出"暂停已推进近十年的电子监管码体系"的消息。药品电子监管码的走向成为企业和公众共同关心的问题，国家食品药品监督管理总局也在第一时间将事件进展向公众发布。

2. 连锁药店

在此次事件中，以"养天和"为代表的 19 家连锁药店扮演的角色主要是对药品电子监管码系统"特权"进行抗议。1 月 25 日，湖南养天和大药房将国家食品药品监督管理总局告上法庭，理由是国家食品药品监督管理总局强行推行由阿里健康运维的药品电子监管码。2 月 24 日，连锁药店又联合发布声明，要求阿里健康交出药品电子监管码的特权并取消现行的电子监管码制度，将事件推向高潮。事件最后，《湖南养天和大药房企业集团有限公司及李能董事长就药品信息码的声明》宣称："鉴于国家食品药品监督管理总局对药品电子监管码问题的积极响应，我司决定不再进行上诉。"

3. 阿里集团

阿里集团作为本次药品电子监管码事件的最大涉事方，在此次事件中受到了声誉损伤。在危机公关的过程中，阿里集团反应较为迅速，助使整个事件热度较快平息。

（二）关涉人物

序号	人名	出现次数
1	张蕾	2324
2	何敏	2186
3	耿平	2184
4	谢子龙	721
5	马云	562
6	孙咸泽	494
7	赵飚	452
8	王培宁	439

图 5-11-7 "药品电子监管码事件"涉事人物

此次"药品电子监管码事件"的关涉人物主要有张蕾、何敏、耿平、谢子龙、马云、孙咸泽、赵飚、王培宇等。作为阿里健康的公关负责人，张蕾成为此次事件牵涉的主要人物。而深圳成为信息技术有限公司区域负责人何敏（化名）、北京医疗行业人士耿平等都成为该事件的主要涉事人物。

四、监管介入效果评估

药品电子监管码事件舆论的发生，源于湖南养天和大药房企业集团有限公司将国家食品药品监督管理总局以"行政违法"为由告上法庭，首先在微博和企业官方网站上引起广泛关注，随后主流媒体和其他自媒体迅速跟进，社会舆论热度持续上升。

政府监管部门的介入共有两次。第一次发生在 2016 年 1 月，国家食品药品监督管理总局在召开的药企、药店紧急座谈会上进行表态，表示将收回此前交由阿里健康运营的全国药品电子监管网运营权，暂时平定了网民的讨论。第二次发生在 2 月底，国务院新闻办公室就食品药品安全工作情况举行新闻发布会，国家食品药品监督管理总局局长毕井泉再次谈及此事，表示"电子监管码是在监管过程中的一种探索，对这种探索难免有不同的认识，甚至争议，监管部门会妥善处理这个历史遗留问题。"

国家政府相关部门的监管介入，既显示了国家职能部门对于突发性事件的重视和对民生问题的高度负责，也直接反映了政府部门在应对危机事件时的专业素质、全局把控能力的提升。国家食品药品监督管理总局相关负责人与媒体、公众的"直接对话"，以诚恳态度、有效的方式对公众做出解释，一方面，从整体上把控了舆论走向，最大限度地实现对舆论局面的掌握；另一方面也迅速、直接地对突发性事件进行了妥善处置，给公众一个满意的答复。

五、网民关注度和态度

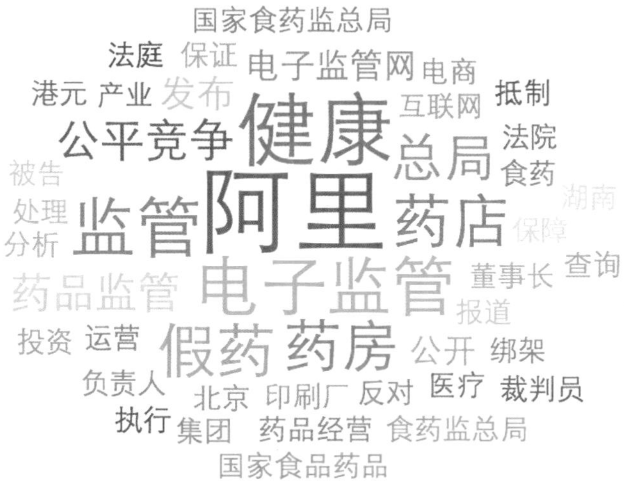

图 5-11-8　"药品电子监管码事件"热词排行

根据"药品电子监管码事件"的热词排行，发现排名前几位的热词分别是阿里药店、电子监管、健康、药房、假药、国家总局、公平竞争、药品监管等，说明网民对药品安全、电子监管、药品行业竞争等问题非常关心。

六、传播现象分析

网络在此次事件传播中扮演着信息传输、平台讨论两大角色。一方面，主要涉事方通过官方网络平台向公众发布消息，如传统药店、阿里健康、国家食品药品监督管理总局；另一方面，公众通过网络平台对该事件的发展表达自己的观点与态度。

事件最后，《湖南养天和大药房企业集团有限公司及李能董事长就药品信息码的声明》宣称："鉴于国家食品药品监督管理总局对药品电子监管码问题的积极响应，我司决定不再进行上诉。可以说，我公司试图通过诉讼解决的问题，目前已全部得到解决，继续诉讼已没有必要，故决定放弃上诉。"

137

七、事件点评

湖南养天和大药房就强制推行药品电子监管码一事起诉国家食品药品监管总局，引爆药品零售行业对电子监管码政策的集体"声讨"。国家总局及时回应，半个月后做出"暂停"决定，政企互动呈现良性局面。随后，国家总局连发两个公告，宣布暂停药品电子监管码，对落实企业追溯管理责任公开征求意见，在医药行业内外引起强烈舆论反响。

不难看出，药品电子监管不存在存废议题，只是支撑药品电子监管的追溯体系建设的主体，将由监管部门变为企业，"暂停"决定发布之日，亦是企业承担药品追溯管理责任之时，而这一责任很可能上升为企业法定义务。药品电子监管是大数据时代的监管方向，电子监管的本质是各环节数据的采集上传，"暂停"意味着过去由政府强制要求企业采集上传数据，变为上下游企业自行协同完成"数据采集"，政府只负责对接企业药品追溯系统，实施电子监管。追溯体系建设是一项技术性很强的系统工程。企业自主建设药品追溯体系，同样面临着和监管部门一样的艰巨挑战。需要整个医药行业从众声喧哗的舆情盛宴中冷静下来，思考如何承担主体责任。迈过这道"坎"，需要每个医药企业实实在在干起来，而不仅仅是停留在口头或书面表态中。

📰 第十二节 "劣质奶粉被查事件"舆情分析

自 2008 年中国奶制品污染事件以来，奶粉的质量安全问题成为老百姓关注的焦点。2015 年 10 月至 12 月，国家食品药品监督管理总局对几家重点婴幼儿配方乳粉企业进行了 274 批次专项监督抽检，结果检出不合格样品 6 批次；2016 年 4 月 2 日，上海市又查出一起销售假冒进口奶粉案件，犯罪嫌疑人被指仿制雅培、贝因美等多个进口品牌奶粉，1.7 万罐假奶粉流入全国市场被销往郑州、长沙、徐州等多地。事件一出立即引起公众的广泛关注，网友积极通过社交平台点评此事件、发表言论，网络上甚至出现"17家乳企再上黑榜，中国奶粉不能喝已成事实""毒奶粉事件频发，食药隐患愈演愈烈"等极端言论。紧接着有媒体针对该事件开始进行后续跟踪报道，部分微博大V、微信公众号发布的相关文章阅读、转发、评论量突破10万，对事件的关注与讨论持续升温。

一、舆情演化过程

（一）整体热度分析

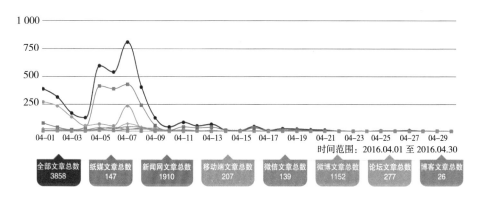

图 5-12-1　"劣质奶粉被查事件"舆情热度变化图

从媒体关注度来看，围绕劣质奶粉被查事件的相关报道和讨论主要集中在新闻网平台上。舆情总体呈现"持续时间集中""影响力较大""范围较广"的发展特征。

（二）传播阶段分析

图 5-12-2　"劣质奶粉被查事件"传播阶段示意图

1. 第一阶段：事件发酵

事件起源于 2016 年 4 月 2 日，上海市查出一起销售假冒进口奶粉案件，犯罪嫌疑人被指仿制雅培、贝因美等多个进口品牌奶粉，1.7 万罐假奶粉流入全国市场被销往郑州、长沙、徐州等多地。这也是继 2008 年中国奶制品污染事件以来的又一次劣质奶制品流入市场事件。通过微博平台，@ 人民日报在第一时间发布"又见假奶粉！1.7 万罐假冒婴儿奶粉流入多地"的转发量、评论量超过 2000 条，一时间在网络上引发了网友的密切关注和激烈讨论。

2. 第二阶段：权威部门发声

2016 年 4 月 4 日，国家食品药品监督管理总局发言人迅速作出回应，称"上海公安部门已经对查获的假冒乳粉进行了产品检验，产品符合国家标准，不存在安全风险"，提醒消费者"如果购买食用了该冒牌产品，不要过于恐慌。"国务院食安办已派员赴上海实地督查。4 日下午，上海市食药监部门官方微博亦对此事作出回应：上海市食药安办正协助公安部门根据国务院食安办的督查要求，协调相关 7 个省彻查假冒乳粉流向。

3. 第三阶段：舆论聚焦

国家食品药品监督管理总局发言人口中的"假冒奶粉不存在安全风险"的表述很容易让消费者理解为"奶粉没毒""吃了没事"，然而对于乳品安全和商业诚信，人们期待中的底线比"没毒"更高。因此这一说法立刻引起了舆论关注。在各大媒体纷纷转发报道这一消息的同时，@ 新京报、@ 财新网微博账号分别发布《末路赌徒：假雅培奶粉制造者素描》《六问 1.7 万罐假冒奶粉案：爸妈们关心的都在这儿》引起了广泛的关注与传播，将围绕该事件的线上舆论推向高潮。

4. 第四阶段：权威部门再次发声

国家食品药品监督管理总局 4 月 6 日表示："生产销售冒牌婴幼儿乳粉属商业欺诈、侵犯知识产权的违法犯罪行为，一经发现，不论其质量是否合格、是否对公众健康构成威胁，必须对涉案乳粉立即扣缴、一律销毁；支持消费者向冒牌产品的生产经营者依法索赔。"随着官方对冒牌奶粉流向查出、销毁，以及涉事人员的深入调查和对外披露，公众舆论渐渐发展向客观、中和的方向。在此之后，此次事件的后续讨论仍然在新闻场域和微博中进行传播。

4月8日，@中国之声发布："假奶粉究竟符合具体哪条国标？检测报告是如何做出的？公众关心的诸多问题却依旧没有解释。担心恐慌可以理解，但公布信息遮遮掩掩，欲言又止不会让恐慌消退，只会让恐慌加剧。"转发量、评论量加点赞量超过800，引发了网民的热烈讨论。

4月9日，@财新网发表文章《上海冒牌奶粉案仍有3300罐假冒雅培奶粉下落不明》对该事件的后续发展进行持续跟踪报道调查，得到网友的转发与评论。

4月中下旬，新华网以图解形式发布《假奶粉去哪里了？揭秘冒牌奶粉生产销售链条》，从冒牌奶粉生产链条、流向与销售渠道等方面向公众进行解释，并引导公众正确辨别真假奶粉，引起了网民的评论、转发，带来了较好的社会反响。

（三）传播渠道分析

此次"劣质奶粉被查事件"源于2016年4月2日，上海市查出一起销售假冒进口奶粉案，案件一出立即引起了网友的广泛关注和激烈讨论。在事件舆论的传播过程中，新闻报道、事件发展消息主要通过自媒体、官方网站两个渠道进行传播。

首先，在传播渠道方面，以人民网、财新网、中国之声等为代表的传统新闻门户网站，在舆情的发酵阶段就已经开始对冒牌奶粉的来源、流向等问题进行关注，并对官方态度的反馈回应做出跟踪报道，对舆论方向的把控起到了较好的作用。在舆论发展的后续阶段，传统媒体又通过其官方微博平台对冒牌奶粉的生产链、真假奶粉辨别方法等进行报道，带来了良好的社会反响。

其次，自媒体平台上的舆论爆发集中发生于4月4日，国家食药监总局发言人称假冒乳粉符合国家标准、不存在安全风险之后，舆论开始集中迸发。在微博舆论爆发、多元化议题逐渐呈现之后，传统媒体迅速予以跟进，在围绕事件进行持续深入调查的同时，借助新媒体平台在第一时间向公众进行相关进展的报道，并针对网民关心的问题进行实时解答。@ 新浪育儿、@ 新浪上海都在第一时间对事件进行了介绍和披露报道，为舆论的迸发进行了酝酿和准备；在事件的发展过程中，@ 新浪财经等也实时跟进，针对事件的走向、政府反馈方面进行关注和报道，满足了受众对后续事件走向的知情需求。

二、传播主体分析

（一）报道媒体

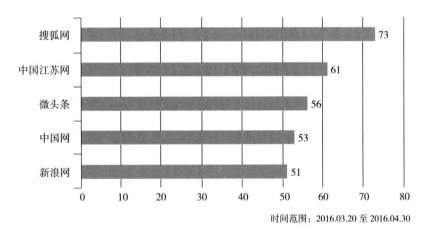

时间范围：2016.03.20 至 2016.04.30

图 5-12-3 "劣质奶粉被查事件"媒体报道量统计

就"劣质奶粉被查事件"的媒体报道量而言，排在第一位的是搜狐网，紧随其后的依次是中国江苏网、微头条、中国网和新浪网。在该事件的舆情发展过程中，大量传统新闻门户网站发布了事件相关的一手资料，对公众热议的新闻内容进行了深入权威的报道，并在相关知识普及、后续事件跟踪报道方面发挥着强大的优势，使得事件的影响力进一步提升。

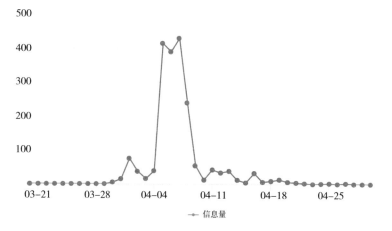

时间范围：2016.03.20 至 2016.04.30

图 2-12-4 "劣质奶粉被查事件"新闻报道趋势图

就"劣质奶粉被查事件"的新闻报道趋势而言，事件报道呈现波及范围广、持续时间较为集中、集中报道量大的特征。对该事件的新闻报道主要集中在 2016 年 3 月下旬至 2016 年 4 月底，在 2016 年 4 月 5 日、4 月 7 日分别出现两次报道高潮。

（二）社交媒体意见领袖识别

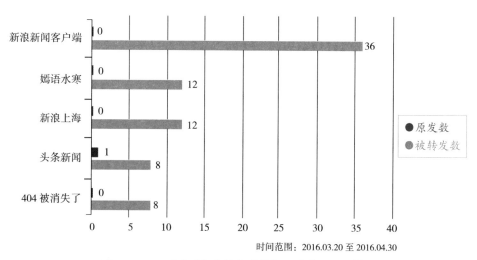

时间范围：2016.03.20 至 2016.04.30

图 5-12-5 "劣质奶粉被查事件"微博意见领袖排行

微博意见领袖在"劣质奶粉被查事件"中也发挥着重要作用，其中，@新浪新闻客户端、@新浪上海、@头条新闻等媒体官微在微博平台上扮演着意见领袖的角色，对舆论走向有着重要的推动作用。

三、关涉主体分析

（一）关涉机构分析

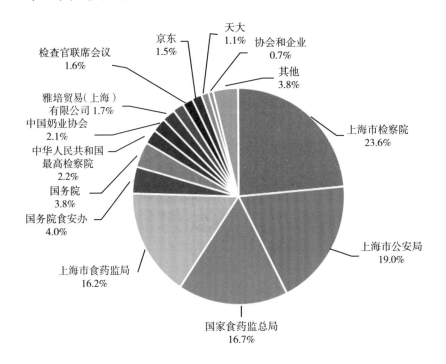

图5-12-6 "劣质奶粉被查事件"涉事组织机构

"劣质奶粉被查事件"中所关涉的机构包括上海市检察院、上海市公安局、国家食品药品监督管理总局、上海市食品药品监督管理局、国务院食安办、国务院、最高人民检察院、中国奶业协会、高级乳业分析师、雅培贸易（上海）有限公司等。

1. 国家食品药品监督管理总局

在此次的冒牌劣质奶粉流入市场被查事件中，国家食品药品监督管理总局成为公众关注的焦点。"为何奶粉安全事件频发？""国家职能部门究竟做出了怎样的努力来杜绝此类事件再次发生？"成为公众普遍关心的问题。2016年4月4日，国家食品药品监督管理总局在官网做出回应称，上海公安部门已经对查获的假冒乳粉进行了产品检验，产品符合国家标准，不存在安全风险，提醒消费者如果购买食用了该冒牌产品，不要过于恐慌。权威部门的迅速反映显示了国家政府部门在面对突发性社会事件时的业务能力、综合水平。但由于消费者存在先入为主的印象，政府的说服效果并不理想，被打了折扣。

2. 雅培贸易有限公司、贝因美公司

此次事件中被冒名的雅培贸易有限公司和贝因美公司也成为公众关注的主要机构。2016年4月5日，雅培率先在接受采访时回应："产品的质量和安全以及消费者的健康一直是雅培的重中之重，在发现市场上出现少量批次假冒雅培嘉兴产亲体婴幼儿奶粉产品后，雅培立即向上海市公安机关反映情况"。并且，雅培方面表示此案所涉及假冒雅培产品已经于2015年年底被查处并全部收缴。这一说明和监管部门的"彻查假冒乳粉流向"的说法有所矛盾，这种不统一的发声也进一步消耗了公众对于企业和监管部门的信任，为危机的解决带来了不利的影响。

（二）关涉人物分析

序号	人名	出现次数
1	陈某	2324
2	唐某	2186
3	潘某	2184
4	郑某	721
5	吴某	562
6	谷某	494
7	宋亮	452
8	张嘉钧	439

图5-12-7　"劣质奶粉被查事件"涉事人物统计图

根据中国健康传媒集团食品药品舆情监测系统显示，在此次"劣质奶粉被查事件"中关涉的人物姓名主要包括陈某、唐某、潘某、郑某、吴某、谷某、宋亮、张嘉钧等。作为该次劣质奶粉被查事件的犯罪嫌疑人，组织者陈某、唐某，制假人员潘某、谷某，以及生产人员潘某、吴某成为事件传播过程中的主要涉事人员。面对公众舆论进行解析的高级乳业分析师宋亮则同样以161的出现频次成为主要涉事人物。

四、网民关注度和态度变化

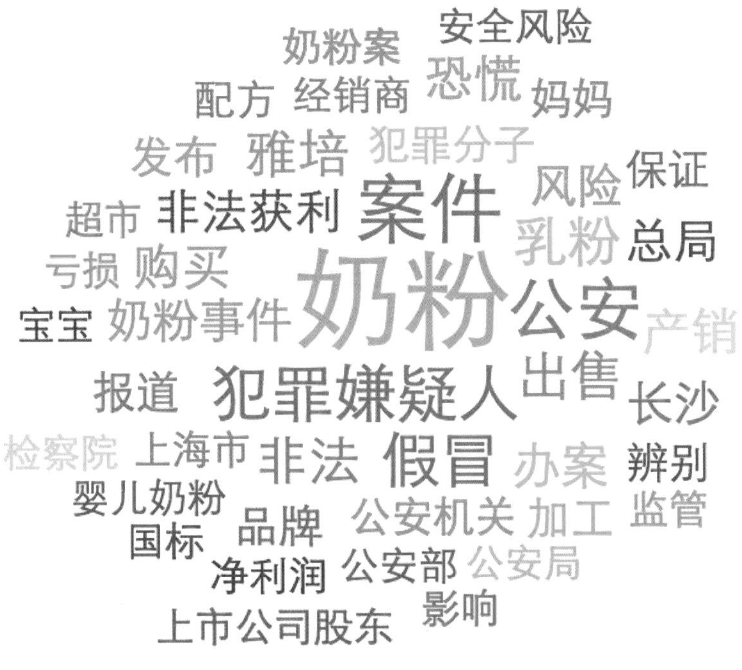

图 5-12-8　"劣质奶粉被查事件"热词排行

根据"劣质奶粉被查事件"的热词排行，排名前几位的热词分别是奶粉、案件、犯罪嫌疑人、假冒、非法获利、公安、奶粉事件、恐慌、安全风险等。这说明网民对于此次劣质奶粉被查事件的反应比较强烈，"恐慌"等描述显示了公众面对这一事件的基本情绪，而这一强烈的反应很大程度上是因为这一事件触及了"孩子"这一群体。

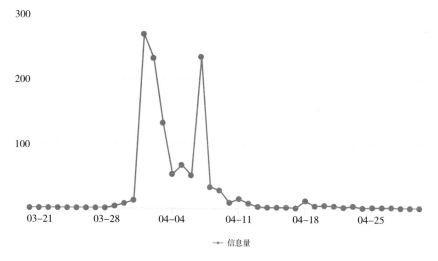

时间范围：2016.03.20 至 2016.04.30

图 5-12-9　"劣质奶粉被查事件"微博总数时间趋势图

在对"劣质奶粉被查事件"的相关微博总数时间趋势进行分析后发现，微博网民对该事件的讨论主要集中在 4 月 1 日至 4 月 7 日。其中，4 月 1 日、4 月 7 日分别出现微博总数的两次高潮，当日发布的微博信息量分别为 268 条和 233 条。

五、监管介入效果评估

作为本次"劣质奶粉被查事件"的主要介入机构，国家食品药品监督管理总局的两次发声分别引发了截然不同的舆论声音。第一次发声是对公众的信息告知，国家政府部门正在处置相关案件，时刻关注婴幼儿奶粉的食品安全问题，这让监管部门在百姓心中的信任度增添了不少；第二次发声时，由于政府的检验结果并不符合媒体营造的"毒奶粉"刻板印象，许多消费者没有被说服。加上在信息传播方面，媒体突出原文中的"如果购买了冒牌产品也不要过于恐慌""奶粉没毒"等信息，将政府塑造为消极被动的形象，导致其形象有所损伤。

在国家食品药品监督管理总局的回应发出之后，主流传统媒体和社交媒体对舆论的产生和发展起到主导和扩散作用。来自搜狐网、新浪财经、《新京报》、财新网等主流媒体的报道和评论，给本次"劣质奶粉被查事件"的舆情走向进行了根本上的把控，使舆论焦点从对国家职能部门的质疑转向对事件本身的思考。主流媒体在事件的后续发展过程中频频发布政府坚定打假的态度等正面新闻，有效扼制了谣言的蔓延和传播。

六、传播现象分析

通过对"劣质奶粉被查事件"的传播现象进行分析发现，事件的传播主要存在两个方面的关键点：第一，国家职能部门声音的传播效果被打了折扣；第二，类似事件频发触及公众痛点。

（一）国家职能部门的声音传播效果被打了折扣

面对突发危机事件，国家职能部门发言人能及时做出反应，给出权威结论。假冒名牌并不意味着产品存在毒害，该案件是违法分子将国产某知名品牌奶粉打上国外品牌，属于假冒奶粉，在质量上并不存在问题。在性质上，监管部门对"假奶粉"和"毒奶粉"进行了划分，并强调"不论其质量是否合格，是否对公众健康构成威胁，必须对涉案乳粉立即扣缴，一律销毁"。尽管监管部门做出了权威、及时的回应，但是在传播中，由于媒体先行营造了恐慌情绪，消费者已经对涉案奶粉产生强烈的反感和抵触情绪。当政府通报涉案产品经办案机关检验符合食品安全标准，提醒消费者不要过于恐慌的时候，许多人产生了逆反情绪。信息传播过程中，部分媒体断章取义的"标题党"行为，助推了人们的反感。

（二）类似事件频发触及公众痛点

自 2008 年中国奶制品污染事件以来，奶粉的质量安全问题成为公众关注的焦点问题。尤其奶粉质量关系到婴幼儿的生命健康，连续几年曝光的婴幼儿奶粉质量问题成为公众的一大痛点，类似事件的反复发酵发展更为此次冒牌劣质奶粉流入市场的话题讨论增加了火力。

七、事件点评

食品安全乃公众头等大事，尤其是涉及婴幼儿食品，更是牵动着无数人的敏感神经。事件发生后，国家食品药品监管总局对涉案企业严肃查处，可谓反应及时、尽心尽力。但从媒体报道及网络评论内容来看，公众仍然有不少质疑、悲观和愤怒情绪。政府部门在一些细节和应对技巧方面仍然有功课要做，以免让标题党有机可乘。

新闻发布一般遵循着"快说事实，慎报原因"的原则，对于已经收集到的事实和数据，应该及时发布；对于不断确认中的事实数据，应该做动态发布；对于未来才能确定的事实数据，应发布歉意和承诺。当下这个读题时代，制造耸人听闻的标题，从而吸引眼球、博取点击率的"标题党"大有人在。互联网上，网民往往只看到断章取义的标题，"板砖"就开始横飞，这也是很多热点事件引发负面情绪的原因。以此次假冒婴幼儿奶粉事件的信息发布为例，相关部门在信息发布时，对容易引起曲解、误读的地方要反复说明，要强调这是一起以普通奶粉仿冒名牌奶粉的案件，尽量避免让传播负能量的"标题党"有机可乘。

对于多数家长而言，他们追求的是奶粉的高品质，而不仅仅是关心奶粉有无危险。政府部门除了对奶粉的安全性告知外，还应该有进一步的信息发布；具体而言，应该掌握假冒奶粉的具体流向，涉及哪些品牌，有无执行进货查验记录等。

第十三节 "韩寒武汉餐厅被关停事件"舆情分析

2016 年，韩寒与他人合伙开的"很高兴遇见你"餐厅在经历了 10 月份宁波分店被迫关店歇业之后，11 月 14 日，武汉分店也因无证经营、卫生不达标等问题被依法关停。据悉，武汉分店已经营业近一年时间，却依然在执法检查中无法出示"食品经营许可证"。最终，武汉食品药品监督管理局依法对"很高兴遇见你"餐厅进行断水断电断气、停止营业的处理。消息一出立即引发了网友们对该事件的激烈讨论，不少网友留言："看来还真是术业有专攻""告诉我们一个简单的道理，靠名人效应来赚本应靠质量赚的钱是行不通的"。经过传统媒体和社交媒体的跟踪报道和进一步披露，由韩寒武汉餐厅被关停事件引发的明星餐厅食品质量、安全问题引起公众舆论的广泛关注。

一、舆情演化过程

（一）整体热度分析

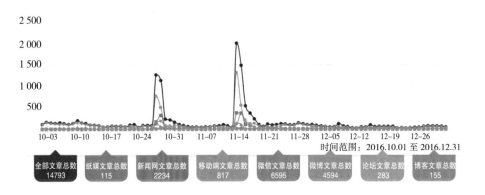

图 5-13-1 "韩寒武汉餐厅被关停事件"舆情热度变化图

从媒体关注度来看，"韩寒餐厅被关停事件"相关的文章总数达 14793 篇，舆情呈现总体"关注热度高""报道较为集中""话题回落快"的发展特征。

（二）传播阶段分析

图 5-13-2 "韩寒武汉餐厅被关停事件"传播阶段示意图

1. 第一阶段：事件发酵

2016 年 11 月 14 日，武汉市食品药品监督管理局通过其官方微博 @ 武汉食品药品监管发布文章《很不高兴遇见你！韩寒武汉餐厅被关停》，曝光了韩寒所开餐厅"很高兴遇见你"在武汉的某分店因无证经营被关停，详细披露了餐厅被关停的原因及相关检查细节，包括无证经营、安全卫生不达标、经营管理出现问题等。此时舆论主要存在于韩寒粉丝对偶像的维护、普通大众对韩寒餐厅无证经营的谴责两个方面，两种声音在网络上进行着激烈的论战。

2. 第二阶段：微博网友热议

11 月 15 日，借助社交媒体平台，《南方日报》通过官方微博发文揭露韩寒武汉餐厅仓库货架上全是老鼠屎，一时间引发网友的转发、评论，并由此展开了围绕明星开店食品质量、安全卫生状况的讨论。网友们纷纷留言："看来还真是术业有专攻""告诉我们一个简单的道理，靠名人效应来赚本应靠质量赚的钱是行不通的"。也有人将关注点转移到了事件的公关处理上，"一般这种时候我比较想知道粉丝怎么强行洗白？"。

3. 第三阶段：官方回应

11 月 15 日，武汉市食品药品监管局通过其官方微博账号 @ 武汉食品药品监管回应称"食品安全，不论你来头多大，只要触及了消费者的健康底线，就必须整改甚至关门。"在对事件的持续关注中，武汉市食品药品监督管理局发言人再次宣称："不管你是明星开的店，还是老百姓开的店，不管是高档的餐厅还是路边的小店，只要和食品安全有关，武汉市食品药品监督管理局都会一视同仁，按照规定，奖惩分明。"引发网友对职能部门应对态度、执行力的"点赞"。

事件舆论发展至此，韩寒粉丝对偶像的维护声音渐渐减弱，舆论点开始集中在对国家职能部门的行动力、执法态度上，武汉市食药监局在面对突发性事件的迅速反应、依法执行方面大大提升了国家职能部门在百姓心中的威信和权威度。

（三）传播渠道分析

在"韩寒武汉餐厅被关停事件"中，新闻报道、事件发展消息主要通过自媒体、传统媒体两个渠道进行传播，加上主要涉事人韩寒的明星效应，短时间内就成为公众关注的公共事件，引发广泛讨论。政府部门同样及时采取措施并针对公众的发问进行回应，以正面、积极的态度对舆论传播进行了有效引导。

首先，在事件传播的过程中传统媒体承担了信息发布的先导渠道功能，在第一时间向受众通报事件的最新进展。2016 年 11 月 14 日上午 10 时左右，武汉市食品药品监管局通过其官方微博账号 @ 武汉食品药品监管发布消息："很不高兴遇见你！韩寒武汉餐厅被关停！"并就事件的细节进行通报，引发了微博网民的第一波讨论，舆论主要集中在韩寒粉丝对偶像维护和其他网民对韩寒餐厅谴责两个聚焦点。随后下午 15 时，@ 共青团中央发文称："韩寒武汉餐厅无证经营被关停，武汉食药监检查'很高兴遇见你'餐厅发现：①无证经营；②员工私人物品乱放；③员工没有按照规定穿着工作服；④制冰机没有按照规定清洗、保养；⑤鼠患严重，仓库货架顶部全是老鼠屎，有些食品包装袋已经被老鼠咬破，甚至有些餐桌上都能看到老鼠屎。"此时，经过两个微博账号对韩寒餐厅关停事件的消息发布及对政府职能部门工作的及时通报，公众舆论聚焦点转向了对武汉市食品药品监督管理局工作效率、依法办事态度的点赞。

其次，传统媒体对本次事件的报道呈现出反应迅速、时效性较强的特点。2016 年 11 月 14 日《武汉晨报》率先在第二版面发布《韩寒餐厅中南路分店被关停：店名是"很高兴遇见你"，执法人员发现无证经营且鼠患严重》一文，对该事件进行了较为全面、详细的报道。传统新闻媒体对本次韩寒餐厅关停事件的追踪报道调查展现出传统媒体从业者业务水平、新闻挖掘能力的综合提升，一方面利用传统媒体的权威性正确引导了公众舆论的走向和发展，从侧面提升政府公信力；另一方面也为传统媒体自身树立了良好的公众形象，彰显出传统媒体在公众心目中的公信力和生命力。

二、传播主体分析

（一）报道媒体

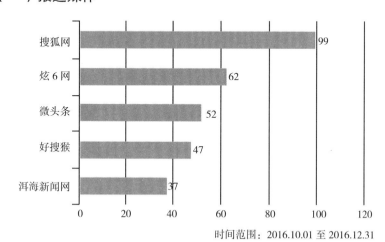

时间范围：2016.10.01 至 2016.12.31

图 5-13-3 "韩寒武汉餐厅被关停事件"媒体报道量统计

就"韩寒武汉餐厅被关停事件"的媒体报道量而言，排在第一位的是搜狐网，报道量为 99 篇；紧随其后的依次是炫 6 网、微头条、好搜猴和洱海新闻网。

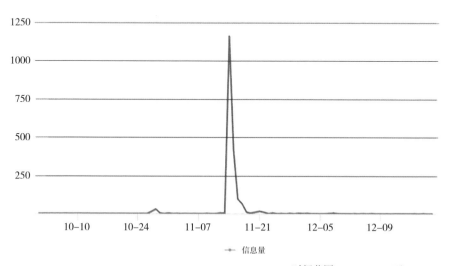

时间范围：2016.10.01 至 2016.12.31

图 5-13-4 "韩寒武汉餐厅被关停事件"新闻报道趋势图

就"韩寒武汉餐厅被关停事件"的新闻报道趋势而言，事件报道呈现波及范围广、新闻报道较为集中、报道量大的特征。2016 年 11 月 14 日达到新闻报道的顶峰，新闻报道量接近 400 条。

（二）社交媒体意见领袖识别

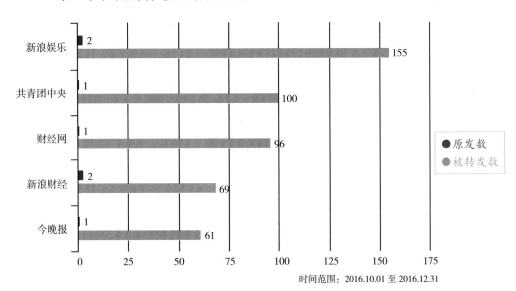

时间范围：2016.10.01 至 2016.12.31

图 5-13-5　"韩寒武汉餐厅被关停事件"微博意见领袖排行

微博意见领袖在"韩寒武汉餐厅被关停事件"中发挥着重要作用，其中，@ 新浪娱乐单日被转发频次为 155 次，说明在此次事件中发挥着重要的意见领袖作用；排在其后的微博账号依次是 @ 共青团中央、@ 财经网、@ 新浪财经、@ 今晚报，说明在本次事件中主流媒体介入效果明显，充分发挥了舆论引导作用。

三、关涉主体分析

（一）关涉主体

"韩寒武汉餐厅被关停事件"中所关涉的机构包括武汉市食品药品监督管理局、华为公司、韩寒餐厅、京东、香港康力公司、南油集团、中国电信等。

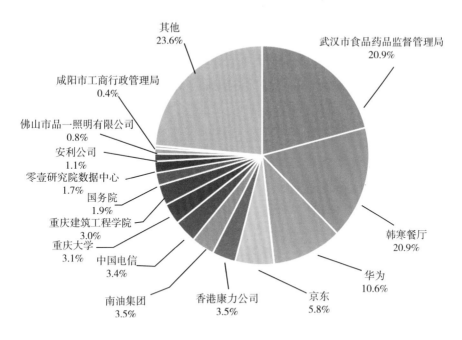

图 5-13-6 "韩寒武汉餐厅被关停事件"涉事组织机构

1. 武汉市食品药品监督管理局

作为此次事件的主导者，武汉市食品药品监督管理局合理、灵活运用自媒体、传统媒体两大渠道进行信息传播与舆情把控，成为近年来政府部门执法工作的优秀案例之一。在事件的起始，武汉市食品药品监督管理局官方微博 @ 武汉食品药品监管发布《很不高兴遇见你！韩寒武汉餐厅被关停》披露韩寒与合伙人投资开办的"很高兴遇见你"武汉餐厅因无证经营且管理不善被关停，并详细列出了关于餐厅被关停的具体原因。在后期，武汉市食品药品监管局通过其官方微博 @ 武汉食品药品监管再次回应："食品安全，不论你来头多大，只要触及了消费者的健康底线，就必须整改甚至关门。"

武汉市局在面对社会突发性事件时，能够合理利用主流媒体和社交媒体与公众进行"双渠道"沟通，不但及时向公众就事件的最新进展进行通报，保障了公众的知情权，更适时利用主流媒体合理进行舆论引导，将公众舆论聚焦点转向了武汉市局工作效率、依法办事态度，十分可取。

2. 韩寒武汉餐厅

明星韩寒作为被关停餐厅投资人也成为此次事件的主要涉事人员，使得对此次事件的讨论延展到"明星餐厅食品质量安全问题"的层面。近年来明星开餐厅的情况屡见不鲜，如孟非的小面馆、李宗盛的有练餐厅、潘玮柏的韩妈妈台湾面馆、薛之谦的上上谦火锅店等，这些披着明星光环的餐厅格外重视餐厅装修、菜品的创新与标新立异，然而近年来明星餐厅在食品安全、质量上出现的问题也备受关注。如包贝尔"辣庄火锅店"被爆以牛血兑水冒充鸭血售卖、田亮和叶一茜的"靓厨"因无营业执照被迫关停、赵薇投资的乐福餐厅因欠供货商 16 万货款而惨淡关店等。可以说韩寒餐厅被关停并非明星餐厅出现问题的个例。

在经历了宁波餐厅、武汉餐厅、西安餐厅接连被关停之后，韩寒一度被推上公众讨论的风口浪尖，网民纷纷围绕这一事件的发生发表意见，截止到 2017 年 4 月底，仅新浪微博一个平台上围绕相关话题的发帖量就超过 1000 条。

（二）关涉人物分析

序号	人名	出现次数
1	韩寒	13218
2	奥特加	4626
3	陈冠希	4509
4	周杰伦	2976
5	陈启宗	2799
6	郭德纲	2028

图 5-13-7 "韩寒武汉餐厅被关停事件"涉事人物统计图

在此次事件中，韩寒自然成为被关涉度最高的人物，根据中国健康传媒集团食品药品舆情监测系统数据显示，"韩寒"在此次事件期间共出现 13218 次，居于首位，说明网友围绕明星韩寒的讨论是最多的。排在其后的关涉人物依次是奥特加、陈冠希、周杰伦、陈启宗、郭德纲，出现的频次也都超过 2000 次。说明其他开设餐厅的明星也在此次事件中备受关注。

四、监管介入效果评估

在整个事件中，监管部门的监管、信息发布工作是贯穿始终的。自一开始武汉市食品药品监督管理局借助其官方微博账号、官方网站等对韩寒武汉餐厅的曝光，到武汉市食品药品监督管理局对关停该餐厅具体原因的披露与陈述，再到相关政府部门通过互联网与网民进行交流与对话，都体现了监管部门介入的即时性与有效性。武汉市食品药品监督管理局向社会公布涉事饭店的问题，并且通过官方微博回应称，"食品安全，不论你来头多大，只要触及了消费者的健康底线，就必须整改甚至关门。"得到了网民的一致好评。

武汉市局在此次韩寒武汉餐厅被关停事件中为国家职能部门的行政执法能力做了正面的示范，主要体现在以下两个方面：一方面，面对突发事件，国家职能部门应当科学利用传统媒体和社交媒体的"双渠道"，通过不同类型媒体的功能特性对事件进行分析和跟踪报道，合理引导公众的舆论方向，做到统筹全局；另一方面，在对事件的依法处理过程中，应及时与民众进行沟通，实现政务的透明化、合理化，在保障民众合法权益的同时树立政府的正面形象，从而提升政府公信力。

五、网民关注度和态度变化

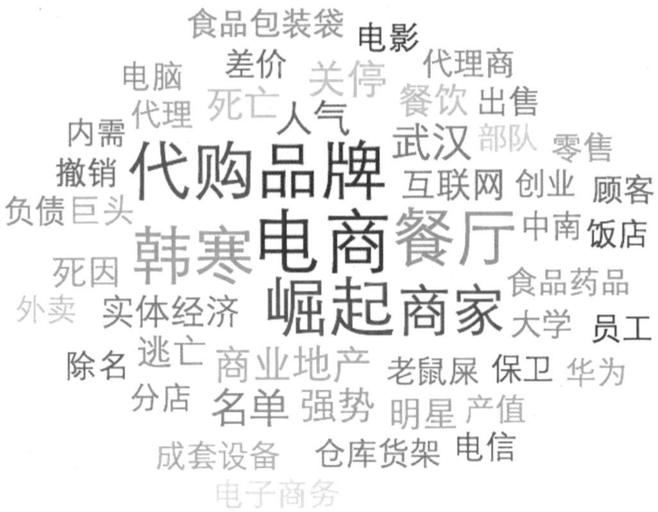

食品包装袋
电影
差价
代理商
电脑
关停
餐饮
出售
代理
死亡
人气
内需
武汉
部队
零售
撤销
代购品牌
互联网
创业
顾客
负债
巨头
中南
饭店
韩寒
电商
餐厅
死因
食品药品
外卖
实体经济
崛起
商家
大学
员工
除名
逃亡
商业地产
老鼠屎
保卫
华为
分店
名单
强势
明星
产值
成套设备
仓库货架
电信
电子商务

图 5-13-8 “韩寒武汉餐厅被关停事件”热词排行

根据“韩寒武汉餐厅被关停事件”的热词排行，发现排名前几位的热词分别是电商、崛起、餐厅、韩寒、商家、实体经济、互联网等，说明网民对食品安全、用餐卫生、明星餐厅等问题非常关心。

1 250
1 000
150
500
250
2016–01
2016–03
2016–05
2016–07
2016–09
2016–11
2017–01
信息量

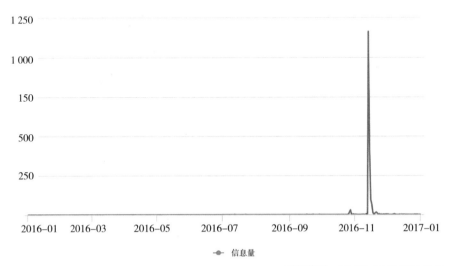

时间范围：2016.01.01 至 2017.01.01

图 5-13-9 “韩寒武汉餐厅被关停事件”微博时间趋势图

在对"韩寒武汉餐厅被关停事件"的相关微博总数时间趋势进行分析后发现，微博网民对该事件的讨论主要集中在 2016 年 11 月 14 日至 11 月 20 日。其中，11 月 14 日相关微博总数达到最高值，当日发布的微博信息量总数达 1165 条。

六、传播现象分析

（一）传统媒体与社交媒体"双渠道"传播成趋势

通过对"韩寒武汉餐厅被关停事件"传播现象的分析，发现该事件的传播轨迹大致为：自媒体传播（微博）→传统媒体传播（报刊）→自媒体传播（微博）。事件传播以武汉市食药监局官方微博 @ 武汉食品药品监管发布为开端，以《武汉晨报》的新闻追踪为发展，最后是武汉市局官方微博作出回应，利用传统媒体、社交媒体的"双渠道"与民众进行沟通，取得了良好的媒介传播效果，此事将成为政府职能部门处理突发性事件值得借鉴的良好案例。

（二）舆论聚焦点两次转换，政府公信力显著提升

"韩寒武汉餐厅被关停"事件的舆论聚焦点经历了两次转换。首先是舆论传播的初期阶段，舆论主要集中在韩寒粉丝对偶像的维护和其他网民对韩寒餐厅谴责两个聚焦点；后期通过武汉市局借助主流媒体的详细披露与后续跟踪，做到政务公开办、依法办、透明办，韩寒粉丝对偶像的维护舆论渐渐趋于平息，后期舆论主要聚焦于对政府工作的肯定，成功提升了政府职能部门的公信力和影响力。

七、事件点评

在整个事件中，公众舆论的关注点主要集中在以下两个方面：

（一）明星开店，是光环效应还是质量本身

面对此次的餐厅被关停事件，大部分公众首先关注的可能不是卫生标

准不达标、经营管理混乱，而是将更多的目光关注到作为明星的韩寒身上。明星开店现象并不少见，大多受到了粉丝的热情推捧，比如周杰伦在北京开设的中华料理店"J大侠"试营业当天吸引食客超过千人，其中大部分为周杰伦粉丝。近年来，明星开店成为明星吸引粉丝、增加收益的新型手段，但是在明星光环的背后，餐厅内的卫生状况、食物质量是否达标才应该是公众应当考虑的关键问题。

（二）为政府点赞：食品药品监管部门面对事件的迅速反应

在此次"韩寒武汉餐厅被关停"事件中，武汉市食品药品监督管理局利用其官方微博、官方网站在第一时间就事件进展向公众进行曝光与通报，将事件的起因、经过、结果完完整整地呈现在公众面前并接受公众的监督与评论。政府的此次行动得到了网民甚至部分韩寒粉丝的一致正面评价，成功提升了食药监部门在公众群体中的公信力。尤其是事件中，武汉市食品药品监督管理局发言人提到明星开店和老百姓开店本无差异、食品安全才是重中之重，在公众群体中得到了很高的评价。

第十四节 "儿童体内兽用抗生素事件"舆情分析

"儿童体内兽用抗生素事件"是 2016 年备受瞩目的食品药品安全事件之一。事件起始于复旦大学公布的一项研究，研究称江浙沪一带 8 成儿童体内检出兽用抗生素，滥用抗生素已成潜规则，而来自食品的抗生素是导致儿童过度肥胖的重要因素之一。消息一出，立即引发了网民的重点关注与广泛讨论，有网友表示"儿童是国家和社会的未来和希望，一定要彻查到底"。随后，国家相关政府部门、行业专家纷纷发声为网民提出的质疑与困惑进行解答，事件呈现传播范围较广、持续时间较长、关注焦点较为集中的特点，值得引起有关部门的重视。

一、舆情演化过程

（一）整体热度分析

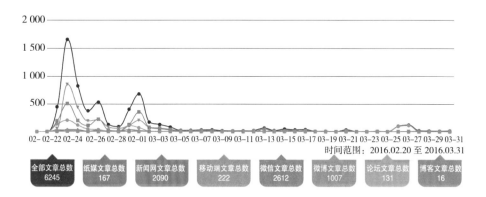

图 5-14-1　"儿童体内兽用抗生素事件"舆情热度变化图

从媒体关注度来看，"儿童体内兽用抗生素事件"相关的全部文章共计6245 篇，其中新闻网文章约占三成。围绕事件的舆情总体呈现"持续时间集中""关注热度较高""影响广"的发展特征。

（二）传播阶段分析

图 5-14-2　"儿童体内兽用抗生素事件"传播阶段示意图

1. 第一阶段：事件发酵阶段

2016 年 2 月 22 日，澎湃新闻发文《复旦大学发现来自食品的抗生素暴露，与儿童肥胖关系密切》，表示关注复旦大学公共卫生学院青年研究员在国际权威杂志《环境国际》（Environment International）上的最新成果"儿童时期抗生素暴露可能是儿童肥胖的危险因素之一"。随后受到腾讯网、搜狐新闻、环球网、新浪新闻等主流媒体的转发，一时间成为备受公众关注的热点议题。随后，该新闻在微博平台上被 @ 新京报、@ 人民网、@ 南方日报、@21 世纪经济报道等账号广泛传播，引发了网友的密切关注和热烈讨论。"儿童兽用抗生素事件"的传播就此展开。

2. 第二阶段：舆论聚焦阶段

近年来，关于少年儿童的食品、用药安全问题一直是社会关注的重点议题，从早些年的三聚氰胺奶粉事件到如今的兽用抗生素事件，可以说该事件的曝光触及到了社会的痛点，来自公众的争论和谴责声音此起彼伏，并且呈现出越来越两极化的态度。一方面，有公众愿意相信专家的辟谣，认为儿童体内兽用抗生素主要来自水和食物，但并不一定是导致儿童肥胖的主要因素；另一方面，也有人提出犀利的观点，向国家职能部门问责。随着 @ 新闻晨报、@ 南方日报、@ 北京青年报等主流媒体开始就"哪些食物可能更多的含有抗生素""如何规避抗生素的侵害"等健康议题展开报道，公众舆论逐渐开始转向对抗生素危害的规避等健康议题。

3. 第三阶段：政府职能部门官方回应

在舆论发展的最后阶段，2 月 29 日国务院新闻办公室举行的新闻发布会上，国家食品药品监督管理总局局长毕井泉表示监管部门已经开始就此事进行核实，并进一步表明政府积极处理此事的决心和态度，给公众吃下一颗"定心丸"。随后，主流媒体积极配合职能部门进行政府工作进展汇报和围绕"如何规避抗生素侵害"为主题的健康知识宣传，如网易新闻发表文章《食药监局回应江浙沪儿童体内普遍含兽用抗生素》、南方网发表文章《兽用抗生素是如何进入人体的》、人民网发表文章《兽用抗生素偷袭儿童，谁之过？》等，渐渐将舆论平息在可控范围之内。

（三）传播渠道分析

围绕"儿童体内兽用抗生素事件"的新闻报道和事件发展消息主要通过自媒体、传统媒体两个渠道进行。其中，自媒体承担了信息发布的先导渠道功能，在第一时间向受众提供事件发展的最新进展，通过自媒体平台研究者第一时间发布了研究的最新进展；而传统媒体平台主要是在利用其权威性和新闻挖掘的深入性，对事件相关进展进行持续的跟踪报道，就某些谣言起到"澄清""回应"的作用。

首先，在本次事件中传统媒体微博账号承担了信息发布的先导渠道功能，充分利用其传播速度快、传播范围广的优势，将事件发酵的最新进展在第一时间呈现在公众面前。2 月 22 日，在澎湃新闻发文之后，@ 新京报发表文章《复旦发现江浙沪儿童体内普遍有兽用抗生素与肥胖关系密切》将事件迅速传播开来，引发网友纷纷转发、评论并借助自媒体平台表达自己的观点；2 月 29 日，@ 南方日报利用组图形式发声介绍了国家职能部门对于该事件的进一步措施与行动。通过自媒体平台的迅速传播，一方面实现了将事件进展、政府职能部门态度与措施第一时间进行传播和扩散；另一方面，也从侧面配合国家职能部门开展工作，为政府形象的打造构建提供帮助。

其次，在此次事件的传播过程中，传统媒体也呈现出新闻敏感度高、新闻挖掘能力较强的特点。由于涉及儿童健康问题本来就是备受社会各界关注的重点问题，随着澎湃新闻公布复旦大学的最新研究成果"儿童时期抗生素暴露可能是儿童肥胖的危险因素之一"，后经过多家传统媒体的积极宣传报道，使得对"儿童体内兽用抗生素过多"问题的讨论持续升温，迅速成为社会关注的热点议题。

二、传播主体分析

（一）报道媒体

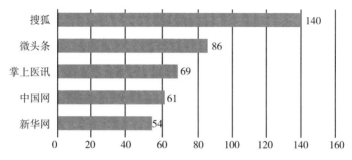

图 5-14-3 "儿童体内兽用抗生素事件"媒体报道量统计

就"儿童体内兽用抗生素事件"的媒体报道量而言，排在第一位的是搜狐，报道量为 140 篇；紧随其后的依次是微头条、掌上医讯、中国网、新华网。

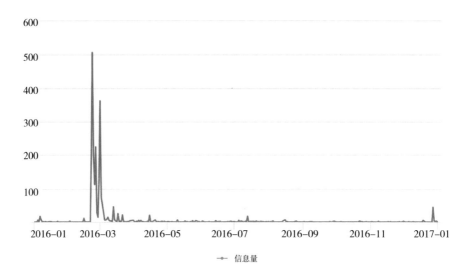

时间范围：2016.01.01 至 2017.01.01

据中国健康传媒集团食品药品舆情监测系统

图 5-14-4   "儿童体内兽用抗生素事件"新闻报道趋势图

就"儿童体内兽用抗生素事件"的新闻报道趋势而言，事件报道呈现新闻报道较为集中、报道热点突出、集中报道量大的特征。2016 年 2 月 23 日达到新闻报道的顶峰，新闻报道量超过 500 条，在 3 月上旬又出现了一次新闻报道的小高潮，单日新闻报道量接近 400 条。

（二）社交媒体意见领袖识别

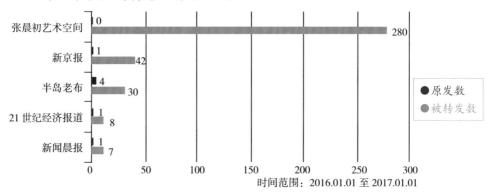

时间范围：2016.01.01 至 2017.01.01

图 5-14-5   "儿童体内兽用抗生素事件"微博意见领袖排行

微博意见领袖在"儿童体内兽用抗生素事件"中发挥着重要作用，其中，微博签约自媒体 @ 张晨初艺术空间（粉丝数：52 万）单日被转发频次为 280 次，成为整个事件的微博意见领袖；排在其后的微博账号依次是 @ 新京报、@ 半岛老布、@21 世纪经济报道、@ 新闻晨报，说明微博意见领袖在引导舆论方向中发挥着重要作用。

三、关涉主体分析

（一）关涉机构分析

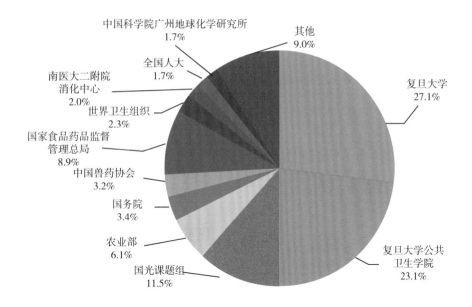

图 5-14-6　"儿童体内兽用抗生素事件"涉事组织机构

"儿童体内兽用抗生素事件"中所关涉的机构包括复旦大学、复旦大学公共卫生学院、国光课题组、国家食药监总局、农业部、国务院、中国兽药协会等。

1. 复旦大学

在此次"儿童体内兽用抗生素事件"中，复旦大学被推上公众讨论的风口浪尖，也是整个事件的主导机构。2016 年 2 月，有媒体报道了复旦大学一项研究成果，研究称江浙沪一带 8 成儿童体内检出兽用抗生素，滥用抗生素已成潜规则，而来自食品的抗生素是导致儿童过度肥胖的重要因素之一。消息一出，立即引发了网友的密切关注和讨论。随着事件的逐步升温和发展，不断有其他高校的相关领域专家出面发声并就其研究结果进行讨论。

2. 国家食品药品监督管理总局

由于事件中被讨论的核心问题为抗生素的滥用问题，"养殖业能否滥用抗生素""国家监管部门的职能何在"成为网民讨论的主要方面。在 2016 年 2 月 29 日国务院新闻办公室举行的新闻发布会上，国家食品药品监督管理总局局长毕井泉表示监管部门已经开始就此事进行核实，并进一步表明政府积极处理此事的决心和态度，让公众吃下一颗"定心丸"。随后，主流媒体积极配合职能部门进行政府工作进展通报和相关深入跟踪报道，舆论逐渐平息。

（二）关涉人物分析

序号	人名	出现次数
1	王和兴	1151
2	张图	1094
3	王娜	991
4	施瓦茨	629
5	徐士新	371
6	耿玉亭	339

图 5-14-7 "儿童体内兽用抗生素事件"涉事人物

通过对本次"儿童体内兽用抗生素事件"涉事人物进行分析发现，复旦大学公共卫生安全教育部重点实验室与复旦大学公共卫生学院青年研究人员王和兴、王娜成为本次事件的重点涉事人物，出现次数分别为 1151 次、991 次；曾在相关领域进行头孢菌素等抗生素观察研究的施瓦茨也成为本次事件关注的热点人物。

四、网民关注度和态度变化

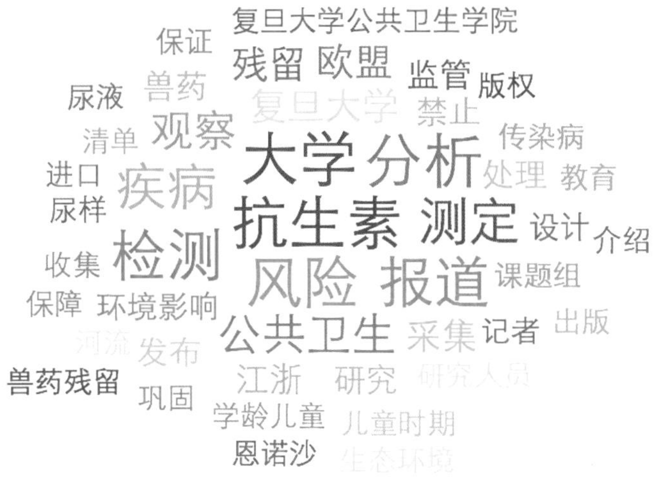

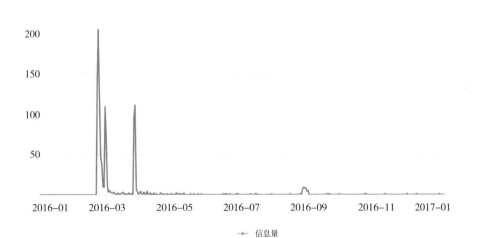

复旦大学公共卫生学院
保证
残留 欧盟
监管
版权
尿液
兽药
复旦大学
禁止
清单
观察
传染病
大学分析
进口
疾病
处理
教育
尿样
抗生素 测定
设计
介绍
收集
检测
风险 报道
课题组
保障
环境影响
公共卫生
采集
记者
出版
河流
发布
兽药残留
江浙
研究
研究人员
巩固
学龄儿童
儿童时期
恩诺沙
生态环境

图 5-14-8　“儿童体内兽用抗生素事件”热词排行

根据“儿童体内兽用抗生素事件”的热词排行，发现排名前几位的热词分别是抗生素、风险、大学、分析、公共卫生、检测、报道等，说明网民对食药卫生、分析测定、公共卫生、疾病监测等问题非常关心。

250
200
150
100
50
2016-01
2016-03
2016-05
2016-07
2016-09
2016-11
2017-01
信息量
时间范围：2016.01.01 至 2017.01.01

图 5-14-9　“儿童体内兽用抗生素事件”微博总数时间趋势图

对"儿童体内兽用抗生素事件"的相关微博趋势进行分析后发现，微博网民对该事件的讨论主要集中在 2016 年 2 月 22 日至 3 月下旬。其中，2 月 22 日相关微博总数达到最高值，当日发布的微博信息量总数达 215 条。

五、监管部门介入效果分析

在事件进行与发展过程中，介入的监管部门主要是国家食品药品监督管理总局。在事件衍生的初期阶段，国家食品药品监督管理总局负责人在国务院新闻发布会上表示农药残留、兽药残留一直是监管部门监管的重点问题。在 2016 年 2 月 29 日国务院新闻办公室举行的新闻发布会上，国家食品药品监督管理总局局长毕井泉表示有关部门已经开始就此事进行核实，并进一步表明政府积极处理此事的决心和态度。

在此次事件中，监管部门对该事件的迅速、详细的正面回应，一方面体现了国家职能部门在应对突发性危机事件时的专业性与即时性，在公众群体中产生了较好的正面效果；另一方面，在应对突发性事件时，政府的作为也直接成为影响百姓心中政府公信力的重要指标，值得引起重视。

六、传播现象分析

对本次"儿童体内兽用抗生素事件"的传播现象进行分析发现，该事件的传播主要沿着自媒体报道到传统媒体报道的轨迹进行。

（一）重视自媒体报道平台，科学把控舆论走向

自媒体报道主要扮演着事件的发布人、事件进程的汇报者角色，在第一时间向公众报道相关研究的最新进展及主要研究成果，引发网络范围内的密切关注和热烈讨论，是传播的开端；紧接着，相关领域的专家、学者依托传统媒体报道针对普遍存在于网络讨论中的质疑与问题进行解答，站在权威、专业的角度平息事件带来的负面效果。自媒体传播与传统媒体传播相结合的路径可以说是目前国内大部分危机事件传播的一般过程。

（二）在实践中摸索出符合传播规律的舆论把控方案

本次事件涉及儿童食品安全的敏感话题，加上同期曝出的冒牌劣质奶粉再次流入市场等负面事件，层出不穷的儿童食品安全问题严重触及社会公众的痛点，相似事件的相互联系不但影响了公众的客观讨论，也激化了社会讨论中的公众情绪。

七、事件点评

在本次"儿童体内兽用抗生素事件"中，主流媒体率先发布消息，公布复旦大学课题组的最新研究成果，为了吸引公众关注和普及医药学知识难免会出现"标题党""夸张过度"等问题。尤其在表述抗生素与儿童肥胖的关系时，在传播初期大部分主流媒体报道在缺乏科学依据的情况下将这一成果描述得过于绝对，不但失去了医药学相关报道应有的专业性与严谨性，更容易在公众面前降低主流媒体的权威度和可信度，成为谣言散播的"温床"。在媒介传输高速发展的今天，媒体信任成本大幅度增加，主流媒体在拥有更高权威性的同时也承担了较之前更重的社会责任。一方面，媒体应当充当好科学研究与大众之间的桥梁，承担起更多的科普责任；另一方面，媒体传播消息应当更加谨慎和专业，避免新闻道德的丧失和新闻专业性的降低。

第十五节 "北京活鱼下架事件"舆情分析

2016年11月23日，北京很多超市都买不到活鱼的消息开始在网上发酵，多位记者通过自媒体平台表达了求证的困难——相关部门不接受采访、超市含糊其辞。11月23日晚上，北京市食品药品监督管理局官方微博账号@首都食药发布消息称，北京市水产品抽检合格率达9成以上，网传北京市水质污染、水体污染导致淡水鱼污染的传闻不可信，并表示北京市各零售市场、农贸市场鱼类供应充足。而在 11 月 24 日上午，媒体援引所谓国家食品药品监督管理总局权威人士消息称，11 月中旬，国家总局发出十个城市水产品专项检查的通知，有些经营者心虚之下便做出了"产品下架"的举动。网民对此感到疑惑，纷纷展开讨论。

一、舆情演化过程

（一）整体热度分析

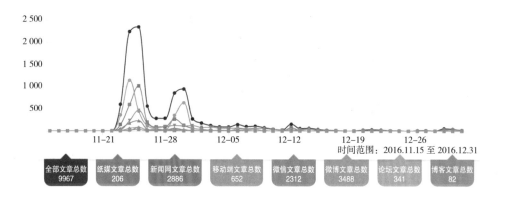

图 5-15-1 "北京活鱼下架事件"舆情热度变化图

从媒体关注度来看，"北京活鱼下架事件"相关的舆情总体呈现持续时间长、关注热度高、范围较广的三个发展特征。从舆情热度变化图可以看出，"活鱼下架"的舆情高峰集中在 11 月 23 日和 24 日两天，舆情发酵较为迅速，而这两天正是各类传言滋生的集中期，相关部门的回应并未起到应有的应对效果。

（二）传播阶段分析

图 5-15-2 "北京活鱼下架事件"传播阶段示意图

1. 第一阶段：事件发酵

11 月 23 日，多名记者通过微信朋友圈表示他们近日就北京超市买不到活鱼的事件进行深入调查，但是在求证真相的过程中困难重重。不但相关政府部门不接受采访，当事方的北京各大超市负责人也含糊其辞。此事被朋友圈内人士广泛关注并积极转发。

2. 第二阶段：北京市食品药品监督管理局回应

11 月 23 日晚上，北京市食品药品监督管理局官方微博账号 @ 首都食药发布消息称，北京市水产品抽检合格率达 9 成以上，网传北京市水质污染、水体污染导致淡水鱼污染的传闻不可信，并表示北京市各零售市场、农贸市场鱼类供应充足。

3. 第三阶段：媒体称内部人士回应

11 月 24 日上午，有媒体称国家食品药品监督管理总局的相关负责人表示，11 月 17 日，国家食品药品监督管理总局发出十个城市水产品专项检查通知，其中内容之一是抽样检验兽药残留。此后食品监管二司准备到北京市场抽检，消息透露出去，造成市场上所有水产品退市。该人员还解释道："这说明，一是保密工作做得不好；二是市场存在潜规则，经营者心中有虚，先下架再说。"尽管此消息为匿名信源，并未得到证实，但仍引发了舆论热议的第二次高潮。

4. 第四阶段：舆论聚焦

经过两轮看似矛盾的报道，公众产生了多种质疑，主要包括两种：第一，在国家的专项检查之前，是否存在这样的问题活鱼呢？如果食用了此类有问题的活鱼，对人体会产生什么样的影响？第二，究竟是哪个中间环节出错，令北京市食品药品监督管理局与媒体所称的国家食品药品监督管理总局相关人员之间产生不同的说法？针对活鱼下架的舆情进一步发酵。

5. 第五阶段：事件后续发展

12 月 12 日，北京市食品药品监督管理局再次表态称，本市近两年抽检水产品 2600 余件，总体合格率 95.94%。水产品监督抽检属于食品药品监督管理局日常工作，不存在保密或泄密问题。国家食品药品监督管理总局将于本月和下月在北京等 12 个大中城市开展经营环节重点水产品专项检查，以了解市场销售的水产品质量安全状况。相关舆情逐渐趋于平稳。

（三）传播渠道分析

"北京活鱼下架事件"发布于自媒体平台，其中涉及微信、微博两大传播路径。事件首先发酵于微信朋友圈中记者对该事件的发问与质疑，引发了广泛的关注。紧接着舆情爆发于微博，随着 11 月 23 日、24 日北京市食品药品监督管理局的回应和媒体援引国家食品药品监督管理总局相关人员的采访，网民对活鱼下架事件的讨论进入爆发阶段。

二、传播主体分析

（一）报道媒体

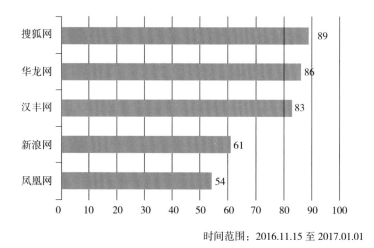

时间范围：2016.11.15 至 2017.01.01

图 5-15-3 "北京活鱼下架事件"媒体报道量统计

就"北京活鱼下架事件"的媒体报道量而言，排在第一位的是搜狐网，报道量为 89 篇；紧随其后的依次是华龙网、汉丰网、新浪网和凤凰网。

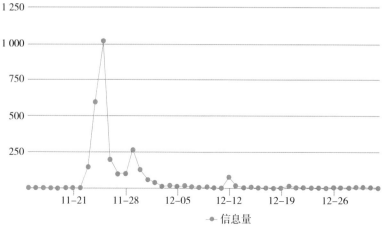

时间范围：2016.11.15 至 2017.01.01

图 5-15-4　"北京活鱼下架事件"新闻报道趋势图

就"北京活鱼下架事件"的新闻报道趋势而言，事件报道呈现波及范围广、持续时间长、集中报道量大的特征。2016 年 11 月 24 日达到新闻报道的顶峰，新闻报道量超过 1000 条，在 12 月 12 日左右因北京市食药监局的再次表态又出现了一次新闻报道的小高潮，单日新闻报道量在 100 条左右。

（二）社交媒体意见领袖识别

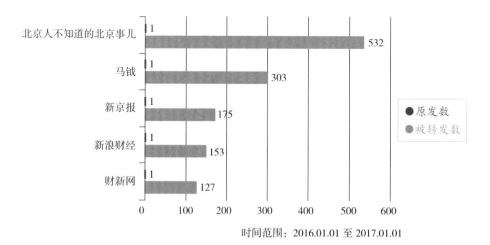

时间范围：2016.01.01 至 2017.01.01

图 5-15-5　"北京活鱼下架事件"微博意见领袖排行

微博意见领袖在"北京活鱼下架事件"中也发挥着重要作用，其中，关注北京地区新闻和资讯的自媒体 @ 北京人不知道的北京事儿微博转发频次为 532 次；北京本地媒体微博账号 @ 新京报，目标受众多为城市中产群体的财经类媒体 @ 新浪财经、@ 财新网也备受关注。

三、关涉主体分析

（一）关涉机构

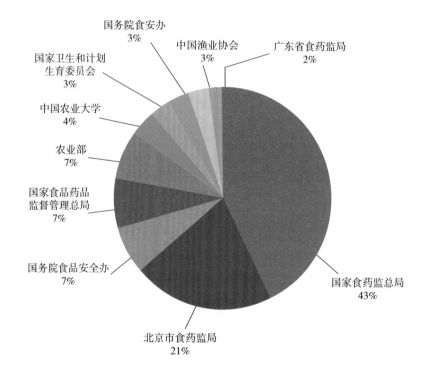

图 5-15-6 "北京活鱼下架事件"涉事组织机构

"北京活鱼下架事件"中所关涉的机构包括国家食品药品监督管理总局、北京市食品药品监督管理局、国家卫生计生委、中国农业大学、农业部等。

1. 国家食品药品监督管理总局、北京市食品药品监督管理局

对于事件涉及的两个主要机构，国家食品药品监督管理总局和北京市

食品药品监督管理局被推到社会公众面前，引发了舆论的积极讨论。11 月 23 日晚上，北京市食品药品监督管理局官方微博账号 @ 首都食药发布消息称，北京市水产品抽检合格率达 9 成以上，网传北京市水质污染、水体污染导致淡水鱼污染的传闻不可信。并表示北京市各零售市场、农贸市场鱼类供应充足。而在第二天，媒体称国家食品药品监管总局相关人员在接受媒体采访时表示，11 月中旬国家总局发出十个城市水产品专项检查的通知，有些经营者便做出了"产品下架"的举动，明显与前一天北京市局的回应存在矛盾。

2. 中国农业大学

在此次活鱼下架事件中，中国农业大学也被推上了舆论的风口浪尖。原因是中国农业大学食品科学与营养工程学院院长罗云波在接受媒体记者采访时表示："养殖业用药是有必要的，如果不使用药物，一些疾病可能形成人畜共患的局面。合理用药可保证水产品的健康，最终保证人的健康。"让公众对事件的讨论再次升温。

（二）关涉人物分析

序号	人名	出现次数
1	张图	339
2	陈明	259
3	周卓诚	246
4	范守霖	226
5	罗云波	222

图 5-15-7 "北京活鱼下架事件"涉事人物

此次事件中的主要涉事人物主要包括渔业养殖户陈明（化名）、中国渔业协会主任委员周卓诚、上海水产行业协会秘书长范守霖、中国农业大学食品科学与营养工程学院院长罗云波等。其中，养殖户陈明在接受记者采访时表示"鱼塘不用药就基本没有活鱼""我们不吃自己养的鱼"等，对国内食用鱼的安全性提出质疑。而农大罗云波院长提出的"合理用药可保证水产品的健康，最终保证人的健康"说法让公众对事件的讨论再次升温。

四、监管介入效果评估

（一）政府信息发布需更快更及时

在以往的舆情应对分析中，政府在网络舆情事件中信息发布的及时性常常作为舆情应对的重要一环被屡屡提及。"活鱼下架"风波提示我们，回应的快与慢是一个相对概念，重要的是能不能抢在舆论潮头让民众跟随。时事评论员@乔志峰认为："正是一开始相关信息未能及时披露，'水污染'一类的传闻才会甚嚣尘上。只有公开透明的权威发布跑在传闻前面，才能第一时间消弭公众疑虑，不至于让舆论'跑偏'。"

央视新闻发表评论称："即便食品安全真有问题，也不要怕公开。事实证明，人们想象力跃进的速度比现实快得多。越是不公开，就越容易引起大范围担忧和恐慌。越是及时公开，就越容易平复市场情绪，也越有利于问题的解决。"因此在此次"活鱼下架"事件中，关于下架原因有如此多的猜测，相关部门应该及时调查，就活鱼下架现象给出合理解释。

（二）政府舆情回应需更准更有效

"活鱼下架"原因的各种猜测十分荒诞但也有其存在的土壤，符合一些人对现实的想象。针对这些传言谣言，舆情回应不能仅停留在"快"的层面，尽量做到以下几点：第一，了解媒体网民关切；第二，进行扎实调查，准备充足有效的信息；第三，进行权威发布，特别是预备发布的信息应丰富、可信，包含便于媒体和网民传播的图片、图表及一些必要的证据等。

（三）各职能部门间应注意协同配合

"活鱼下架"舆情发酵的背后，要求除了信息发布的速度要追上谣言传播的速度之外，还要着力避免发布信息"撞车"现象。政府信息发布过程中，要注意各职能部门间的协同配合。知乎用户 @298763 认为："普通民众对不同职能部门发布的类似信息很容易混淆，不同部门间信息'撞车'可能使民众更加迷惑，事实的不确定性反而增强，舆情发酵就更难控制。"时评人 @ 刘志峰建议："在舆情应对中，各职能部门应完善沟通机制，把握信息发布的节点，互相配合形成合力，保证信息发布的有效性。"

（四）监管部门应及时完善监管体系

任何网上舆情，最终都要靠网下积极的作为化解。据《中国经营报》报道，某大型商超负责人说："食品药品监管部门的职能范围无法管到上游的养殖户，每次都把活鱼不合格的'板子'打在商超身上，确实委屈。"因此，面对检查，活鱼下架可能是超市权衡利弊后对严格监管的消极应对。"活鱼下架"风波可以成为完善职能部门监管体系的契机。舆论建议形成例行检查、抽查的刚性制度。要让人们对抽检结论心服口服，先要做到在抽检中不能出现"漏网之鱼"。《东方早报》发文称："食药监部门的例行检查、抽查势必要成为刚性制度，让商家不能有侥幸心理，别指望能避风头。当最严监管成为一种常态，各市场主体有了稳定的预期，谣言也就没有了滋生的土壤，消费者对食品安全的感知才会上一个台阶。"中国农业大学副教授朱毅建议："必须从养殖环节入手，不准滥用抗生素，不准使用违禁物品，安全的鱼是喂出来的，不是卖出来的。"

五、网民关注度和态度变化

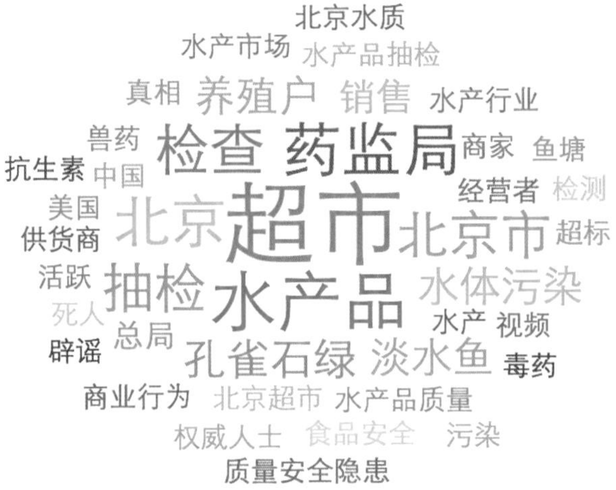

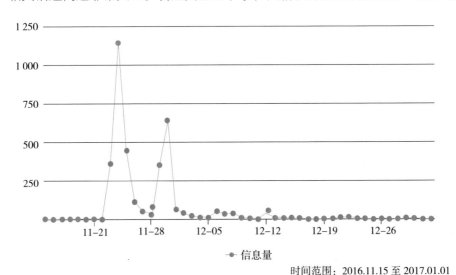

北京水质
水产市场
水产品抽检
真相
养殖户
销售
水产行业
兽药
检查
药监局
商家
鱼塘
抗生素
中国
经营者
检测
美国
北京
超市
北京市
超标
供货商
活跃
抽检
水产品
水体污染
死人
水产
视频
总局
辟谣
孔雀石绿
淡水鱼
毒药
商业行为
北京超市
水产品质量
权威人士
食品安全
污染
质量安全隐患

图 5-15-8 “北京活鱼下架事件”热词排行

根据“北京活鱼下架事件”的热词排行，发现排名前几位的热词分别是超市、药监局、水产品、检查、水体污染、抽检等，说明网民对食品安全相关话题问题非常关心。食品安全无小事，舆情发酵触动食品安全“雷区”。

1 250
1 000
750
500
250
11-21
11-28
12-05
12-12
12-19
12-26
信息量
时间范围：2016.11.15 至 2017.01.01

图 5-15-9 “北京活鱼下架事件”微博总数时间趋势图

对"北京活鱼下架事件"的相关微博趋势进行分析后发现，微博网民对该事件的讨论主要集中在 11 月 23 日至 11 月 30 日。其中，11 月 24 日相关微博总数达到最高值，当日发布的微博信息量总数达 1142 条。

六、传播现象分析

本次活鱼下架事件的传播现象在整体上可以总结为两个特点：媒体报道导致公众认为国家相关部门之间的沟通不足和全民讨论呈现"吐槽化"走向。

（一）国家相关部门需要协同应对

首先，在应对和处理危机事件方面，政府部门在第一时间做出了及时反应，这体现政府部门在舆论引导和舆情应对方面的意识、专业性有所提升。但是另一方面，媒体的报道使得公众认为不同部门之间的互通有无、通力合作状态还有待提升。

（二）公众讨论呈现"调侃式、娱乐化"走向

表 5-15-1　网络舆论对"活鱼下架"原因的多重猜测

	网络观点	观点分析
舆情爆发点	"水体污染说"	民众疑虑积攒的总爆发
	"检查泄密说"	政府信息回应的关键点
散乱次生点	"上级通知说"	企业上级与政府的混淆
	"迎合需求说"	信息模糊中的臆测解读
	"孔雀石绿说"	缺乏依据或为张冠李戴
	"设备升级说"	无依据说法的散乱传播
	"商家自主说"	超市行业内的流行说辞
	"感恩放生说"	信息盲区中的戏谑调侃

分析此事件中的传言谣言，呈现以下两个特点。一是泛娱乐化，有网民戏称"活鱼下架是因为赵薇又出手了""活鱼有丧尸病毒""重度雾霾致

活鱼中毒"等，部分网民牵强附会联系陈胜、吴广起义，恶搞称"活鱼腹中有小纸条，写着'张楚兴，陈胜王'。因而引发相关部门高度紧张，因此全面停售活鱼"。二是阴谋论频现，有阴谋论者称，"超市鲜活淡水鱼下架，其实背后有着海产品市场大庄家操纵的身影"。此外，"调查""泄密""深喉"等也成为此话题传播中的热词，这从侧面反映出网民试图探寻"泄密者"的身份。

七、事件点评

从舆情角度分析，这又是一起典型的"罗生门"事件。

碰到类似事件，不同的监管部门之间应当加强调查协作，并依据科学的风险评估结果，统一发布信息，展开及时、准确、人性化的风险沟通。风险沟通的重点应该集中于对活鱼水产品的质量安全状况做出科学、准确、统一的说明。对于企业提前下架的行为，应当鼓励企业或行业协会代表出来澄清，第一时间消除消费者的顾虑，这样也能够有效遏制谣言流传，否则不仅会影响监管部门的公信力，也会影响消费者对企业的信任和消费信心。

在以往检查过程中，部分超市通过下架或其他方式躲避检查的做法并非个案，这也给监管部门提了一个醒，以后的类似执法行动可以更多地采用双随机或飞行检查，不要预留出太多时间让商家采取类似行动逃避检查或大面积发文提醒商家，否则会影响执法效果。

第十六节 "打疫苗致肾衰竭事件"舆情分析

2002 年，陕西省西安市周至县禄护仓未满 12 岁的儿子在陆续注射三针出血热疫苗后身体出现异常，后确诊为慢性肾衰竭。15 年来，为讨要治疗的巨额费用，禄护仓先后多次提起诉讼，期间索赔了近 30 万元，但仍无法还清因治疗欠下的 50 多万外债。2016 年 8 月份，西安市雁塔区法院做出一审判决，责令陕西省食品药品监督管理局在规定时间内按照相关法律，反馈禄护仓投诉举报事项的处理结果。对于禄护仓要求陕西省食品药品监督管理局公开道歉和相关赔偿的请求，法院予以了驳回。事件被报道后，疫苗造假、疫苗层层加价等医疗安全问题引发舆论的广泛关注。

一、舆情演化过程

（一）整体热度分析

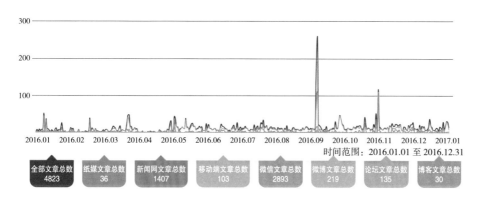

图 5-16-1　"打疫苗致肾衰竭事件"舆情热度变化图

从媒体关注度来看，与"打疫苗致肾衰竭事件"相关的舆情呈现"持续久""多峰值"的发展特征。自 2002 年禄护仓儿子注射疫苗身体出现异常以来，禄护仓多年来提出多次诉讼，每次诉讼判决结果的公布均会引发媒体的跟进报道，因此在舆情上长期保持一定热度，持续时间长。

（二）传播阶段分析

图 5-16-2　"打疫苗致肾衰竭事件"传播渠道分析图

1. 第一阶段：法院公布判决结果

2016 年 8 月，陕西省西安市雁塔区法院就禄护仓的起诉做出一审判决，责令陕西省局在规定时间内按照相关法律，反馈禄护仓投诉举报事项的处理结果。对于禄护仓要求陕西省食药监局公开道歉和相关赔偿的请求，法院予以了驳回。法院判决结果的公布使持续多年的"打疫苗致肾衰竭事件"重新进入了公众的视野。

2. 第二阶段：媒体报道追溯前后因果

2016 年 9 月 5 日，《华商报》发表了题为《14 年前儿子打疫苗后肾衰竭 父亲告食药监局胜诉》的报道对这一事件的前因后果进行了探讨追溯。随后在 9 月 5 日至 9 月 6 日期间，央广网刊发的《儿子打疫苗肾衰竭 父亲 14 年后告赢省食药监局》、《北京晨报》发表的《14 年前男孩打疫苗后肾衰竭 其父告陕西省食药监局胜诉》等文章进一步聚焦疫苗真假问题等。此类文章对这个持续时间长达 14 年、至今仍在继续的药品安全事件进行了系统性的梳理，引发了网民的高度关注，同时文章得到了大范围的传播。

2002 年禄护仓儿子注射疫苗后身体出现反常情况后，周至县卫生局、西安市卫生局和陕西省卫生厅对禄护仓坚持儿子患病系接种疫苗异常反应的说法，相继给出了结论，认为"患病没有证据证明与疫苗有关"。2004 年，西安交通大学法医学司法鉴定中心所做的最终鉴定认为"接种出血热疫苗和其所患肾病综合征之间存在因果关系"。2012 年 9 月，禄护仓因怀疑接种疫苗有问题，将疫苗的生产厂家浙江天元生物药业有限公司起诉至周至县法院。同年，案件转至周至县公安局补充侦查，周至县公安局多次到国家食品药品监督管理总局进行调查。同时，禄护仓本人也先后多次向国家食品药品监督管理总局、陕西省食品药品监督管理局进行投诉，要求监管部门对该批疫苗造假进行认定并查处假冒药品，但未得到明确答复。由于相关部门未对该疫苗是否涉假做出确认，因此周至县公安局未立案。

2015 年 9 月，禄护仓起诉陕西省食品药品监督管理局，要求陕西省食品药品监督管理局履行对疫苗生产流通环节的监管职责，对浙江天元公司生产的流行性出血热灭活疫苗（双价）的造假行为进行查处，对疫苗的监管失职和行政不作为行为向受害者及家属公开道歉并赔偿相关经济损失。2015 年 11

月 13 日，雁塔区法院公开审理了此案，2016 年 8 月 4 日法院进行了判决，8 月 27 日禄护仓拿到了判决书。

3. 第三阶段：舆论聚焦

随后，部分自媒体对"打疫苗致肾衰竭事件"的案件进行跟进，但普遍停留在对传统媒体报道的转发，并没有对案件本身做深入的追查。鉴于禄护仓儿子疫苗异常反应事件持续时间较长，且疫苗注射与大众息息相关，公众对这一事件仍保持较高的关注度。

（三）传播渠道分析

1. 传统媒体

本次事件起源于传统媒体。2016 年 9 月 5 日，《华商报》发表的《14 年前儿子打疫苗后肾衰竭 父亲告食药监局胜诉》、央广网发表的《儿子打疫苗肾衰竭 父亲 14 年后告赢省食药监局》以及 9 月 6 日《北京晨报》发表的《14 年前男孩打疫苗后肾衰竭 其父告陕西省食药监局胜诉》等文章详细地记述了案件的来龙去脉。相对于自媒体，传统媒体挖掘新闻的深度和内容质量更强，其关于"打疫苗致肾衰竭事件"的媒体报道也带动了社会公众对该事件的热烈讨论。

2. 自媒体

本次"打疫苗致肾衰竭事件"并没有引起自媒体过多的关注，微信公众号"食药法苑"发表的《食药舆情早报：陕西省食药监局一审败诉》、"新闻纵横"发表的《陕西男孩打疫苗得肾病 父亲追查疫苗真假起诉陕西食药监局胜诉》和"贞观"发表的《陕西近年疫苗事件不完全记录》在一定范围内得到了传播，但并未引起全国范围内的普遍讨论。这或许与案件持续时间较长，新闻时效性减少等原因有关。

二、传播主体分析

（一）报道媒体

在本次"打疫苗致肾衰竭事件"的媒体报道中，健客网、掌上医讯、医学百科等医药行业网站及媒体对该事件的报道刊文量较高，搜狐网、腾讯网等门户新闻网站和新华网等传统媒体网站次之。

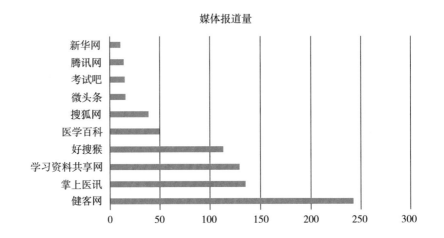

图 5-16-3　"打疫苗致肾衰竭事件"媒体报道量统计

（二）社交媒体意见领袖识别

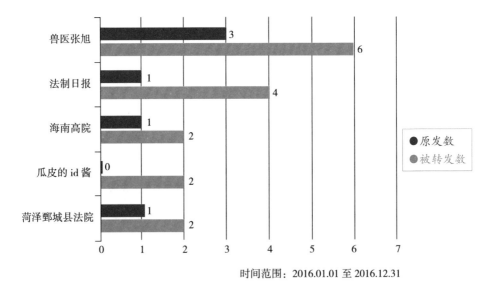

时间范围：2016.01.01 至 2016.12.31

图 5-16-4　"打疫苗致肾衰竭事件"微博意见领袖排行

在微博舆论场中，@法制日报、@兽医张旭等成为意见领袖，得到广泛关注。

表 5-16-1 "打疫苗致肾衰竭事件"部分微信热门文章及阅读量列表

微信公号	文章标题	阅读量
食药法苑	食药舆情早报：陕西省食药监局一审败诉	9515
华商报	陕西11岁男孩打疫苗后肾衰竭！父亲一纸诉状，告赢省药监局！	6964
新闻纵横	陕西男孩打疫苗得肾病父亲追查疫苗真假起诉陕西食药监局胜诉	998
法帮法律服务	【微关注】请看：西安市雁塔区法院一份行政判决书的亮点	606
贞观	陕西近年疫苗事件不完全记录	548

据本研究整理

"打疫苗致肾衰竭事件"的微信关注主体，包括《华商报》、新闻纵横等媒体，食药法苑等食药行业自媒体公众号，以及一些法律相关的自媒体公众号。

三、关涉主体分析

（一）关涉机构

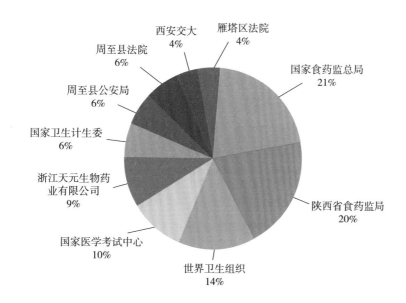

图 5-16-5 "打疫苗致肾衰竭事件"关涉机构

1. 陕西省食药监局：未做正式的书面回应

本次"打疫苗致肾衰竭事件"案件本质上是一起医疗纠纷。从媒体报道内容可知，2002年，禄护仓的儿子在不满12岁的情况下，注射了明确提示接种主要对象为"16~60岁的高危人群"的出血热疫苗，并且接种的医师张红梅和黄维武两人当时并不具有医师从业资格，从而导致了禄护仓的儿子出现原发性肾病综合征。

期间，禄护仓本人曾先后多次向食品药品监管部门进行投诉，要求监管部门对该批疫苗造假进行认定并查处假冒药品，但未得到明确答复。由于相关部门未对该疫苗是否涉假做出确认，因此周至县公安局未立案。食品药品监管部门未对此事做出回应，媒体在报道中将监管部门塑造成消极怠工形象，暗合了部分群众心目中对"政府部门不作为"的刻板印象，进一步导致舆论对监管部门的质疑。

"打疫苗致肾衰竭事件"暴露了医疗监管缺失和政府部门回应不及时等多个问题。其中，医疗监管问题可归纳如下：一是未取得医师资格的医疗人员是否拥有接种疫苗的资格；二是原价为10元的疫苗为何在群众接种时涨至22元，层层加价的问题何时才能得到有效解决；三是不同的两种疫苗同用一个批准文号，其中孰真孰假的问题亟待查明。

2. 浙江天元生物药业有限公司：深陷产品造假和商业道德的泥潭

浙江天元生物药业有限公司作为禄护仓儿子接种疫苗的生产商，在本次事件中处于风口浪尖。2012年，禄护仓在一场庭审中无意间发现当年县卫生防疫站给儿子接种的"流行性出血热双价灭活疫苗（Ⅰ型＋Ⅱ型）"与一种"肾综合征出血热双价灭活疫苗"共用一个批准文号——"国药准字S19990020"，进而怀疑当年其儿子打的疫苗可能有问题。华商网2016年的跟进报道声称，相关资料显示"国药准字S19990020"的批准文号下登记的是"双价肾综合征出血热灭活疫苗"，而无"流行性出血热双价灭活疫苗（Ⅰ型＋Ⅱ型）疫苗"。

在媒体的报道和公众的传播中，浙江天元生物药业有限公司并未对该事件做出正面回应，其产品质量问题深受广大群众的质疑，其商业道德也备受谴责。

3. 周至县公安局：公安机关以何种标准决定是否立案成为舆情关注点

陕西省西安市周至县公安局在本次"打疫苗致肾衰竭事件"中扮演着较为重要的角色。2013年4月，周至县公安局办案人员前往卫计委拿到了1999年8月由原国家药监局药品注册司出具的"新药转正式生产申请批件"，认为"流行性出血热灭活疫苗（双价）"原试生产批准文号为"（97）卫药试字（杭天元）S-1号"，其生产批准文号为"国药准字S19990020"，遂使周至县公安局在2013年9月对禄护仓一案不予立案。公安机关在日常民意纠纷中以何种标准决定是否立案调查，其中具体的衡量标准等众多信息并未让众多公众所获知，因此也在本次事件中成为舆论的关注点。

（二）关涉人物分析

序号	人名	出现次数
1	禄护仓	709
2	陆文	492
3	张红梅	442
4	黄维武	395
5	毛长青	384
6	樊红	339
7	马涛	322
8	马光辉	319

图5-16-6　"打疫苗致肾衰竭事件"涉事人物

"打疫苗致肾衰竭事件"关涉人物热度排行中，除了事件当事人禄护仓外，当年的疫苗接种医师张红梅和黄维武两人也引起网民的广泛讨论。第一针出血热疫苗系周至县卫生防疫站工作人员张红梅所打，而第二、第三针，则由村医黄维武注射。《华商报》2013年的报道称张红梅当年为周至县某医院的护士，而黄维武则是赤脚医生，并无医师资格。周至县卫生局医政科科长毛长青则表示，2002年还没实行执业医师资格考试，接种人员只要由县防疫站培训合格、领了接种员证，就可以上岗。关于张红梅和黄维武两人是否拥有疫苗接种资格等疑点也引起网民的广泛讨论。

四、监管介入效果评估

在法院判决公布后，部分媒体在报道中的陈述并不严谨。从法院判决书中可知，西安市雁塔区法院责令陕西省食药监局在规定时间内按照相关法律，反馈禄护仓投诉举报事项的处理结果。对于禄护仓要求陕西省食药监局公开道歉和相关赔偿的请求，法院予以了驳回。然而在实际的媒体报道中，大量的媒体使用了"父亲状告食药监局胜诉""监管部门败诉"等带有一定倾向性和诱导性的字眼，对普通群众造成了一定的误导，做法欠妥。

面对这一被动的舆论局面，食品药品监管部门未能及时、准确地做出回应，也未就案件中的相关问题予以解释和澄清，失去了自我辩解的机会，加剧了公众对监管部门"不作为"的误读，也强化了公众对政府部门监管不力的刻板成见。

五、网民关注度和态度变化

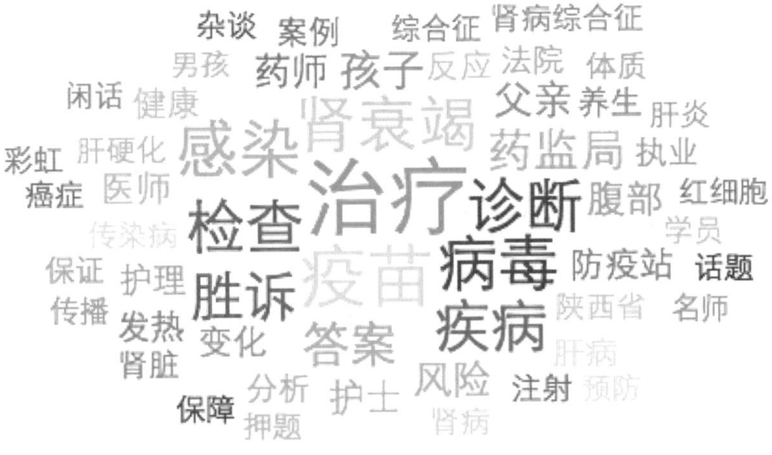

图 5-16-7 "打疫苗致肾衰竭事件"词云图

从"打疫苗致肾衰竭事件"词云图可以看出，网民对疫苗注射者、疫苗生产商、疫苗并发症、疫苗监管方这四个方面最为关注。

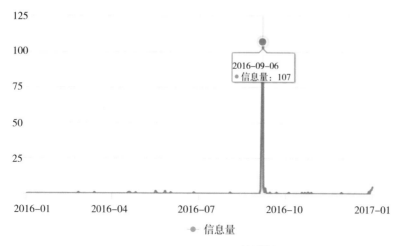

时间范围：2016.01.01 至 2017.01.01

图 5-16-8　"打疫苗致肾衰竭事件"微博关注度变化图

本次"打疫苗致肾衰竭事件"相关的微博舆论峰值为 2016 年 9 月 6 日。9 月 5 日至 9 月 6 日期间，《华商报》《北京晚报》等传统纸媒以及央广网等主流媒体网站开始密集报道关注禄护仓儿子打疫苗导致肾衰竭这一事件，微博平台的网民也随后聚焦这一话题，展开讨论。

六、传播现象分析

在"打疫苗致肾衰竭事件"中尤其值得注意的是，大部分媒体对于事件的定性不够严谨，其标题带有一定的误导性。在当前新旧媒体融合转型的背景中，媒体为了追求更高的阅读量和关注量，往往在新闻题材和新闻标题上大做文章。"父亲状告食药监局胜诉""监管部门败诉"等新闻标题在一定程度上难逃"标题党"的嫌疑，其标题的立意与案件的真实情况不符。

禄护仓 10 多年来总共拿到了十二份法院的判决书，执意为患病儿子讨要说法，甚至多次将陕西省食药监局告上法庭，这一事件本身在某种程度上带有"孤胆英雄"的色彩。媒体关注报道这一事件往往将禄护仓塑造成与

"监管不力、不作为的政府部门"相对抗的"孤胆父亲"的形象,从而赢得公众的同情和认可,但这种媒体报道方式往往忽略了最为重要的事件真相,不利于社会和谐与社会舆情的健康发展。

七、事件点评

"打疫苗致肾衰竭事件"时间跨度长,牵涉的话题敏感,致使有关"疫苗造假""食药监局监管不力"等话题讨论呈明显上升趋势。本次"打疫苗致肾衰竭事件"对药品监管的相关法规提出了新的要求。禄护仓儿子打疫苗致肾衰竭这一事件早在 2002 年便已发生,一起 14 年前的医疗纠纷在事隔 12 年后被当事人以假药为由进行举报,是否已超出投诉追溯期,各级投诉举报办法均没有明确规定。基层监管部门面临重复投诉、过度维权等现实情况,法律层面尚难有所约束,由此耗费了大量的行政资源。

此次事件中,食品药品监管部门处于"失语"状态。在禄护仓长达 14 年的诉讼过程中,相关的政府部门并没有召开发布会或者给予书面的官方回应,模棱两可的态度容易被媒体和群众所误解。禄护仓为儿子"讨回公道"倾家荡产、背负外债的事迹,也容易被媒体把其塑造为与不作为的政府部门抗争的"孤胆父亲"。政府部门的"失语"、媒体的曲解和禄护仓事迹的曲折性,三个元素的组合容易让政府陷入"塔西佗陷阱"。政府部门的长期失语会让群众逐渐丧失对政府的信任,一旦政府部门失去公信力,无论政府所做的行为是好是坏,所陈述话语是真是假,都会被公众认为是说假话、做坏事,不利于舆情的健康发展。

事实上,"打疫苗致肾衰竭事件"中媒体的报道多采用禄护仓的一面之词,有失公允,监管部门在面对媒体的邀约采访时并没有予以回应,使自身陷入了"缺位"的被动局面。传统媒体的定性误导和自媒体的情感煽动容易让对事件真相不甚了解的群众集体倒向禄护仓一方。在事件真相尚未明晰的前提下,普通群众容易将自身代入到禄护仓的角色当中,在不清楚真相的前提下对政府监管部门予以谴责。

从整个事件的传播过程可以得到启示，政府监管部门要善于发出自己的声音。在本次事件中，食品药品监管部门在接到法院判决书时应提前做好应对的措施，结合前期掌握的情况，对可能出现的问题进行评估，提前准备好答复口径，以免陷入被动局面。各级监管部门要掌握与媒体打交道的方法，保持高度的政治敏锐性和新闻敏感性。面对负面信息，监管部门应在第一时间作出稳妥回应，借助媒体力量揭露事件的真相，以此来消除负面舆论和由此产生的不良影响。

第十七节 "汉丽轩鸭肉变牛肉事件"舆情分析

2016年12月25日，湖南经视曝光了汉丽轩自助烤肉连锁店鸭肉变牛肉的内幕。记者卧底长沙市某汉丽轩自助烤肉店并展开了半个月的调查，卧底调查发现汉丽轩烤肉店所谓的"牛肉"大部分都是用鸭肉伪造，甚至还掺入变质的鸭肉。事件被曝光后，汉丽轩的"假牛肉"、食品安全监管等问题引起舆论的广泛关注。

一、舆情演化过程

（一）整体热度分析

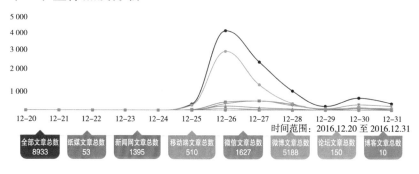

图 5-17-1 "汉丽轩鸭肉变牛肉事件"舆情热度变化图

从媒体关注度来看，与"汉丽轩鸭肉变牛肉事件"相关的舆情呈现"波峰状"的发展特征。在某一特定时间点上，媒体报道呈现爆发性增长，事后舆论关注度渐趋平稳下降。

（二）传播阶段分析

图 5-17-2　"汉丽轩鸭肉变牛肉事件"传播渠道分析图

1. 第一阶段：媒体曝光

2016 年 12 月 25 日，湖南经视大调查记者通过对汉丽轩自助烤肉长沙店长达半个月的卧底调查，发现该店的牛肉是用鸭胸肉甚至过期变质的肉制品伪造的。汉丽轩长沙分店"鸭肉变牛肉"的行为不仅欺骗了消费者，更对消费者的身体健康造成伤害，然而汉丽轩长沙烤肉店的员工却不以为耻，甚至还洋洋得意地声称消费者绝对看不出来。暗访视频播出后"一石惊起千层浪"，"鸭肉变牛肉"的恶劣行径引起网民的高度关注。

2. 第二阶段：监管部门行动

2016 年 12 月 25 日晚，湖南经视节目播出后，长沙市食品药品监督管理局高度重视，立即成立案件稽查专案组，高新区管委会成立"1225 事件"处置领导小组。执法人员当场对汉丽轩自助烤肉长沙店进行查封，并立案调查。12 月 27 日上午，长沙市食药监局也对该店进行了第二次执法复查。长沙市食药监局高新分局表示，将对汉丽轩自助烤肉长沙店进行全方位监控，在店内各个角落安装摄像头。与此同时，长沙市食药监局则以此为契机，对全市肉制品展开专项整治行动。

3. 第三阶段：舆情聚焦

12 月 26 日，央视新闻微信公众号发表了题为《暗访丨假牛肉、仿鲍鱼、口水肉，揭开烤肉店的低价秘密》的文章对"汉丽轩鸭肉变牛肉事件"予以关注。随后《揭开汉丽轩自助烤肉"鸭肉变牛肉"内幕》《"重组牛排"风波未息，又曝汉丽轩"鸭肉变牛肉"》《自助烤肉"鸭肉变牛肉"！汉丽轩是要上天？》等一批微信文章在网络热传。传统媒体和自媒体之间相互推动跟进这一事件，两者之间形成共振，短时间内舆情高度聚焦"汉丽轩鸭肉变牛肉"这一事件。

4. 第四阶段：汉丽轩回应

湖南经视暗访节目播出后，汉丽轩自助烤肉长沙店负责人曾一度否认"鸭肉变牛肉"的事实，但面对网民的谴责和铁证如山的暗访材料，该店的老板不再狡辩。随后该店老板还通过湖南经视向广大消费者致歉。12月27日，北京汉丽轩自助烤肉店总部在官方网站上作出回应，对于加盟店违规现象一经查实将严惩不贷。

（三）传播渠道分析

1. 电视

事件发酵于电视。湖南经视记者卧底汉丽轩长沙店的暗访视频将汉丽轩员工伪造牛肉的过程全程揭露。湖南经视的暗访视频经各大电视台和媒体网站转发后，持续的报道推动了社会公众对"汉丽轩鸭肉变牛肉事件"的热烈讨论。

2. 自媒体

部分微博和微信公众号涌现出一批聚焦汉丽轩食品安全问题的文章，且《揭开汉丽轩自助烤肉"鸭肉变牛肉"内幕》《（偷拍）铁证揭开汉丽轩自助烤肉"鸭肉变牛肉"内幕》《自助烤肉"鸭肉变牛肉"！汉丽轩是要上天？》等文章在朋友圈得到了广泛的传播，公众对该安全问题的关注度居高不下。

自媒体的传播策略是以"平民化"视角对该事件进行关注，多站在公众的角度，着力塑造汉丽轩"无良商家"的形象。自媒体文章通过"偷拍""内幕""要上天"等带有煽动性的词语构建出汉丽轩"为利润放弃商业道德底线"的符号形象，激发群众谴责对抗汉丽轩的情绪。关注"汉丽轩鸭肉变牛肉事件"的微博大号和微信公众号形成意见领袖主导的辐射式二级传播机构，激发受众对自我身份的建构，使得事件不断发酵。群众对事件的关注进一步激发了媒体对该事件的追踪报道，汉丽轩自助烤肉长沙店的整改情况和汉丽轩北京总部的应对也成为群众关注的焦点。

值得注意的是，部分自媒体在对该事件跟进过程中采用了"是鸭？那我就放心了""为什么'鸭肉变牛肉'的汉丽轩是'良心企业'？最后看到真相的我眼泪掉下来"等标题，自媒体通过戏谑的手法表示，比起其他利用质量更堪忧的原料来伪造牛肉的餐饮店，使用鸭肉来伪造牛肉的汉丽轩明显更有"良心"，尖锐地讽刺当前餐饮行业的食品安全问题，传达出对频繁发生的食品安全事件的无奈，这一极具讽刺意味的手法在小范围内引发了网民的共鸣。

二、传播主体分析

（一）报道媒体

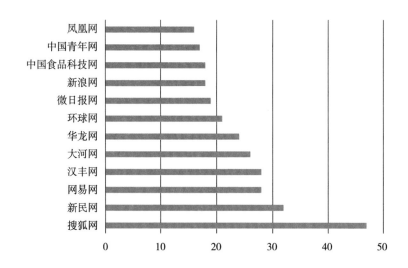

图 5-17-3 "汉丽轩鸭肉变牛肉事件"媒体报道量统计

本次"汉丽轩鸭肉变牛肉事件"中，以搜狐网、网易网为代表的门户网站报道最多，而以大河网、环球网、新民网为代表的传统媒体网站也对该事件进行了跟踪报道。

（二）社交媒体意见领袖识别

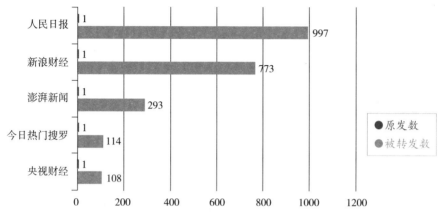

时间范围：2016.12.20 至 2016.12.31

图 5-17-4 "汉丽轩鸭肉变牛肉事件"微博意见领袖排行

本事件中，微博平台最主要的意见领袖是 @ 人民日报、@ 央视财经等主流媒体，相关微博发出后，引起了网友的高度关注。除此之外，还有 @ 新浪财经、@ 澎湃新闻、@ 今日热门搜罗等微博账户也成为了事件发展过程中的微博关键意见领袖。

表 5-17-1 "汉丽轩鸭肉变牛肉事件"部分微信热门文章及阅读量列表

微信公号	文章标题	阅读量
经视大调查	铁证如山！揭开汉丽轩自助烤肉"鸭肉变牛肉"的内幕	26608
央视新闻	暗访丨假牛肉、"仿鲍鱼"、"口水肉"，揭开烤肉店的低价秘密	12457
狗事儿	揭开汉丽轩自助烤肉"鸭肉变牛肉"内幕	11099
京城辉子工作室	（偷拍）铁证揭开汉丽轩自助烤肉"鸭肉变牛肉"内幕……	7921
新京报	"重组牛排"风波未息，又曝汉丽轩"鸭肉变牛肉"……	7410
北方网	为什么"鸭肉变牛肉"的汉丽轩是"良心企业"？最后看到真相的我眼泪掉下来	4381
晨博社	是鸭？那我就放心了	4277
天津攻略	自助烤肉"鸭肉变牛肉"！汉丽轩是要上天？	3116
新菜参考	揭秘汉丽轩"鸭肉变牛肉"内幕，给餐饮人敲响警钟	2840
湖北私家车广播	汉丽轩烤肉店"鸭肉变牛肉"内幕曝光！员工声称"骗过了全世界"……	2020

据本研究整理

本次"汉丽轩鸭肉变牛肉事件"中,"经视大调查""央视新闻"等为代表的新闻网站自媒体发布的文章受到网友关注量较大。

三、关涉主体分析

(一)关涉机构

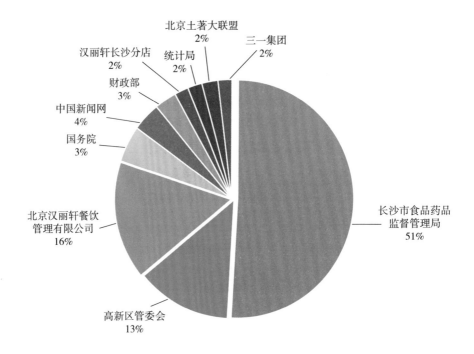

北京土著大联盟 2%

汉丽轩长沙分店 2%

统计局 2%

三一集团 2%

财政部 3%

中国新闻网 4%

国务院 3%

北京汉丽轩餐饮管理有限公司 16%

高新区管委会 13%

长沙市食品药品监督管理局 51%

图 5-17-5 "汉丽轩鸭肉变牛肉事件"关涉机构

1. 长沙市食品药品监督管理局:质疑监管之失

"汉丽轩鸭肉变牛肉事件"暴露出对餐饮行业的管理缺失。尽管事件曝光后长沙市食品药品监管局迅速做出反应,并立即成立案件稽查专案组处理汉丽轩长沙店,但事后处理的方法仍然受到了公众的质疑。相关质疑可归纳如下:一是涉事的汉丽轩烤肉连锁店频繁出现食品安全问题,为何多年来仍可照常营业;二是监管部门在"鸭肉变牛肉"的造假事实被媒体曝光后才成立专案组处理,此前的监管为何不到位,类似的漏洞今后如何监管；三是被欺骗的消费者为何少有主动诉讼的案例，诉讼成本对于普通消费者来说是否过高；四是对出现的类似食品安全事件给予的惩罚性赔偿金额是否过低，无法对不良商家形成威慑力。

2. 北京汉丽轩餐饮管理有限公司：食品安全问题屡被曝光，加盟店商业模式和食品安全饱受质疑

此次"汉丽轩鸭肉变牛肉事件"将北京汉丽轩餐饮管理有限责任公司推到了风口浪尖，这家号称注重菜品质量、专门提供韩式自助烤肉服务的北京汉丽轩餐饮管理有限责任公司自 2005 年开业至今，通过直营店和加盟店并进的模式，在全国范围内已开设 200 多家门店。加盟店的商业模式导致北京汉丽轩总部对散布全国的汉丽轩加盟店的食品安全和质量问题难以控制。

事实上，北京汉丽轩餐饮管理有限责任公司曾被多次曝出食品安全问题。如 2014 年 3 月 14 日，北京汉丽轩中关村店被曝"回桌菜"，客人吃剩的肉类、熟食、点心等菜品会直接回桌再利用；员工爆料鸭子肉加香精就变成了牛羊肉；昏黄浑浊的洗碗池中泡了大量的餐具；服务员拿扫过地的扫帚去扫桌子；自助果汁是果珍粉和凉水勾兑而成；员工不戴口罩手套，直接拿手取肉；用白纸往洗过的烤肉篦子上一抹瞬间变黑等。2014 年 7 月，北京汉丽轩昌平店发现同样的问题。烤肉、剩菜二次加工后回流餐桌，成了名副其实的"口水肉"；一些扔进垃圾桶的死鱼加料后成为鲜鱼；面试员工无需健康证；堆积的碗筷随便刷一刷就算是洗净。在食品安全问题上，汉丽轩已是"前科累累"。

在公司危机公关方面，2016 年 12 月 26 日，汉丽轩餐饮管理有限责任公司北京总部员工在接受记者电话采访时表示汉丽轩长沙分店出现"鸭肉变牛肉"的情况，总部公司负有不可推卸的责任，具体情况正在核查。同时汉丽轩北京总部人员表示如果此事属实，可能会对涉事门店采取摘牌、扣除加盟商所交的 5 万元保证金及罚款等处罚措施。汉丽轩北京总部的回应被网民认为是"诡辩"。即使汉丽轩北京总部一再强调总部在与加盟商签订合同时对菜品质量有明确规定，但汉丽轩因频繁发生食品安全问题还是被

网友猛烈抨击。

3. 汉丽轩长沙分店：野蛮生长态势下，个别连锁门店的食品安全问题成为舆情引爆点

作为本次"汉丽轩鸭肉变牛肉事件"的涉事门店，汉丽轩长沙分店遭到了网友揭底。顾客只需要花费 49 元便可在汉丽轩长沙店内任意吃喝，过低的售价让该店在食品质量和食品供应上做了手脚，进而引发了食品安全问题。暗访视频显示汉丽轩长沙门店的卫生条件令人担忧，厨房地上满是脏水，一名工作人员甚至用脚多次踩压冰冻的去皮鸭大胸，其卫生环境和食品安全问题受到了网民的一致谴责。

餐饮行业与百姓的生活息息相关，本身便是舆情热点领域。自助餐饮由于其商业模式的特殊性在大多消费者脑海中留有根深蒂固的负面刻板印象。对于消费者来说北京汉丽轩中关村店和昌平店的食品安全事故仍历历在目，汉丽轩长沙分店又爆出"鸭肉变牛肉"的丑闻，进一步加深了消费者对以汉丽轩为代表的自助餐饮业的质疑和批评。"汉丽轩鸭肉变牛肉事件"将自助餐饮行业的"灰色地带"曝光给社会公众，无疑增加了话题的关注度。

（二）关涉人物

湖南经视暗访视频中出现的汉丽轩长沙分店的工作人员受到了网友的谴责，视频中长沙分店的工作人员对自己的违法行为自鸣得意，还沾沾自喜地声称"骗过全世界"，其恶劣的行为自然引发了网民的广泛讨论，同时也引发了网民对食品安全和餐饮从业人员诚信问题的拷问。问题员工的行为实质指向的是汉丽轩自助烤肉门店的不作为和对员工行为的默许，背后揭露的是汉丽轩为获取利润而置消费者食品安全问题不顾的深层次问题。

四、监管介入效果评估

在长沙市食品药品监督管理局专案稽查组公布调查结果后，部分舆

论认为此次专案稽查组对涉事的汉丽轩长沙分店进行了查封整顿，但依然对汉丽轩连锁店食品安全问题表示担忧。网友认为北京汉丽轩餐饮管理公司旗下的门店频繁发生食品安全问题，监管部门的多次整顿查封并没有让食品安全环境有所改善，当前的处罚并不足以对问题商家起到警惕作用，未来在法律上还应该对涉及食品安全问题的违规商家加重处罚力度。本次事件中长沙市食品药品监管局行动迅速，案件处理得当，在事件的整体走向上表现得可圈可点，有利于引导舆情往良性方向发展。

五、网民关注度和态度变化

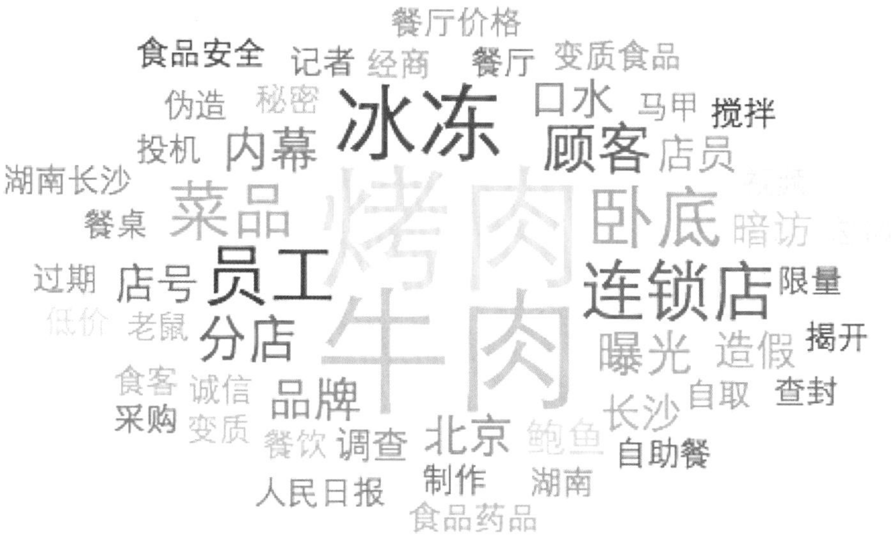

图 5-17-6 "汉丽轩鸭肉变牛肉事件"词云图

从"汉丽轩鸭肉变牛肉事件"词云图可以看出，除了"烤肉""牛肉"等与事件本身相关的关键词外，"暗访"这一媒体报道方式也受到网民关注，可见网民对于此类隐性采访持有兴趣。

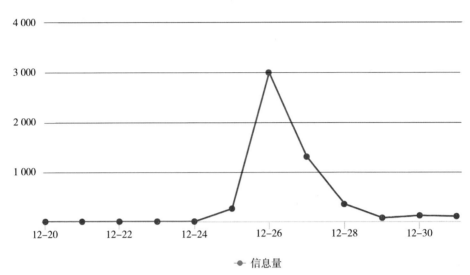

时间范围：2016.12.20 至 2016.12.31

图 5-17-7 "汉丽轩鸭肉变牛肉事件"微博关注度变化图

本次"汉丽轩鸭肉变牛肉事件"相关的微博舆论关注集中在 2016 年 12 月 26 日。2016 年 12 月 25 日的暗访视频曝光后，事件从电视媒体蔓延到微博平台，存在短暂的时间差。

六、传播现象分析

此次"汉丽轩鸭肉变牛肉事件"的发酵始于电视，经由电视节目曝光后才被传统媒体和自媒体跟进传播。电视画面的图像信息传递要比纸质媒体的文字和图片信息传播来得更为直接生动。电视图像对于记录食品造假过程以及食品安全事件具有重大的意义，通过电视视频的记录，食品造假的过程会在观众眼前直观呈现，其传播效果远比枯涩单调的文字更有说服力。

七、事件点评

"汉丽轩鸭肉变牛肉事件"再次敲响了食品安全监管的警钟。根据中国健康传媒集团食品药品舆情监测系统相关信息显示，"汉丽轩鸭肉变牛肉事件"曝光后，有关"食品监管""食品安全"等话题讨论热度在短时间内有了显著提升。汉丽轩自助烤肉连锁店食品安全问题频繁发生，餐饮行业从业人员素质低下，种种问题折射出公众希望相关部门或政策能够对餐饮市场进一步加强监管。

"汉丽轩鸭肉变牛肉事件"中长沙市食品药品监管局很好地实践了危机公关的"黄金4小时"原则。当问题牛肉被电视媒体曝光后，长沙市局第一时间成立专案稽查组，掌握了突发事件的主动权，主动与媒体交流，成为本次突发事件的"第一定义者"，有利于社会舆情的引导。本次事件中主流媒体和社交媒体在总体上呈现共振互动的友好局面。事件初期主流媒体对事件进行跟踪报道，公布了事件的最新进展和大量的一手资料，初步构建了舆论场；随后社交媒体对这一事件进行转载传播，以微博为代表的陌生人圈子和以微信为代表的熟人圈子的协同传播让"汉丽轩鸭肉变牛肉事件"这一议题得以持续发酵。在事件曝光的一周时间内，舆情普遍关注该事件的进展。

电视仍是大众传播的重要渠道，借由电视节目的视听语言，能够有效地揭露食品安全问题及造假制假的漏洞，刺激消费者聚焦关注该事件的进展。监管部门应有效地结合电视、纸媒、网媒和自媒体等传播渠道，主动介入到舆论场当中，通过议程设置影响舆论走向。

第十八节 "过期烘焙用乳制品事件"舆情分析

2016年10月23日，上海市食品药品安全委员会办公室、上海市食品药品监督管理局和上海市公安局联合宣布，成功破获了一起违法销售过期烘焙用乳制品的重大案件。涉案的上海姜迪国际贸易有限公司具有家族性、组团式、有计划、有分工等特点；19名犯罪嫌疑人已归案，其中8人被检察部门起诉、3人被刑事拘留，另有8人取保候审，涉案产品三百余吨。消息公布后，乳制品安全问题、产品跨国追溯体系等问题引起了舆论的广泛关注。

一、舆情演化过程

（一）整体热度分析

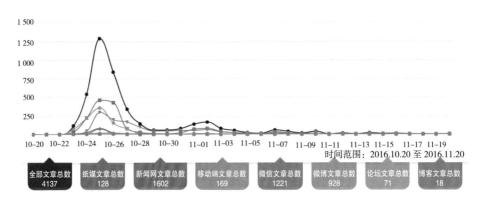

图 5-18-1　"过期烘焙用乳制品事件"舆情热度变化图

从媒体关注度来看，与"过期烘焙用乳制品事件"相关的舆情呈现山峰状的发展特征，经媒体报道后呈现爆发性增长，事后舆情关注曾出现一个小高潮，此后舆论关注度逐渐趋缓。

（二）传播阶段分析

图 5-18-2　"过期烘焙用乳制品事件"传播渠道分析图

1. 第一阶段：官方公布消息

2016 年 10 月 23 日，上海市食品药品安全委员会办公室、市食药监局和市公安局联合宣布，成功破获一起违法销售过期烘焙用乳制品的重大案件。2016 年 3 月 22 日，上海市食药监局和公安局联合执法，在闵行区某仓库内，发现上海榕顺食品有限公司将已过期的新西兰"恒天然"烘焙用乳制品违法加工成小包装，以明显低于市场的价格销售。执法人员最终抓获了犯罪嫌疑人，查扣了部分涉案产品。

2. 第二阶段：舆论聚焦

2016 年 10 月 23 日，上海市食品药品安全委员会办公室、市食药监局和市公安局三方宣布消息后，新华社就此发表了文章《上海破获一起违法加工、销售过期烘焙用乳制品重大案件》对该事件予以关注，《21 世纪经济报道》刊登的《166 吨"恒天然"过期乳品下落不明 专家称需建跨国追溯体系》等文章从企业责任和政府监管角度指出此类现象的监管仍有盲区。10 月 24 日至 10 月 25 日期间，网易财经发布的《乳业再爆食品安全大案！恒天然新希望卷入》、《第一财经日报》刊发的《新希望卷入276 吨乳制品安全案》等文章对该案件背后涉嫌牵涉的相关公司进行报道关注。随后，广大自媒体基于纸媒和网媒的报道进行转载，自媒体文章在网络上的热传引发了网民的广泛热议。传统媒体、网媒和自媒体之间形成共振。

3. 第三阶段：相关公司回应

2016 年 10 月 25 日，此次过期乳制品生产商恒天然公司发表声明强调其公司严格遵守国家的法律法规，但该公司并未回应对进口乳粉是否存在追溯体系以及剩余问题产品的追收情况。另一家牵涉公司新希望集团则声称旗下参股公司草根知本对涉事公司上海嘉外只是战略投资，并没有参与上海嘉外的实际日常运营。

4. 第四阶段：事件后续发展

2016 年 10 月 26 日，《21 世纪经济报道》刊登了文章《166 吨"恒天然"过期乳品下落不明专家称需建跨国追溯体系》，就此类现象的监管盲区和跨国追溯体系等问题展开探讨。

（三）传播渠道分析

1. 传统媒体

这起案件既非内部举报，也非同行竞争举报，而是上海市食药监局执法总队在专项检查中主动发现和查处的。以新华社为代表的传统媒体率先报道了这一案件，传统媒体的报道多关注案件本身，直击行业内幕。传统媒体的报道详细地讲述了犯罪嫌疑人为减少过期烘焙用乳制品带来的损失，通过其掌控的公司将过期的 276 吨新西兰产"恒天然"烘焙用乳制品销往全国各地的案件详情。此类揭露案件真相、挖掘行业内幕的报道得到了广泛的传播。

2. 自媒体

微博和微信公众号成为该事件传播的有力推手。自媒体缺少深入追查该案件发展的能力和资质，但通过转载修改后的自媒体文章拥有非常明显的煽动性。《还敢网购吗？中国奸商批发和网销上百吨新西兰过期奶粉被查！》《请一定转告身边的妈妈！近 300 吨新西兰过期奶粉，被重新包装卖向全国！ 19 人被捕》《丧心病狂！ 300 吨毒奶粉流入中国！新西兰过期乳制品重装进入上海！ 200 吨已卖出！》等文章在朋友圈中的转发量和阅读量较高。此类文章在文章标题上多采用"毒奶粉""丧心病狂"等夸张化的词语，并通过平民化的视角对事件进行剖析，目标对象直指家长群体，引发家长群体的担忧和恐慌。尤其是家有适龄婴幼儿在食用奶粉的家长自然会对乳制品的相关话题格外关注。自媒体平民化的视角传播容易让家长群体在阅读中产生"移情"效果，使之强烈地感受到问题乳制品对自身家庭的危害，进而关注政府部门如何应对食品安全监管问题。由传统媒体率先报道，经由自媒体在社会各阶层广泛传播，"过期烘焙用乳制品事件"逐渐发展成为 2016 年下半年的热点舆情事件。

二、传播主体分析

（一）报道媒体

在本次"过期烘焙用乳制品事件"的媒体报道中，除了搜狐网、新浪网等传统门户网站广泛报道外，中国食品饮料网、中国食品科技网、食品伙伴网等食品行业网站也对这一重大食品安全案件进行了跟进和转载。

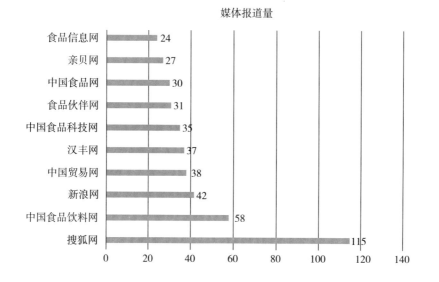

媒体报道量

图 5-18-3 "过期烘焙用乳制品事件"媒体报道量统计

（二）社交媒体意见领袖识别

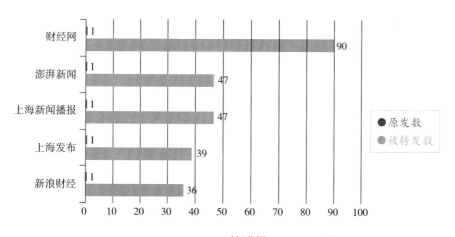

时间范围：2016.10.20 至 2016.11.20

图 5-18-4 "过期烘焙用乳制品事件"微博意见领袖排行

微博意见领袖在"过期烘焙用乳制品事件"中发挥着重要作用，其中，
@ 财经网单日被转发频次为 90 次，在此次事件中发挥着重要的意见领袖作
用；排在其后的微博账号依次是 @ 澎湃新闻、@ 上海新闻播报、@ 上海发

布、@新浪财经，在本次事件中主流媒体介入效果明显，充分发挥了舆论引导的作用。

表 5-18-1 "过期烘焙用乳制品事件"部分微信热门文章及阅读量列表

微信公号	文章标题	阅读量
上海发布	【快讯】上海破获一起违法加工、销售过期烘焙用乳制品案，19 名犯罪嫌疑人已被归案！	70347
新西兰天维网	还敢网购吗？中国奸商批发和网销上百吨新西兰过期奶粉被查！（内有视频）	8808
家长一百	请一定转告身边的妈妈！近 300 吨新西兰过期奶粉，被重新包装卖向全国！ 19 人被捕	6255
佛山妈妈咪	毒奶粉再现！近 300 吨新西兰过期奶粉卖向全国！！！	5288
澳洲 Mirror	重大突发！中国查 300 吨"问题奶粉"！当饲料收购！200 吨已售出！或已流入全国各地！已有 19 人被捕！	7410
CityDiscount 都市折扣	有几点一定要澄清的，关于中国破获特大兜售新西兰过期奶粉案的事	4418
母婴与育儿	又出事了！276 吨过期乳制品惊现江苏、上海等地……	3905
OZYOYO	丧心病狂！300 吨毒奶粉流入中国！新西兰过期乳制品重装进入上海！200 吨已卖出！	3818
华人瞰世界	突发恶闻！新西兰奶粉出大事！妈妈们注意，或许你家宝宝正在使用过期奶！中国查悉 300 吨过期重装奶粉！200 吨已卖出！！	3692
婴幼儿食品观察	重磅：百吨过期新西兰"恒天然"乳制品竟在网店卖了	3238

据本研究整理

"过期烘焙用乳制品事件"的微信关注主体以母婴行业自媒体号为主，如"家长一百""佛山妈妈咪""母婴与幼儿"等，多数自媒体账号在发布文章时以"过期奶粉""过期乳制品""问题奶粉"为题，但也有自媒体号以"毒奶粉"等易引起恐慌的字眼为题。

三、关涉主体分析

（一）关涉机构

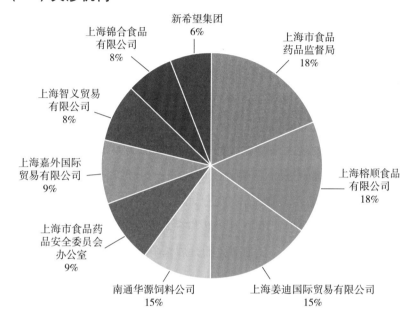

图 5-18-5 "过期烘焙用乳制品事件"关涉机构

1. 上海市食品药品监督管理局：认可政府部门作为，热议跨国追溯体系及多部门联合执法、建立长效监管机制

"过期烘焙用乳制品事件"是上海市食品药品安全委员会办公室、市食品药品监管局和市公安局等多部门联合侦破、查处的违法加工、销售过期新西兰产进口烘焙用乳制品案。政府部门的此次行动打击了食品造假行为，一改过去媒体曝光食品安全问题后被动应付的局面，主动作为赢得了媒体和公众的认可，舆论上普遍对以上海市食品药品安全委员会办公室为首的政府部门表示满意。

与此同时，此事件又一次为食品安全监管问题敲响了警钟。"过期烘焙用乳制品事件"暴露的监管问题可归纳如下：一是新西兰产的过期乳制品被无良商家以"饲料"的名义销往国内各地，食品药品监管局等相关部门是否应该加强与进出口相关部门的沟通，并结合企业现有的监管体系，建立起跨国追溯体系，对其来源、生产时间、批号等有明确的跟踪和监管；二是食品安全问题往往牵涉多个省份和企业，如何协调食品安全领域的多部门联合执法、建立长效监管机制。

2. 上海嘉外国际贸易有限公司及上海榕顺食品有限公司等相关公司：舆论普遍谴责为牟取暴利而不惜铤而走险、丧失法律和道德双重底线的不良商家

在本次"过期烘焙用乳制品事件"的案件侦查过程中，上海市食药监局执法总队和市公安局食药侦查总队于2016年3月22日在联合执法检查时，在闵行区一仓库内发现上海榕顺食品有限公司将已过期的新西兰"恒天然"烘焙用乳制品违法加工成小包装，以明显低于市场价格销售。办案部门当场扣押涉案过期烘焙用乳制品及加工设备。当日，公安机关以涉嫌生产、销售伪劣产品罪对榕顺公司负责人叶某等5人依法采取刑事强制措施。

随后国家食药监总局、公安部立即开展指导调查，最终查明另一犯罪嫌疑人刘某为减少过期新西兰产烘焙用乳制品的损失，2016年初通过其掌控的上海嘉外国际贸易有限公司将276吨新西兰产烘焙用乳制品过期库存，通过南通华源饲料有限公司以走账方式销售给其亲戚尚某设在松江的姜迪公司。

然后姜迪公司将其中已过期的166.8吨问题产品分销给上海榕顺食品有限公司、上海智义贸易有限公司、上海锦合食品有限公司以及江苏、河南、青海等下游经销商。上述经销商将榕顺公司加工成小包装的过期烘焙用乳制品，通过批发和网店等方式进行销售。公安机关已抓获涉案的19名犯罪嫌疑人，相关部门也查扣了姜迪公司109.2吨涉案产品库存，但仍有166吨产品去向不明。

"过期烘焙用乳制品事件"的案件公布将销售过期新西兰产烘焙用乳制品的上海嘉外国际贸易有限公司、上海榕顺食品有限公司、南通华源饲料有限公司、姜迪公司、上海智义贸易有限公司、上海锦合食品有限公司等相关公司推到了舆论的风口。媒体报道态度和公众情绪达到高度统一，舆论极力谴责本次事件中为牟取暴利而不惜铤而走险、丧失法律和道德双重底线的不良商家。

3. 新希望集团：大型企业的自律与内部监管引发热议

新希望集团作为中国前首富刘永好掌控的大型饲料生产企业，近年来在乳制品行业异军突起，其销售渠道和物流范围遍布全国，与普通公众的生活息息相关，自然受到了消费者的质疑。2015 年 5 月 4 日，新希望乳业入股上海嘉外国际贸易有限公司，持股比例为 51%；同年 8 月 19 日，新希望乳业将所持股权悉数转让给了草根知本有限公司。而草根知本有限公司是新希望集团董事长刘永好与王航、席刚等共同发起的产业投资平台。

尽管新希望集团及旗下的草根知本在案件消息公布后急发声明声称涉案公司与新希望乳业彼此独立运营，此事属于涉案人员的个人行为，但依然无法很好地消除消费者的疑虑和担忧。各大媒体纷纷发声讨论新希望在此次"过期烘焙用乳制品事件"中扮演的角色，《北京晨报》刊登了《新希望卷入过期乳制品事件》，《第一财经日报》刊登了《新希望卷入 276 吨乳制品安全案》，媒体的报道让群众对新希望集团持怀疑态度。此次"过期烘焙用乳制品事件"将大型企业的自律与内部监管问题重新推到了社会公众面前，公众的质疑也促使企业进一步加强自身的经营管理和内部监管。

（二）关涉人物分析

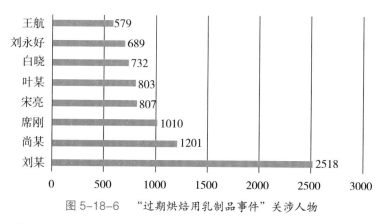

图 5-18-6 "过期烘焙用乳制品事件"关涉人物

"过期烘焙用乳制品事件"关涉人物热度排行中，除了犯罪嫌疑人刘某、尚某和叶某等多位当事人外，新希望乳业控股有限公司总裁、草根知本有限公司总裁席刚，新希望集团董事长刘永好、乳业专家宋亮等人也引起了网民的广泛热议，足见公众对"过期烘焙用乳制品事件"的关注程度。

乳制品为家庭日常生活的必需品，也是亿万国人的"敏感点"，向来为广大公众所关注。当上海市食品药品安全委员会办公室、市食品药品监管局和市公安局公布这一事件，消费者和媒体的焦点自然集中在老百姓日常生活中可能接触到的乳制品企业及连锁蛋糕店，而牵涉的企业名单中出现了新希望集团的身影。尽管新希望集团发表声明称此事为涉案人员个人行为，但仍难逃质疑。此事在舆论场引发的是公众对乳制品安全和产品跨国追溯体系的探讨。

四、监管介入效果评估

此次"过期烘焙用乳制品事件"体现出监管部门的主动作为。监管部门通过长期追踪破获了这起违法销售过期烘焙用乳制品的重大案件，并主动向媒体公开案件的细节。上海市食品药品监管局主动召开发布会，接受媒体的采访和提问，为媒体、群众与政府部门之间就食品安全问题的交流沟通提供了渠道，得到了公众的正面评价。发布会透露，仍有 166 吨过期产品尚未追查清楚，这些过期乳制品到底流向何方有待继续调查，部分网民对尚未追回的过期产品表示担忧。

五、网民关注度和态度变化

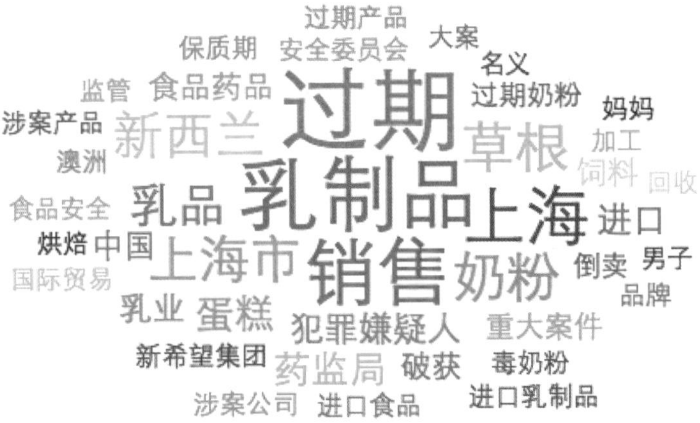

图 5-18-7 "过期烘焙用乳制品事件"词云图

　　"过期烘焙用乳制品事件"的关注点主要集中在对事件构成因素的讨论上，如"乳制品""过期"等，也有对于此案件破获方面的相关讨论，以及对于食品安全监管方面的关注。

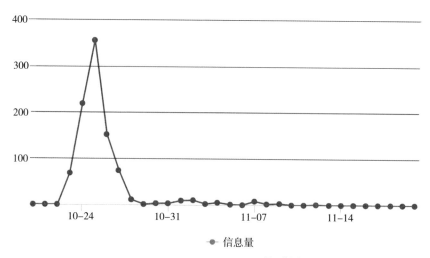

时间范围：2016.10.20 至 2016.11.20

图5-18-8　　"过期烘焙用乳制品事件"微博关注度变化图

　　本次"过期烘焙用乳制品事件"相关的微博舆论峰值出现在2016年10月25日。2016年10月23日，上海市食品药品安全委员会办公室、市食品药品监管局和市公安局联合宣布成功破获了这起违法销售过期烘焙用乳制品的重大案件后，微博平台上的网民在此后开始讨论、关注这一事件，并在10月25日形成舆论峰值。

六、传播现象分析

　　在此次"过期烘焙用乳制品事件"中，尽管政府部门的主动作为获得了舆论的认可，但今后政府部门在工作公示和对外宣传中仍需要把握好尺度。一方面，正面宣传政府要"适度"，此次食药监部门主动出击，有效地封堵了过期乳制品进入市场的通道，切实维护了公共利益，保障了食品安全，此次专项整治活动取得的效果值得大力宣传，也有利于增强公众对国内乳制品市场的信心，但过度的正面宣传可能会激发群众的逆反情绪，适得其反。另一方面，披露信息要"适量"，政府部门为社会提供信息，必须在《中华人民共和国政府信息公开条例》的框架内，同时，还要对其效果进行必要的考量，不适宜过度披露，否则容易产生负面效果。

七、事件点评

"过期烘焙用乳制品事件"作为 2016 年破获的重大案件，引起了公众对乳制品安全的关注，同时也引发了公众和专家学者对产品跨国追溯体系的关注。"过期烘焙用乳制品事件"公布后，有关"乳制品安全""食品安全监管"话题讨论热度呈现上升趋势。从 2003 年"阜阳奶粉事件"到 2008 年"三鹿奶粉事件"，过去十多年来，中国乳制品安全事故频繁发生，尽管案件严重程度和波及范围大小不一，但相关事件却频频刺激着消费者的敏感神经。

以往媒体揭露的食品药品安全舆情事件大多遵循以下的流程：社会公众举报或记者发现线索→媒体予以曝光→社会舆情发酵→权威部门跟进→司法介入、组织处理→公众抱怨政府部门监管不力。食品药品安全舆情事件的出现往往让政府部门陷入被动局面，遭受舆论的谴责，不利于政府公信力的建立。及时发现并预防食品药品安全事件的发生，主动公开相关食品药品安全问题的进展，引导公众和媒体跟随政府部门的节奏和步伐，有助于政府部门与公众之间建立良好的信任关系。与其封锁消息、隐匿不报直至被媒体和群众发现，倒不如主动提供线索信息，赢得"议程设置"的主动权和公众的信任。此次上海市食品药品监管局主动召开发布会，接受媒体的采访和提问，受到舆论好评。在互联网时代，大众传播尽管不能决定人们对某一事件的意见和观点，却可以通过提供议题和信息来引导大众关注哪些事实和对议题讨论的先后顺序，大众传播可能无法决定人们怎么想，却可以影响人们想什么。在舆情事件的处理中，政府部门可以通过主动为媒体机构提供报道线索、公布案件进展来进行"议程设置"，化被动为主动，有利于政府良好形象的树立。

第十九节 "问题气体致盲事件"舆情分析

2015年6月，26名患者在南通大学附属医院因使用问题眼用全氟丙烷气体，使得部分患者单眼致盲；几乎同期，59名患者在北京大学第三医院使用了同批次问题气体，其中有45位患者出现不同程度的视网膜损害。2016年4月，国家食品药品监督管理总局和国家卫生和计划生育委员会在经过了长达9个月的调查后相继就此事作出回应，公布事件的最新进展。事发逾9个月后，在舆论的集中追问下，相关医院发出声明，涉事企业出面道歉，但遗憾的是，气体致眼受损的确切原因仍然不明。事件被报道后，眼用全氟丙烷气体的生产使用以及涉事的北京大学第三医院、南通大学附属医院和天津晶明新技术开发有限公司等成为公众舆论关注的焦点。

一、舆情演化过程

（一）整体热度分析

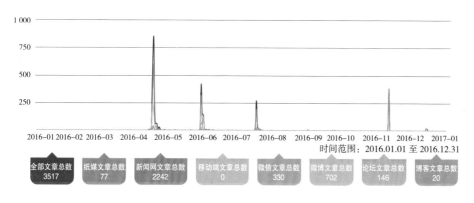

图 5-19-1 "问题气体致盲事件"舆情热度变化图

从媒体关注度来看，与"问题气体致盲事件"相关的舆情呈现"范围广""持续久"的发展特征。媒体的报道量在2016年4月、6月、7月、11

月等多个事件关键节点上都有显著的增加，呈现出多个高峰值。

（二）传播阶段分析

图 5-19-2 "问题气体致盲事件"传播渠道分析图

1. 第一阶段：问题气体致盲

2015 年 6 月，江苏南通大学附属医院、北京大学第三医院发生患者使用"问题气体"后出现不良反应事件。截至 2015 年 7 月，南通的 26 名患者和北京的 45 名患者因在医院使用眼用全氟丙烷气体均出现了不同程度的视网膜损害。经治疗只有少部分患者视力有所恢复，大部分损害严重。经调查发现，两家医院均购入了天津晶明新技术开发有限公司生产的批号为 15040001 的眼用全氟丙烷气体，故高度怀疑全氟丙烷引起了毒性反应。

2. 第二阶段：政府部门调查

2015 年 7 月 7 日，国家食药监总局接到药品评价中心的报告，并在隔天发出《食品药品监管总局办公厅关于暂停销售使用天津晶明新技术开发有限公司生产的眼用全氟丙烷气体的通知》（食药监办械监〔2015〕94 号），并通报国家卫生计生委。7 月 10 日，国家食药监总局督察组赴天津进行现场督导。7 月 22 日，国家食药监总局药品评价中心调查报告显示事件与使用的眼用全氟丙烷气体关联性明确。

2015 年 7 月 27 日，中国食品药品检定研究院完成对涉事产品的检验，结果为该产品不符合标准规定。天津市滨海新区市场和质量监督管理局对涉事企业进行立案调查。7 月 28 日，涉事企业天津晶明新技术开发有限公司完成对问题气体的召回。7 月 30 日，国家食药监总局发布《关于天津晶明新技术开发有限公司生产的眼用全氟丙烷气体可疑群体不良事件后续处置情况的通报》（食药监办械监〔2015〕114 号）。10 月 12 日，国家食药监总局下达对涉事企业的行政处罚决定；10 月 14 日，对涉事企业的行政处罚执行完毕。10月23日，国家卫计委公开通报事件处理进展。2016年2月，北京大学第三医院部分患者得到先行赔付。

3. 第三阶段：媒体报道聚焦

2016年4月初，传统主流媒体开始对"问题气体致盲事件"进行集中报道。央视新闻发表的文章《多人因注射问题气体单眼致盲！为何9个月仍原因未明？》对"问题气体致盲事件"的来龙去脉进行了详尽的记述，并梳理了过去10个月以来国家食药监总局等政府部门和涉事机构处理该事件的相关进展，一时之间全国范围内的各大媒体都跟进报道。随后，医药垂直网站和自媒体也相继加入了这一议题的传播，传统媒体和自媒体之间形成共振。

4. 第四阶段：相关部门及公司回应

2016年4月8日，南通大学附属医院就此事发通报。4月14日，北京大学第三医院就此事发声明，涉事企业天津晶明新技术开发有限公司向公众道歉。同日国家食药监总局、国家卫计委新闻发言人回应，致盲气体所属批次的产品销售地区涉及全国25个省（区、市），除北京大学第三医院、南通大学附属医院外，另有其他82家医疗机构使用了该批号产品621盒，未发现不良事件的报告。为防控产品风险，涉事企业已于2015年7月28日完成对2015年生产的两个批次（生产批号为：15040001、15040002）共计8632盒眼用全氟丙烷气体的召回工作，产品已全部被销毁。

5. 第五阶段：事件后续发展

2016年4月，国家食药监总局介绍称，由于北京大学第三医院、南通大学附属医院涉事样品数量较少，在完成样品含量、皮内反应、细胞毒性等法定项目检验后，已无法进一步分析涉事样品含有何种杂质气体。目前，中检院仍在组织专家进一步探索、研究可行的检验方法，同时要求企业进一步查明原因。

（三）传播渠道分析

这起案件发酵于广播。2016年4月，距离事件发生已过去10个月，"问题气体致盲事件"的相关调查和处理一直处于正常运转状态，此前媒体并没有对这一事件进行过多的报道和关注。4月8日，江苏新闻广播报道，南通26名眼病患者反映，他们在南通大学附属医院注射了一种名为全氟丙烷的气体，用来治疗视网膜脱落等病症，但该批次医用气体存在严重质量问题，后被国家食药监总局召回，已致两名患者失明。

舆情爆发于传统媒体和网络媒体。4月16日，中国新闻网刊发了文章《"问题气体致盲"追踪：两部门密集回应诸多疑问》。凤凰网发布的《关于"问题气体致盲"事件，你想知道的真相都在这里》和中国青年网发布的《"问题气体致盲"到底是咋回事？》带动了公众对"问题气体致盲事件"的热烈讨论，推动了事件的进一步传播。

1. 自媒体

果壳网和微博、微信公众号等自媒体成为该事件传播的重要推手。作为国内知名的科普网站，果壳网发表了科普文章《"问题气体致盲"是怎么回事？为什么要往眼睛里注射气体？》，在媒体广泛报道该事件的基础上对眼用全氟丙烷气体的来源、用途和使用效果等进行了详尽科学的普及，在朋友圈中得以广泛转发，又一次印证了专业自媒体已成为舆论场中的重要力量。

2. 传统媒体

传统媒体在对事件的深度分析和挖掘方面优势显著，其报道议题主要集中于对"问题气体致盲事件"涉事机构和医疗人员的深度挖掘。中国科学报记者走访涉事的北京大学第三医院，调查了解当年该事件的来龙去脉以及患者的安置处理问题。新京报记者则走访了位于天津市西青区的涉事医疗器械机构天津晶明新技术开发有限公司，挖掘天津晶明新技术开发有限公司的股东构成、法人代表及公司主要负责人的背景资料。

二、传播主体分析

（一）报道媒体

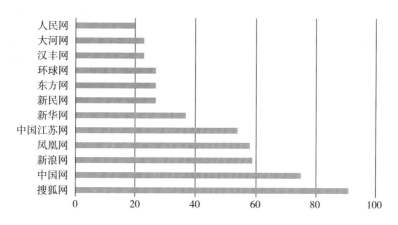

图 5-19-3　"问题气体致盲事件"媒体报道量统计

本次"问题气体致盲事件"中，以搜狐网、新浪网为代表的门户网站对事件报道量最多。此外，以中国网、凤凰网、新华网、中国江苏网为代表的传统新闻网站也对这一事件进行了数量可观的媒体报道。

（二）微博、微信意见领袖识别

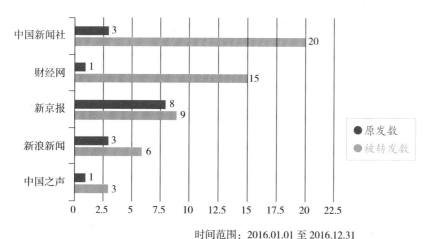

时间范围：2016.01.01 至 2016.12.31

图 5-19-4　"问题气体致盲事件"微博意见领袖排行

本事件中，微博平台最主要的意见领袖是 @ 中国新闻社、@ 财经网等主流媒体，相关微博发出后，引起了网友的高度关注。除此之外，还有 @ 新浪新闻、@ 新京报等微博账户也成为了事件发展过程中的微博关键意见领袖。

表 5-19-1 "问题气体致盲事件"部分微信热门文章及阅读量列表

微信公号	文章标题	阅读量
央视新闻	多人因注射问题气体单眼致盲！为何 9 个月仍原因未明？	78250
果壳网	"问题气体致盲"是怎么回事？为什么要往眼睛里注射气体？	69098
凤凰网	关于"问题气体致盲"事件，你想知道的真相都在这里	13110
趣健康	问题气体致盲？全氟丙烷说："这锅本宝宝不背"	4925
丁香头条	问题气体致盲事件调查：高度怀疑全氟丙烷引起毒性反应	2259
新华社	患者注射"问题气体"致盲，谁该负责？	2195
重案组 37 号	"南通问题气体致盲案"交换证据 | 21 名致盲患者各索赔 62 万，最年长者患抑郁症	2169
江苏新闻广播	问题气体致盲事件得回应！食药监总局：有害杂质成分不明，院方：已联系患者治疗	1148
新闻纵横	问题气体致盲，问题究竟在哪？	710
中国青年网	"问题气体致盲"到底是咋回事？	508

据本研究整理

"问题气体致盲事件"的微信关注主体以主流媒体账号为主，如"央视新闻""新华社""中国青年网"等。受到网民关注量较大的文章均为事件的深度报道，分析事件的原因等。

三、关涉主体分析

（一）关涉机构

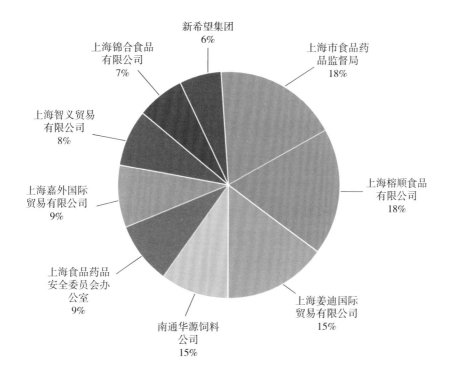

图 5-19-5 "问题气体致盲事件"关涉机构

1. 北京大学第三医院、江苏南通大学附属医院：妥善处理医疗事故患者

此次"问题气体致盲事件"本质上为问题医疗器械事故，北京大学第三医院、南通大学附属医院两家医院在发现患者眼睛出现异常后分别对患者做出了妥善的处理，并更换问题气体。在医院引导下，部分患者已在当地法院提请司法诉讼，目前法院正在依法审理中；部分患者到医疗纠纷人

民调解委员会寻求帮助，对于达成调解协议的患者，北京大学第三医院先行垫付了赔偿款；其余患者表示将在治疗终结后依法解决赔偿问题。事后两家医院均依法向涉事企业天津晶明新技术开发有限公司追偿所垫付的相关费用。

医疗行业曾被曝出以药养医、收取红包等饱受争议的舆情，所以医疗行业在舆论场中存在根深蒂固的负面刻板印象。此次事件涉及的人数众多，但医院在处理过程中并未出现大规模、影响恶劣的医闹事件。医院和患者良好的沟通使得该事件以较为和平的方式得以解决。医院为患者实施了持续性个案管理，组织专家对患者进行会诊，制定了个体化医疗救治方案，提供医疗救治、随访和评估，并为患者就医设立绿色通道。网民对北京大学第三医院、南通大学附属医院的处理方式表示认可，舆论上并未出现过多谴责两所医院治疗失误的声音。

2. 国家食药监总局、国家卫计委：事故调查可圈可点，事故真相未明

国家食药监总局和国家卫计委等部门在本次事故调查中表现可圈可点，流程规划、节奏把握得当，赢得了大多数网民的认可。本次事件为问题医疗器械事故，并非监管体制和医疗管理缺失所造成的。社会舆论也并未对国家食药监总局和国家卫计委等政府部门进行过多的指责。

值得注意的是，尽管国家食药监总局和国家卫计委在本次问题医疗器械事故的处理较为合理，但公众最关心的"什么原因导致事件发生""涉事医用气体到底哪里出了问题"两个核心问题没有得到答复。

3. 天津晶明新技术开发有限公司：迫于舆论压力才致歉，问题气体生产饱受争议

作为生产问题气体全氟丙烷气体的医疗器械企业，天津晶明新技术开发有限公司在本次事件中成为舆论的焦点。2015 年 10 月 12 日，国家食药监总局对天津晶明新技术开发有限公司下达行政处罚决定书：没收全部违法生产的眼用全氟丙烷气体，处违法生产产品货值金额 7.5 倍罚款，共计

518.8113万元。天津晶明新技术开发有限公司对行政处罚无异议。事故发生后，天津晶明新技术开发有限公司主动配合政府部门开展调查，但却未主动向事故受害者道歉，直到媒体广泛报道该事件后才迫于压力公开致歉。尽管天津晶明新技术开发有限公司法人代表徐轶群在接受央视采访时表示"希望法院尽快给一个裁决，等到法院判决结果公布后会履行该承担的责任"，但其公关活动被舆论认为是"亡羊补牢"式的品牌拯救方式，这一行为并未被网民所认可。

（二）关涉人物分析

"问题气体致盲事件"关涉人物热度排行中，天津晶明新技术开发有限公司的法人代表徐轶群、办公室主任雷长鹏等人的言论代表着天津晶明新技术开发有限公司对本次事件的态度，因此成为关注度较高的对象。

四、监管介入效果评估

相关部门及时出面回应媒体和舆论质疑，并对涉事机构天津晶明新技术开发有限公司下达了行政处罚决定，但导致此次医疗事故的原因却迟迟未查明，还是引起了不少网民的不满。部分网民认为政府部门应加强监管和管理，避免日后再出现涉事样本数量较少而导致无法进一步分析涉事样本含有何种杂质气体的情况。

五、网民关注度和态度变化

"问题气体致盲事件"词云图显示，涉事医院南通大学附属医院和北医三院都获得舆论较多关注，值得关注的是与该事件并无直接联系的"中医"也被网民普遍讨论，反映出部分网民对于风险较大的西医治疗手段持怀疑态度。

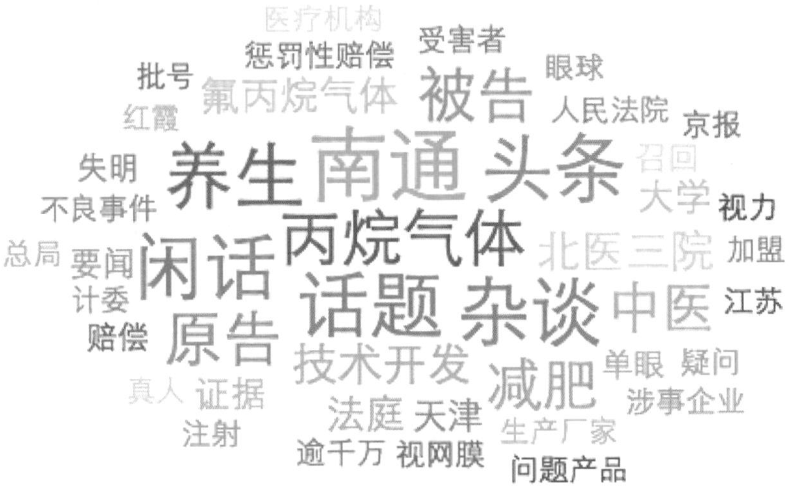

医疗机构
受害者
惩罚性赔偿
眼球
批号
氟丙烷气体
被告
人民法院
红霞
京报
失明
养生
南通
头条
召回
大学
不良事件
视力
丙烷气体
总局
要闻
闲话
北医三院
加盟
计委
话题
杂谈
中医
江苏
赔偿
原告
技术开发
减肥
单眼
疑问
真人
证据
涉事企业
法庭
天津
注射
生产厂家
逾千万
视网膜
问题产品

图 5-19-6　“问题气体致盲事件”词云图

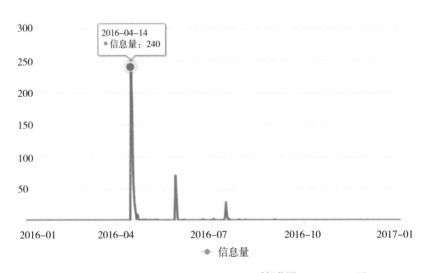

300
250
200
150
100
50
2016-04-14
信息量：240
2016-01
2016-04
2016-07
2016-10
2017-01
信息量
时间范围：2016.01.01 至 2017.01.01

图 5-19-7　“问题气体致盲事件”微博关注度变化图

本次“问题气体致盲事件”相关的微博舆论分别在 2016 年 4 月中旬、5 月下旬和 7 月中旬出现了 3 个峰值，其中最高峰值出现在 4 月中旬。2016 年 4 月，国家食药监总局和国家卫计委在经过了长达 9 个月的调查后相继就问题气体致盲事件做出回应，公布事件的最新进展。因此微博平台的网民也跟进聚焦这一话题，展开广泛讨论。

六、传播现象分析

在"问题气体致盲事件"中尤其值得注意的是，果壳网作为一个科学主题网站，在"问题气体致盲事件"中扮演着重要的角色。果壳网中专业人员对眼用全氟丙烷气体的制造、用途等进行了科学的说明。专业、科学的科普文章能让读者在突发事件发生之初就掌握关键信息，免受谣言的困扰，其作用在复杂的医疗事故中显得更为突出。

七、事件点评

"问题气体致盲事件"的出现在一定程度上推动了国家完善医疗事故发生原因的追查体系，同时也促使相关部门进一步加强药品监管。中国健康传媒集团食品药品舆情监测系统的相关信息显示，"问题气体致盲事件"发生后，有关"医疗器械事故""医疗器械监管"等话题呈现明显的上升趋势。公众对于眼用全氟丙烷气体等常见手术所使用的医疗器械存在警惕心理，从中不难看出公众对于当前医院的医疗水平和医疗器械质量表示担忧。

"问题气体致盲事件"中社交媒体和主流媒体之间既有共振互动也有共振断裂的现象，但从总体来看，二者在互动过程中通过彼此的冲突和对话，共同促进了事件的发展。在大众传播时代，果壳等过去被认为游离在舆论主要阵地的外围或边缘、品牌定位似乎与时政不沾边的互联网平台，正在积极主动地介入到主流舆论场。以果壳、知乎为代表的互联网平台有着自身稳定的粉丝群，其用户拥有相似的兴趣爱好，用户"黏度"高，容易在舆论中形成显著的影响力。这些互联网平台正在以独有的方式设置公众议程，影响舆论走向。

第二十节 "麦当劳抗生素鸡肉事件"舆情分析

2016年8月,麦当劳宣布2017年起将停止在美国使用饲养过程中摄入人类抗生素的鸡肉,这一变化目前只限美国境内,并不适用于中国及除美国外的广大海外市场。该事件牵涉抗生素使用、食品安全标准等问题,引起了国内舆论的广泛关注。

一、舆情演化过程

(一)整体热度分析

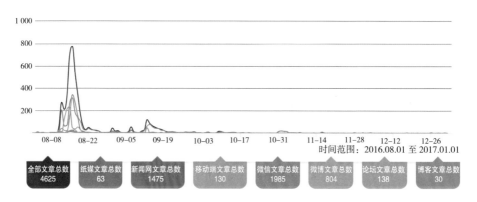

图5-20-1 "麦当劳抗生素鸡肉事件"舆情热度变化图

从媒体关注度来看,与"麦当劳抗生素鸡肉事件"相关的舆情呈现"山峰状"的特征,经媒体报道后呈现爆发性增长,随后舆论关注度渐趋缓,持续时间长。

(二)传播阶段分析

图5-20-2 "麦当劳抗生素鸡肉事件"传播渠道分析图

1. 第一阶段：麦当劳公布消息

2016年8月中旬，麦当劳宣布2017年美国市场将采购不使用人类抗生素的鸡肉产品。此前，美国多个消费者团体曾向麦当劳等企业递交请愿书，呼吁停止使用含抗生素的鸡肉。其实早在2015年3月，麦当劳就在其官网上宣布，将在未来的两年内逐渐采购没有使用过"对人有重要影响的抗生素"的鸡肉，此事被媒体称为"停抗生素"计划。面对美国消费团体的请愿，麦当劳则顺应美国民心提前完成了这一承诺。然而"停用含抗生素鸡肉"这一举措仅在美国境内执行，这一只针对美国的计划引起了全球消费者的关注。

2. 第二阶段：舆论聚焦

2016年8月14日，澎湃新闻网刊发题为《麦当劳被指两套标准：中国市场仍用含抗生素鸡肉》的文章，直指麦当劳在美国及美国境外市场采用两套标准的行径。《法治周末》刊发的《麦当劳在美停用抗生素产品引质疑：一块鸡肉两套标准》、《齐鲁晚报》刊发的《麦当劳停用抗生素鸡肉》等文章对该事件进行了深入报道，阐释了麦当劳仅在美国境内公布这一举措的前因后果，其中牵扯出来的抗生素使用和中国部分国家标准较低等问题受到了网民高度关注，浏览量和转发量急剧上升。随后，"合肥在线"和"掌中广视"等微信公众号相继发表了题为《只对美停止使用摄入抗生素的鸡肉！麦当劳把合肥人激怒了！你答应吗？》《双重标准！麦当劳在美国停用抗生素鸡肉，中国人却还得接着吃》的文章，自媒体和传统媒体共同聚焦"麦当劳抗生素鸡肉事件"，彼此之间形成共振。

3. 第三阶段：麦当劳回应

针对中国消费者的质疑，麦当劳中国方面官方回应表示，在动物治病过程中使用抗生素是必须的。麦当劳要求中国供应商对于抗生素的使用须严格遵守国家相关的法律法规。"我们将与相关政府部门、供应商、专家协作，根据中国农业的实际情况，逐步推进行业的发展。"麦当劳中国的回应并没有正面回复中国境内何时停用抗生素鸡肉的问题，"过于官方"的回应在群情激愤的网民面前略显苍白,中国网民对其回应并不买账。

4. 第四阶段:权威部门发声

2016 年 8 月 18 日,农业部作出回应,称我国最新制定的 5450 项农药残留限量标准,在 2020 年将覆盖国内主要农产品。麦当劳作为大型的鸡肉产品消耗商,在中国境内采用的鸡肉含抗生素,符合农业部发布的农药残留限量标准,从法律的角度上看并无违法行为。由此,农业部的回应也激起了网民对中国部分产品的国家标准是否过低的争论。

(三)传播渠道分析

1. 传统媒体

此次"麦当劳抗生素鸡肉事件"首发于新闻网站。8 月 12 日,中国经济网发表了一篇题为《国内麦当劳至今仍在给鸡牛使用抗生素》率先关注了麦当劳宣布自 2017 年起在美国市场将采购不使用人类抗生素的鸡肉产品这一新闻事件。随后的一周时间内,以搜狐网、新浪网为代表的门户新闻网站和以环球网、中国网、人民网为代表的传统媒体网站对此事进行了报道。麦当劳在不同国家使用两套标准的做法引发了中国网民的强烈不满。而《新京报》也发表评论《关于含抗生素鸡肉,麦当劳搞"双重标准"暴露了什么》揭露了这一现象的背后诱因,并指出要想改变这一现象唯有提高我国的国家标准。

2. 自媒体

微博和微信公众号成为该事件广泛传播的有力推手,一些颇有影响力的自媒体文章在朋友圈中广为传播。自媒体在传播上有意识地强化麦当劳在中美两国境内的区别,一方面强调服用人类抗生素的鸡肉产品容易对人体造成伤害,另一方面则着力描述麦当劳回应的"冷冰冰"。自媒体在传播策略上多采用"情感框架",使读者在浏览信息后自觉与其站在同一战线,激发公众对自我身份的建构,对抗采用两套标准的麦当劳公司。

二、传播主体分析

（一）报道媒体

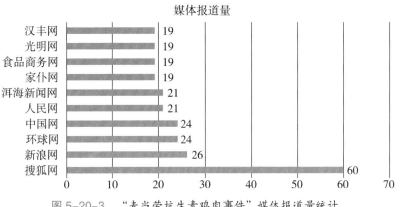

图 5-20-3 "麦当劳抗生素鸡肉事件"媒体报道量统计

本次"麦当劳抗生素鸡肉事件"中，以搜狐网、新浪网为代表的门户新闻网站的报道数量最多，环球网、中国网、人民网等传统媒体网站的报道次之。几大主流媒体网站均对此事进行了一定数量的报道，扩大了事件的传播范围和影响人群。

（二）社交媒体意见领袖识别

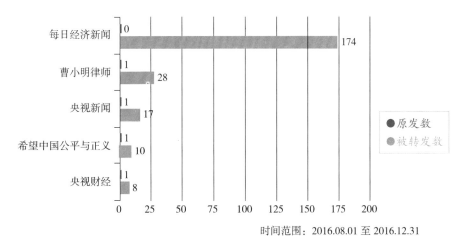

时间范围：2016.08.01 至 2016.12.31

图 5-20-4 "麦当劳抗生素鸡肉事件"微博意见领袖排行

"麦当劳抗生素鸡肉事件"微博平台最主要的意见领袖是 @ 每日经济新闻，发布当日的转载量超过 170 篇次。

表 5-20-1 "麦当劳抗生素鸡肉事件"部分微信热门文章及阅读量列表

微信公号	文章标题	阅读量
央视新闻	追问丨麦当劳在美国停用抗生素鸡肉为何一种汉堡在中国和美国两套标准？	100000+
东莞日报优生活	麦当劳在美停用抗生素鸡肉，对中国市场却不肯承诺，因何双重标准？	2922
郑州印象	央视质疑：麦当劳承诺在美国不用抗生素鸡肉！对中国呢？	2815
壳普网	麦当劳承诺停用抗生素鸡肉，但不包括中国的门店。	2562
合肥在线	只对美停止使用摄入抗生素的鸡肉！麦当劳把合肥人激怒了！你答应吗？	2502
掌中广视	双重标准！麦当劳在美国停用抗生素鸡肉，中国人却还得接着吃	2439
新京报评论	关于含抗生素鸡肉，麦当劳搞"双重标准"暴露了什么	2023
扬州刷屏小分队	麦当劳将在全美停用抗生素鸡肉！你吃的鸡肉汉堡原来是这样的……	1890
酒都播报	麦当劳在美国停用抗生素鸡肉为何一种汉堡在中国和美国两套标准？	1421
仪器信息网	麦当劳"抗生素鸡肉"中外两套标准？还是误读？	1053

据本研究整理

"麦当劳抗生素鸡肉事件"微信关注主体以"央视新闻"的受众为主，其发布的文章《追问丨麦当劳在美国停用抗生素鸡肉为何一种汉堡在中国和美国两套标准？》，阅读量超过 10 万 +，其他自媒体账号发布文章影响度相对较小。

三、关涉主体分析

（一）关涉机构

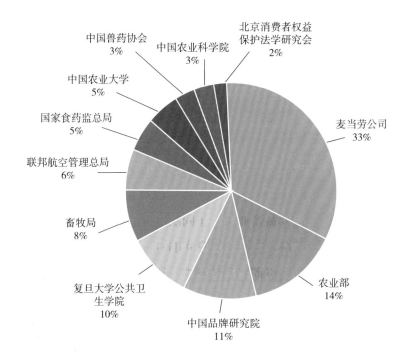

图5-20-5　"麦当劳抗生素鸡肉事件"关涉机构

1. 麦当劳中国公司：不同国家采用不同标准，饱受国民质疑

麦当劳中国公司在本次"抗生素鸡肉事件"中成为众矢之的，同时也将麦当劳在不同国家和地区采用不同的鸡肉这一行为公之于众。面对中国消费者的质疑，麦当劳中国方面官方则回应表示，在动物治病过程中使用抗生素是必须的。此外，麦当劳还表示会要求中国供应商对于抗生素的使用须严格遵守国家相关的法律法规。

同一块鸡肉，在不同国家采取两套标准，这一回应并不能让中国网民心悦诚服。麦当劳搞"内外有别"的双重标准，并非始于麦当劳在美国发表声明的当天。早在 2010 年时，就有媒体报道，麦当劳出售的麦乐鸡含有两种化学成分：一种是含有玩具泥胶的"聚二甲基硅氧烷"，另一种则是从石油中提取的"特丁基对苯二酚"。而麦当劳中国公司对此发函回应称，这两种物质的含量均符合现行国家食品添加剂使用标准。然而无论是麦乐鸡含有毒化学成分，还是使用了含抗生素的鸡肉，麦当劳的鸡肉产品在中国是合法合规的，因为中国的某些国家标准比美国标准更低，麦当劳始终在"合法合规"的前提下牟取最大的利润。"明目张胆"的牟利行为和官方回应让麦当劳在群众心目中的形象更为恶化，长期以来以麦当劳为代表的洋快餐便饱受质疑，此次采用不同标准的事件更加激化了网民与麦当劳中国公司之间的矛盾。网民们认为麦当劳的汉堡鸡肉有两套标准，但是抗生素对人体的负面作用，却没有国籍和地域的界限。舆论普遍期待麦当劳能够在全球范围能实施同一标准。

2. 农业部等政府部门：部分产品国家标准过低受质疑

"麦当劳抗生素鸡肉事件"的出现说明了中国部分产品国家标准过低。《新京报》发表的评论《关于含抗生素鸡肉，麦当劳搞"双重标准"暴露了什么》言辞鲜明地指出了当前部分产品国家标准过低的情况，并表示国家在标准政策制定时为了维护企业的利益而将消费者的利益放在一边。就在麦当劳事件引发热议之后，农业部 8 月 18 日发布公告，表示自 2010 年以来，组织制定了 387 种农药在 284 种农产品中的 5450 项残留限量标准，使我国农药残留标准数量比之前的 870 项增加了 4580 项。农业部提出，到"十三五"末，我国农药残留限量标准数量将达到 1 万项，形成基本覆盖主要农产品的完善配套的农药残留标准体系，实现"生产有标可依、产品有标可检、执法有标可判"。随后，8 月 25 日，国家卫生计生委、发改委联合 14 个部门发布《遏制细菌耐药国家行动计划（2016~2020 年）》，文件中也提到养殖领域不合理应用抗菌药物是使得细菌耐药问题日益突出的原因之一，并将解决这一问题提上日程。

值得注意的是，尽管当前国家兽药残留限量标准当中，有98%可比项目达到或超过国际标准，但在操作中却以各地标准作为践行的标尺。如此做法难以赢得消费者的信任。网民们在谴责麦当劳的差异化对待同时，也对国家抗生素使用标准和政府部门的监管表示担忧。

3. 复旦大学公共卫生学院、中国农业大学等科研机构：解决滥用抗生素的问题一直是农业科研机构的研究重点

麦当劳"一块鸡肉两个标准"的行为引起了舆论的声讨，中国消费者希望得到一个更加安全健康的食品环境。相对于麦当劳表示的始终符合中国法律法规的要求而言，抗生素滥用其实一直是农业科研机构的痛点所在，各大高校科研机构长久以来在解决滥用抗生素的问题上投入了大量的精力。此次麦当劳事件中公众对养畜业使用抗生素的担忧并不仅仅是针对麦当劳。

学术科研机构是解决滥用抗生素问题的关键。科研机构的参与有助于为抗生素的合理使用提供切实可行的解决方案。本次"麦当劳抗生素鸡肉事件"中，复旦大学公共卫生学院、中国农业大学、中国农业科学院等国内农业科研领域领先的学术科研机构也成为舆情关注的焦点。

（二）关涉人物分析

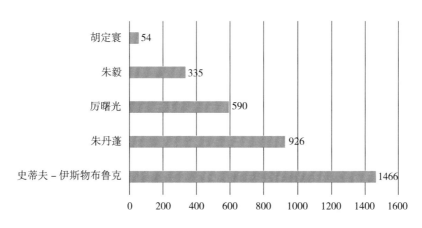

图5-20-6　"麦当劳抗生素鸡肉事件"关涉人物

"麦当劳抗生素鸡肉事件"关涉人物热度排行中，麦当劳 CEO 史蒂夫 - 伊斯特布鲁克（Steve Easterbrook）的热度最高。在麦当劳公开宣布消息后，英国一家慈善机构曾发起一场电邮运动，呼吁消费者向麦当劳 CEO 史蒂夫 - 伊斯特布鲁克（Steve Easterbrook）发送电邮，呼吁麦当劳在全球 100 多个国家的 3 万多个门店中停止供应使用人类抗生素的肉类和乳制品，而不只局限于美国的麦当劳餐厅和鸡肉制品。

此外，食品卫生和农畜业领域相关的专家学者也成为网民热议的对象。复旦大学公共卫生学院营养专家厉曙光、中国品牌研究院食品饮料行业研究员朱丹蓬、中国农业大学食品科学与营养工程学院副教授朱毅、中国农业科学院农业经济与发展研究所研究员胡定寰等专家学者同样受到网民关注，足见舆论对"麦当劳抗生素鸡肉事件"的重视，希望通过该领域专家学者的解读了解抗生素对人体的危害以及抗生素的使用标准。

四、监管介入效果评估

尽管国内公众普遍谴责麦当劳在中美两国执行不同食品安全标准的做法，但事实上，麦当劳在中国采购含人类抗生素的鸡肉是合法合规的，符合当前中国的食品安全标准。因此，虽然媒体的报告给麦当劳中国公司造成极大的舆论压力，但从商业利益的角度出发，麦当劳短期时间内在中国境内并不会停止采购使用人类抗生素的肉类和乳制品。

本次"麦当劳抗生素鸡肉事件"舆论聚焦在谴责麦当劳的行为，但也有部分舆论认为现阶段与其要求麦当劳一视同仁，在中国境内执行和美国一样的标准，倒不如寄希望于政府部门主动完善食品安全监管体系，提高相关产品的国家标准，从根源上保证进入老百姓餐桌的食品安全。

五、网民关注度和态度变化

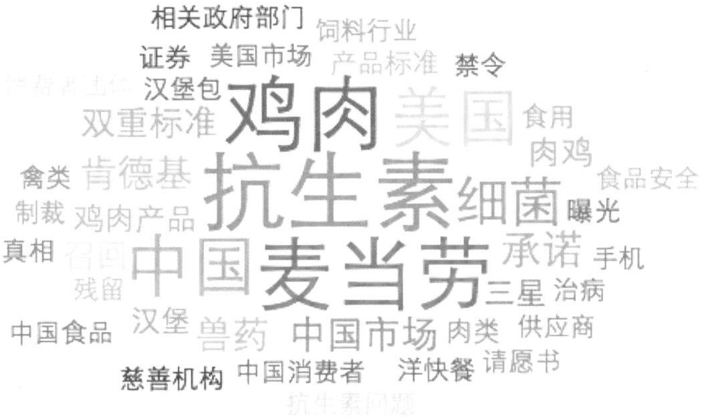

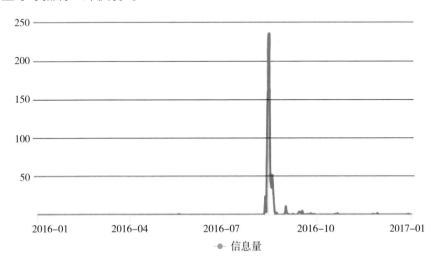

图 5-20-7　　"麦当劳抗生素鸡肉事件"词云图

　　"麦当劳抗生素鸡肉事件"词云图显示，麦当劳使用抗生素鸡肉引发网民对食品安全的担忧，还有网民以"请愿书"等形式批判"双重标准"，甚至呼吁抵制"洋快餐"。

时间范围：2016.01.01 至 2017.01.01

图 5-20-8　　"麦当劳抗生素鸡肉事件"微博关注度变化图

本次"麦当劳抗生素鸡肉事件"相关的微博舆论峰值为 2016 年 8 月 15 日。8 月中旬传统媒体开始密集关注麦当劳在中美两国的抗生素鸡肉采用不同标准这一事件，微博平台的网民也随后关注这一话题，形成激烈的讨论。

六、传播现象分析

在"麦当劳抗生素鸡肉事件"中尤其值得注意的是，公众在参与事件讨论的过程中普遍关注专家学者的观点，而非仅是毫无缘由地谩骂。麦当劳、肯德基等洋快餐的抗生素肉类产品问题多年前已有媒体提及，随着时间的推移和公民素质的提高，公众对于这一事件的态度从原来的谩骂抵制转向今天的理性看待与思考，关注食品安全及农畜业领域专家学者的观点，从科学和理性的角度来看待抗生素使用。

七、事件点评

"麦当劳抗生素鸡肉事件"让国内公众再次聚焦到抗生素肉类使用的问题上。中国健康传媒集团食品药品舆情监测系统相关信息显示，"麦当劳抗生素鸡肉事件"发生后，有关"抗生素使用""国家食品标准修改"等话题讨论热度呈现上升趋势。抗生素过度使用会使细菌产生耐药性，滋生"超级细菌"，危害人体生命安全，国家食品标准是否与国际接轨等种种问题折射出公众对于减少抗生素使用、完善健全国内食品标准体系的迫切要求。

值得注意的是，在麦当劳中国公司接受媒体采访作出回应后，农业部、国家卫生计生委和发改委等有关政府部门也主动召开发布会，回应国内抗生素使用标准及农畜业产品安全监管等问题，有效地引导了舆论往正面的方向发展，避免了舆情陷入公众谩骂政府部门不作为的尴尬局面。

在本次事件中，政府监管部门、意见领袖、网民等各方在某种程度上形成了"网络统一战线"，尽管各方代表的利益不同，所站立场有所区别，但参与舆论场的各方都集体谴责了麦当劳的两套标准行为，共同建言献策推动国家食品安全标准的完善和进一步提高。在"大众麦克风"时代，各方的态度"求同存异"，共同构建了"网上统一战线。"

对食药舆情事件 10 名重要当事人的舆情分析

第六章

2016 年食药舆情热点人物的总体特征

综合分析 2016 年食药舆情十名热点人物，可大致分为以下三类人群：一是食药监管系统及其他政府部门各级官员，被网民视为公权力的代表，二是以魏则西等为代表的个人群体；三是食药领域专家或伪专家。值得注意的是，十名食药舆情热点人物中，除黄平富外，在人物相对应的事件中，全部体现出网民对公权力所持的负面态度，足见整体形象的提升任重道远。现具体分析如下：

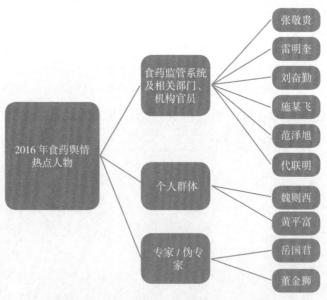

图 6-1　2016 年食药舆情热点人物分析图

一、相关政府部门、医药企业各级官员整体舆情偏负面

有研究认为，"安全"和"反腐"组成网络舆论热点的主题。通过对 2016 年食药舆情热点人物的分析发现，民生、医疗、反腐等话题都是民众关注的重点，而作为行政活动的主体以及政策法律的制定者，各级党政机关、职能部门越来越多地出现在公众的视野里，各级官员的一言一行也因此备受媒体和网民关注。在 2016 年食药舆情的十位热点人物中，食药监管系统及其他政府部门、医药企业、医疗机构各级官员占比高达 60%（包括山东省莱芜市医药公司总经理、党委副书记张敬贵；河南省汝南县食品药品监督管理局局长雷明奎；陕西清涧县食品药品监督管理局副局长刘奋勤；广东省食品药品监督管理局审评认定中心行政秘书科副科长施某飞；河南省南阳市中心医院门诊部主任兼检验科科长范泽旭；四川省广安市岳池县高升小学校长代联明等），且人物所对应的事件中呈现的均为负面舆情，这固然与负面报道更具新闻价值以及网民的猎奇心理有关，但更应看到食药监管系统和政府部门整体形象提升的必要性。

食药领域是直接关乎百姓身体健康的重要民生领域。在十大热点人物对应的事件中，"张敬贵严重违纪事件"、"雷明奎工作日违规饮酒致死事件"、"刘奋勤违规坐诊看病事件"、"施某飞违规挪用公款事件"、"范泽旭受贿事件"均与贪腐有关，受到媒体和网民的重点关注。这些事件大多遵循着"纪检部门发布信息—媒体报道—两微一端热烈讨论"的传播路径，传统媒体和社交媒体对事件的持续关注形成舆论"共振"，推动了事件的二次传播。在此过程中，微博越来越多地展现出大众媒体的属性，成为舆情事件酝酿和源发地；而微信则负责提供观点和深度解读。通过对这几个事件传播过程的分析，可以看出微信公众号在第一波舆情爆发时参与较晚，但在第二波舆情反弹时成为舆论扩散的重要渠道之一。

值得注意的是，2016 年政府部门对于负面舆情的响应速度显著提升，对舆情早期传播的预警、干预能力也有较大的提高。如代联明事件中政府

部门第一时间介入调查，舆论失去发酵空间，最大限度地减少了负面舆论的聚集，使事件整体峰值较低。

二、魏则西作为个人与以药养医等医疗体制对抗的代表引发网民高度关注

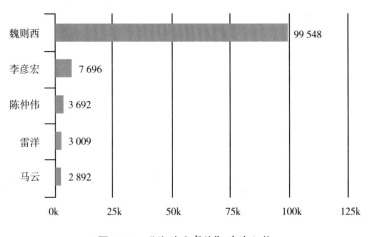

图 6-2 "魏则西事件"关涉人物

"魏则西"作为 2016 年全年舆情热度最高的热点人物，被网民作为个人对抗体制的代表。基于共情心理和刻板印象，在面对此类事件中，网民态度一般都会偏向个人。从"魏则西事件"关涉人物热度排行中也可以看出，除了事件当事人魏则西，百度创始人李彦宏，医患纠纷而导致伤医事件的代表中山大学遇袭医生陈仲伟，涉嫌嫖娼被民警采取强制约束措施后死亡的人大硕士雷洋也引起网民广泛讨论，足见"魏则西事件"被网民视为个人与以药养医等医疗体制相对抗、医患关系极度恶化的代表案例，在舆论场中引发的是网民对医患关系、公权力等问题的探讨。

同时，魏则西代表了大中型城市的"青年男性"群体，该群体指已逐渐走向思想成熟的青年人群，面对社会弱势群体，具有深厚的情感和责任意识，对热点事件的持续关注度较高。此类人群具有极高的社交网络使用

能力和思考能力，从"知乎"上对于此事的讨论，可以看出对事件的思考呈现出明显的递进和深入。《百度中枪》《一个也不能少》等质疑文章，条理清晰、逻辑严密、质疑合理，对舆情发酵起到非常大的推动作用。

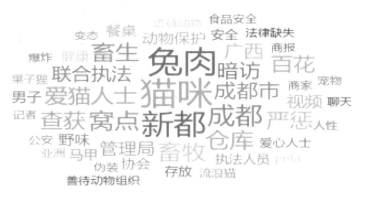

图 6-3　"黄平富事件"词云图

个人群体的另外一个热点人物黄平富则因贩卖猫肉而受到关注。在此事件中，自媒体在传播策略上多采用"情感框架"，以"爱猫人士"这一群体为代表的爱护小动物、珍视社会善行的网民参与其中，纷纷以"平民化"的视角对事件进行剖析，大力谴责黄平富行为的残忍，构建出"残忍而奸诈的两面派虐猫者"的符号形象，呼吁对他严惩。随后，知乎、微博中形成意见领袖主导的辐射式二级传播结构，网民从最初愤怒的情绪中冷静下来，进入思考社会监管和法律的议程之中。最终，"黄平富事件"发散到其他媒介场域中，相关话题逐渐消弭。

三、食药领域专家群体素质良莠不齐，部分媒体和自媒体健康传播断章取义

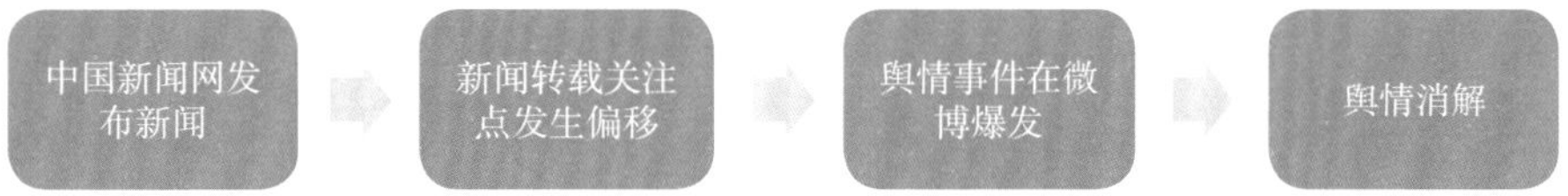

中国新闻网发布新闻　➡　新闻转载关注点发生偏移　➡　舆情事件在微博爆发　➡　舆情消解

图 6-4　"岳国君事件"传播渠道分析图

随着新兴媒体平台的多样化，传统媒体的传播权威地位和影响力出现一定程度的下降。但在"岳国君事件"中，既看到了传统媒体在议程设置上的巨大影响力，也看到了传统媒体在舆情爆发之后的纠偏与引导。由中国新闻网首先发布的《中国食药监总局副局长：食品添加剂不是"猛虎"》，成为各大新闻网站转载的新闻来源，成为事件发生第一时间内唯一的新闻内容。这强有力地反映了传统新闻媒体在新闻生产、新闻发布环节的权威地位。然而，这则新闻被新浪网、大江网、东方网等新闻网站截取新闻中的部分内容作为标题，以"院士：当前是中国食品最安全阶段"为题，将国家食品药品监督管理总局时任副局长滕佳材呼吁大众科学认识食品添加剂的新闻，断章取义地描绘成岳国君院士对当前中国食品安全做出的绝对评判，诱导了舆论关注点的转移，促成了舆情的发酵。

当舆情开始在微博迅速爆发时，人民网、《环球时报》等主流媒体，开始在微博、微信公众号等平台发布文章澄清原文章标题和岳国君院士的完整观点，进行疏导、纠偏，也使得舆情事件逐渐平息。为了吸引公众的注意力，某些媒体和自媒体会有意识地迎合网民心理，突出新闻事件中的对立因素，造成戏剧化、惊悚化传播效果，此时传统媒体的价值显现。也应看到这次舆情反转事件折射出的是一些网民对我国食品安全现状不满意的心态。

曾经的"食品安全卫士""中国环保第一人"董金狮涉嫌敲诈勒索罪成为仅次于魏则西的年度热点舆情人物。值得注意的是，截至 2017 年 3 月 17 日，董金狮在搜狗百科、百度百科中的介绍仍是"著名环境化学专家、食品安全专家，国际食品包装协会常务副会长兼秘书长，多所高校客座教授或兼职教授"。互联网平台的社会责任担当是一个平台是否成熟的标志，由此可见，我国互联网平台仍处于创造利润和财富的"工具理性"阶段，向对整个社会伦理道德、思想文化和和谐发展产生影响的"价值理性"转换的过程任重道远。

第七章

对重要当事人的
舆情分析

第一节 "魏则西"人物舆情分析

一、人物简介

魏则西，1994 年出生于陕西咸阳，籍贯河南省扶沟县，西安电子科技大学 2012 级学生，后因患滑膜肉瘤病，休学留级至 2013 级，在寻求多方医治无效后于 2016 年 4 月 12 日不幸去世。

2014 年 4 月，魏则西被查出得了滑膜肉瘤。这是一种恶性软组织肿瘤，目前没有有效的治疗手段，生存率极低。2014 年 5 月 20 日至 2014 年 8 月 15 日，魏则西接连做了 4 次化疗，25 次放疗。

其生前求医过程中，魏则西及家人通过百度搜索选择了排名前列的武警北京总队第二医院，受其"斯坦福技术"等宣传影响，开始接受"生物免疫疗法"治疗。2014 年 9 月至 2015 年底，魏则西先后在武警二院进行了 4 次生物免疫疗法的治疗，花费二十多万元，治疗的巨额费用将家里积蓄掏空。然而在花费二十多万元后，病情并没有得到好转，2016 年 4 月 12 日上午，魏则西在咸阳的家中去世，终年 22 岁。

2016 年 3 月 30 日起，魏则西在知乎网上记录了自己求医的经历，其中关于武警二院和百度搜索的内容引发关注。事件被报道后，"莆田系"医院虚假宣传、百度搜索竞价排名逐利、部队医院对外承包混乱等广遭诟病的问题引起舆论广泛关注。

二、舆情演化过程

（一）整体热度分析

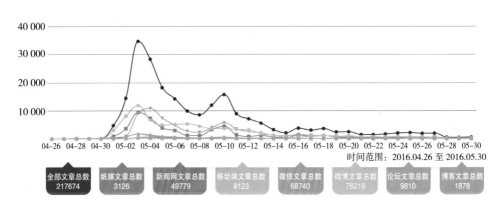

图 7-1-1 "魏则西事件"舆情热度变化图

从整体关注度来看，与"魏则西事件"相关的舆情总体呈现"范围广""高峰值"和"持续久"的发展特征。

（二）传播阶段分析

图 7-1-2 "魏则西事件"传播渠道分析图

1. 第一阶段：事件发酵

4 月 27 日上午，《新京报》原调查记者 @ 孔狐狸 V 在新浪微博披露了 21 岁西安电子科技大学学生、滑膜肉瘤患者魏则西去世的情况，呼吁自媒体人对此事进行关注。微博还配有魏则西在知乎网站上对"你认为人性最大的恶是什么"问题的回答截图和百度搜索截图，受到网民高度关注，转发量迅速过万。

2. 第二阶段：百度回应

4 月 28 日，百度公司通过其旗下百度推广官方微博发布声明称，已经在第一时间对魏则西生前通过百度搜索选择的武警北京总队第二医院进行了搜索结果审查，该医院是一家公立三甲医院，资质齐全。

3. 第三阶段：舆论聚焦

5 月 1 日上午，微信公众号"有槽"发表题为《一个死在百度和部队医院之手的年轻人》的文章，从对魏则西知乎答案的分析入手，揭露多家媒体和自媒体曾质疑百度竞价广告操作不合规、部队医院被莆田系承包存在种种弊端。文章一度被删除，但随后又恢复，阅读量迅速超过十万，文章内容也被多个微信公众号转载，事件关注度迅速上升。随后，如《深度！起底"魏则西事件"背后的莆田系》《大学生魏则西之死背后：真凶还是武警医院和莆田系》等一批微信文章在网络热传，引发传统媒体关注并刊发多篇调查、评论报道，与自媒体形成共振。

4. 第四阶段：权威部门发声

5 月 2 日傍晚，国家互联网信息办公室宣布会同国家工商总局、国家卫计委成立联合调查组进驻百度公司，对魏则西事件及互联网企业依法经营事项进行调查并依法处理。5 月 3 日下午，国家卫计委新闻发言人表示，国家卫计委、中央军委后勤保障部卫生局、武警部队后勤部卫生局联合对武警北京总队第二医院进行调查。5 月 4 日，魏则西生前就诊的武警二院贴出告示宣布全面停诊。

5. 第五阶段：事件后续发展

9 月 10 日，知乎平台昵称为"魏则西"的账号发布了一条标题为《魏则西父母：为什么让我们来背黑锅？》的动态，内附一封自称是魏则西父母委托代理律师发布的《致百度公司和李彦宏关于解决"魏则西一案"的商榷函》。

三、传播主体分析

（一）报道媒体

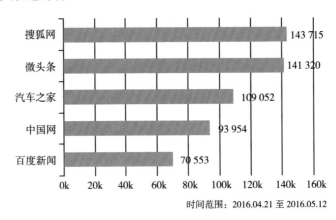

时间范围：2016.04.21 至 2016.05.12

图 7-1-3　"魏则西事件"媒体报道量统计

多数媒体对造成魏则西死亡的"三座大山"——百度、莆田系、武警二院所作所为进行抨击，对执法监管漏洞进行剖析。其中，搜狐网的报道和转载数量位居第一。

（二）社交媒体意见领袖识别

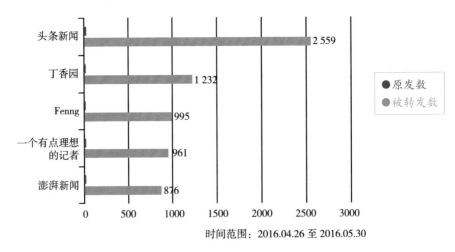

时间范围：2016.04.26 至 2016.05.30

图 7-1-4　"魏则西事件"微博意见领袖统计

在微博舆论场中，新浪新闻中心 @ 头条新闻、专业化媒体 @ 丁香园、自媒体 @ 一个有点理想的记者等成为意见领袖，得到广泛关注。

表 7-1-1　"魏则西事件"部分微信热门文章及阅读量列表

微信公号	文章标题	阅读量
侠客岛	百度，有毒	100000+
小道消息	青年魏则西之死	100000+
中国医学博士联络站	魏则西事件始末！百度 莆田系被严重质疑，百度做出回应	100000+
凤凰财经	百度被查！揭开魏则西之死 8 大真相	100000+
Emarketing	百度的中枪掩护了多少人安全撤退？	100000+
成长的夏天	百度的原罪—封杀 Google 的黑内幕	100000+
瞭望智库	瞭望系深挖莆田游医惊人黑幕：靠"谋财害命"起家，曾威胁炸掉报社大楼	94917
团结湖参考	魏则西之死，"典守者不得辞其责"	47669
解救纸媒	魏则西之死，相比于百度，央视更应该道歉！	15447
ItTalks	为什么要向百度开炮	10174

本研究整理

魏则西事件的微信关注主体多元，除了侠客岛、团结湖参考等有着权威主流媒体背景的微信公众号外，也有凤凰财经、瞭望智库等媒体公众号，还有小道消息、Ittalks 等关注科技领域的自媒体公众号。

四、网民关注焦点分析

1. 追问事实真相

认为涉事医院同样需要调查组进驻，亟待相关权威部门调查。

2. 谴责医疗欺诈之恶

一些民营医疗机构的野蛮生长，某些部队、武警医院的科室外包模式皆成为舆情引爆点。

3. 质疑监管之责和监管之失

舆论不只是声讨百度和不良医疗机构，也有对一些政府部门监管放纵的不满。

4. 拷问企业责任和伦理

质疑百度缺乏伦理和商业道德，百度商业模式饱受批评。

五、监管介入效果评估

在公布调查结果后，部分舆论认为此次调查结果主要针对百度和武警二院提出了整改要求，但对作为重要涉事一方的"莆田系"医院，调查结果却鲜有涉及。网民认为"莆田系医院分布广、势力大、医疗水平参差不齐，需卫生部门予以关注整顿"。另外值得注意的是，事件发酵初期阶段，涉事的莆田系、武警二院和监管部门均保持沉默，助长舆情发酵热度。在信息通达的时代，相关部门理当及时回应关切。

六、事件点评

（一）政府相关部门：加大监管力度，建立诊疗权威信息发布平台

一是政府有关部门加大对虚假医疗信息监管打击力度，推出专门督查组；二是完善互联网广告相关法律法规，尽快对"网络推广"予以定性，避免制度缺失给一些企业违法行为提供可乘之机；三是建立权威发布平台与医疗诊治信息官方查询途径，让民众走出病急乱投医的无助；四是对莆田系民办医院加强监管，建议工商、纪检、司法等部门联手在全国范围对医疗系统进行科室外包专项整治，彻底铲除医疗肌体"毒瘤"。

（二）互联网企业：增强行业自律，勇担社会责任

一方面，互联网企业要加强行业自律，完善内部审核机制，特别是对涉医疗健康等话题应建立更高的审核标准，坚决避免类似事件再度发生；另一方面，互联网龙头企业应勇于承担更大社会责任，如设立公益基金，

用于网络权益保障和及时赔付，体现共享经济内涵，缓和商业资本和社会伦理的矛盾。

（三）社会公众：提高信息辨别力，积极行使监督权

近日，北京市卫计委相关负责人表示，如市民发现在京的地方医疗机构存在科室外包行为，市卫计委将会严肃查处，欢迎社会各界投诉。网民纷纷表态支持，认为魏则西事件给公众带来启示：一方面提升对网络信息的甄别力，"网络信息鱼龙混杂，特别是医疗等关乎生命健康的信息要谨慎辨别，应克服病急乱投医的心理"；另一方面，民众要积极行使监督权，"对网络乱象的治理人人有责"。

第二节 "董金狮"人物舆情分析

一、人物简介

董金狮，男，1963年出生，陕西省大荔县人。1982年，考入西北大学化学系；1986年，考入中国科学院生态环境研究中心攻读环境化学专业研究生；1989年至1995年，在铁道部劳动卫生研究所工作，主要从事环保餐具的研究与开发；1996年，组织成立北京凯发环保技术咨询中心，任中心主任（法人代表），主要从事各种环保包装材料的研究开发、产品检测服务、各种废旧塑料回收再生利用技术及打假维权等工作。但渐渐地，"打假维权"工作变了味，董金狮"食品卫士"的黄金外衣变成了收取企业"保护费""好处费"的敲门砖。

历时两年调查取证，曾经的"食品安全卫士""中国环保第一人"董金狮涉嫌敲诈勒索罪一案终于有了初步结果。2016年4月27日，江苏常州市钟楼区法院一审判决董金狮敲诈勒索罪罪名成立，涉案金额约为650万元，判决董金狮有期徒刑14年。

二、舆情演化过程

（一）整体热度分析

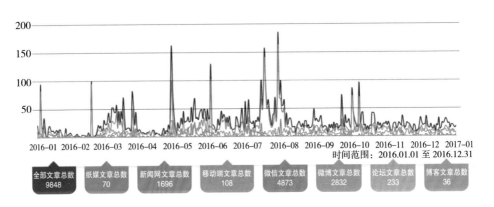

图 7-2-1 "董金狮事件"舆情热度变化图

从媒体关注度来看，与"董金狮事件"相关的舆情总体呈现"多峰值"和"持续久"的发展特征。

（二）传播阶段分析

1. 第一阶段：传统媒体发力引发舆论聚焦

2016 年 3 月 26 日，新华社发布报道《热衷"国字头"的山寨社团唬了多少人》，《山西日报》等多家媒体转载刊登，报道中指出的"山寨"社团名单包括"国际食品包装协会"，而此前公安部在其主办的"2015 食品药品安全刑事保护论坛"上，曾公开通报了国际食品包装协会常务副会长兼秘书长董金狮涉嫌敲诈勒索案，董金狮这个头顶"环境化学专家""食品安全专家"等诸多荣誉光环的媒体知名人物以另外一种身份重新获得媒体的关注。而在以微博、微信为代表的新媒体传播空间中，董金狮仍旧以"食品安全专家"的形象见诸各媒体端。

2. 第二阶段：传统媒体持续跟进关注

2016 年 4 月 28 日，《北京晚报》刊登题为《董金狮的另类"打黑"路》

的报道，"董金狮于 2009 年 8 月至 2014 年 5 月期间，指使被告人侯剑锋、邢联中、张金禄等利用'国际食品包装协会'的名义，先后在北京、江苏、河北、广东等地，以举报、曝光企业生产国家明令淘汰的一次性发泡塑料餐具或者质量不合格产品相威胁，迫使企业交纳'咨询服务费'和'保证金'"。

同时报道中指出，董金狮还拥有诸多看似显赫的社会头衔，其微博简介中，自称为"著名食品安全专家、环保专家、全国健康传播风尚人物、打假维权斗士、教授、国际食品包装协会常务副会长兼秘书长……"。有媒体统计，董金狮拥有的头衔超过 50 个，甚至有媒体称其为"中国环保第一人""中国科学维权第一人"，其发表过的观点，也涵盖发泡餐具、方便面、勾兑饮品、散装油、转基因等多个领域。但此时传统媒体所刊发的报道并没有有效起到舆论引导作用，在新媒体舆论场，仍然充斥着"食品安全专家"董金狮的各种"高谈阔论"。

3. 第三阶段：事件后续发展

被曝光后，作为"专家"，董金狮依然活跃在舆论场中"指点江山"，在当事人董金狮被司法机关依法判刑并收监之后，其依存于网络空间中，并接受各种媒体采访，这是无比滑稽且荒谬的。

三、传播主体分析

（一）报道趋势

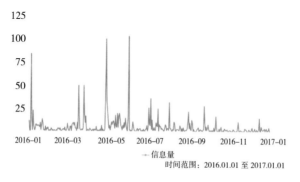

图 7-2-2　"董金狮事件"媒体相关报道趋势

对于董金狮的报道贯穿全年，多个报道高峰的出现与媒体报道董金狮涉嫌敲诈勒索案的时间节点一致。

（二）报道媒体统计

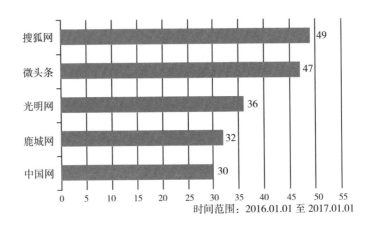

时间范围：2016.01.01 至 2017.01.01

图 7-2-3　"董金狮事件"媒体报道统计

在董金狮的报道中，搜狐网、微头条等新媒体汇聚、传播信息较多，但内容多是涉及以"专家"自居的董金狮在向公众传递伪科学知识。

四、关涉机构分析

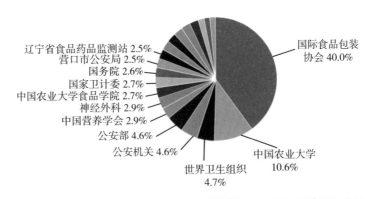

时间范围：2016.01.01 至 2017.01.01

图 7-2-4　"董金狮事件"关涉机构分析图

从事件报道关涉主体统计分析来看，"国际食品包装协会"出镜率最高，董金狮接受众多媒体采访时也是以"国际食品包装协会常务副会长兼秘书长"的头衔出现在公众视野，而这一机构正在民政部公布的"离岸社团""山寨社团"名单之列。与董金狮敲诈勒索案件相关的"公安机关""公安部"占比不到 10%。

五、传播现象分析

董金狮入狱前经常出镜的媒体包括北京卫视《生活面对面》、湖北卫视《饮食养生汇》、辽宁卫视《健康道》、黑龙江卫视《养生幸福家》、凤凰卫视《一席一虎谈》以及多家权威报纸、杂志等。另外，董金狮还就塑料袋标准问题、吸管问题、垃圾分类问题接受过新华社的采访。为什么一个没有专业背景的伪专家可以"吃遍"媒体十余年？互联网时代，传统媒体"把关人"角色本应是传统媒体的优势所在，然而在对收视率的追求，市场压力的挤压下，不少媒体放弃对新闻内容的谨慎核实，致使"把关"作用缺失，对媒体公信力造成不可弥补的损害。

另外值得注意的是，截至 2017 年 3 月 17 日，董金狮在搜狗百科、百度百科中的介绍仍是"著名环境化学专家、食品安全专家，国际食品包装协会常务副会长兼秘书长，多所高校客座教授或兼职教授"。

六、事件点评

虚构虚假社团，以专家身份自诩，借助大众媒介与新媒体传播，董金狮成功完成了"用伪科学打击科学"的愚昧公众的游戏，而这期间，遭受损失的不仅仅是被收取"保护费"的企业，更是脆弱的食品健康传播体系，敏感的公众食品安全神经。最终，公众对食品安全的信心防线也有瓦解的风险。

应该认识到，一方面由于政府部门缺位，权威专家又不愿面对媒体，怕说错话惹火上身，正确的科学常识没有得到广泛普及，没有科学依据的误导信息却大肆传播。另一方面，在媒介化社会背景下，传播食品安全知识不仅需要具有官方背景的权威主流媒体，更需要社会化媒体的广泛参与。只有最大限度推动食品安全知识的传播与普及，才能共同垒砌食品安全的"防火墙"。

曾经的食品打假卫士变成敲诈勒索罪犯，"打假"专家被"打假"引发网民高度关注，对于董金狮这类"伪专家"为何层出不穷且屡屡得手，值得政府、媒体、行业协会深刻反思。不少网民质疑"为什么一个没有专业背景的伪专家可以吃遍媒体十余年"，传统媒体把关责任缺失、公信力下降；互联网平台社会责任担当缺失，"价值理性"为何让位于"工具理性"引发网民思考。

🔍 第三节 "岳国君"人物舆情分析

一、人物简介

岳国君，男，吉林农安靠山人，1963 年出生。毕业于哈尔滨工业大学环境工程系，获硕士学位。2015 年 12 月被增选为中国工程院环境与轻纺工程学部院士。

2016 年 7 月 9 日，在生态文明贵阳国际论坛分论坛"大数据时代的食品安全"上，岳国君表示由于政府对食品安全的监管越来越严，当前已是历史上中国食品最安全的阶段，但是，随着社会发展，民众生活水平的不断提高，人们对食品安全的期待也在不断上升，国家食品安全标准也在不断严格，所以，食品安全永远"在路上"。然而，这一表述在微博、微信等自媒体上传播时，只被截取前半部分，岳国君所提到的"随着社会发展……"内容缺失。而这一缺失不仅使公众曲解了岳国君的表述原意，也使得岳国君面临自媒体空间舆论的"声讨"。

二、舆情演化过程

（一）整体热度分析

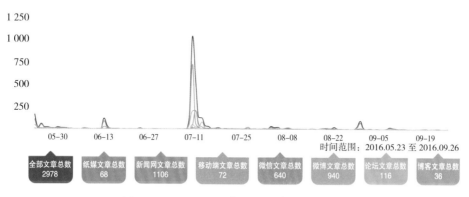

图 7-3-1 "岳国君事件"舆情热度变化图

从 2016 年全年来看，岳国君相关舆情事件包括一系列"次数多""时间短""影响小"的事件，其中报道量较多的事件包括：① 5 月 23 日，岳国君等专家接受《经济日报》采访，探讨我国粮食供给阶段性结构性过剩的问题；② 6 月 12 日，岳国君在《经济日报》探讨生物技术的飞速发展给玉米深加工行业带来的发展空间；③ 8 月 30 日，岳国君在"2016 东北振兴论坛"上发言，谈论如何振兴东北经济，如何"让东北农民再种出一个大庆"。

除了上述三次事件外，引发舆情的"岳国君事件"则是 7 月 9 日，岳国君在生态文明贵阳国际论坛 2016 年年会上"当前已是历史上中国食品最安全的阶段"的观点引发了舆论的激烈回应，这一时间点舆情呈现"峰值高""持续时间较长"的发展特征。

（二）传播阶段分析

图 7-3-2 "岳国君事件"传播渠道分析图

1. 第一阶段：新闻发布

7月9日晚，中国新闻网发布新闻《中国食药监总局副局长：食品添加剂不是"猛虎"》，报道了国家食品药品监督管理总局时任副局长滕佳材呼吁民众科学认识食品添加剂，同时提到了岳国君认为"由于政府对食品安全的监管越来越严，当前已是历史上中国食品最安全的阶段，但是，随着社会发展，民众生活水平的不断提高，人们对食品安全的期待也在不断上升，国家食品安全标准也在不断严格，所以，食品安全永远'在路上'。"多家新闻网站随后以原标题进行了转载。

2. 第二阶段：关注点转移

在各大新闻网站转载该新闻的过程中，新浪网、大江网、东方网等媒体开始以"院士：当前是中国食品最安全阶段"作为新闻标题进行转载。网民对该新闻的关注点，也逐渐由对食品添加剂的关注转为对岳国君"当前已是历史上中国食品最安全的阶段"这一观点的冷嘲热讽。

3. 第三阶段：舆情爆发

@头条新闻微博账号，在7月10日早上7点41分，发布了该新闻的微博，并附上了新浪网以《院士：当前是中国食品最安全阶段》为题的报道文章链接。随后@黎教头、@财经网、@早报网等微博账号也引用了同样标题的文章发布了该新闻的相关微博。由此，以@头条新闻的微博为中心，大量网友开始转发或者评论相关微博，部分微博的转发量和评论量达到数千，新浪微博成为舆情爆发地。绝大多数的微博评论者，对"当前是中国食品最安全阶段"这一观点并不认可，且给予了严厉的批评。

4. 第四阶段：舆情消解

7月10日早上10点40分，@环球时报转发了@头条新闻的微博并附上了新闻的原标题和院士的完整原话，开始对舆情进行疏导。7月11日开始，微信公众号上开始大量出现此事件相关文章，在这些微信文章中，不乏围绕岳国君言论继续展开批评食品安全的文章，但也有许多权威媒体的微信公众号对该事件进行了客观报道且批评了部分媒体对岳国君的表述断章取义，如人民网发布文章《食药监总局副局长：食品添加剂不是"猛虎"

是必需品》；《环球时报》发布文章《又一位学者被媒体的标题党"黑"惨了……》。随着事件不断被澄清，微博网民对这一事件的关注开始减弱，舆情逐渐消散。

5. 第五阶段：事件后续发展

在舆情基本消散之后，7 月 13 日，《中国青年报》发表网评《食品安全的断言如何才能不被断章取义》指责部分媒体断章取义的报道，也对国家提升食品安全管理水平提出了期望。该文被新华网、人民网、新浪网等网站和少数微信公众号进行了转载。

（三）传播渠道分析

"岳国君事件"最初发布于新闻网站，在新浪网等网站被更改新闻标题发布后，舆论对该新闻的关注点慢慢发生转变。@头条新闻将新闻发布到微博中后，激起了微博网友的广泛讨论，舆情爆发。而随着微博网友讨论热情的减退和主流媒体发文澄清事实，舆情事件逐渐平息。

1. 传统媒体

随着媒体形式的多样化，传统媒体的传播权威地位和影响力出现了一定程度的下降。但在"岳国君事件"中，既看到了传统媒体在议程设置上的巨大影响力，也看到了传统媒体在舆情爆发之后的纠偏与引导。由中国新闻网首先发布的《中国食药监总局副局长：食品添加剂不是"猛虎"》，成为各大新闻网站转载的新闻来源，成为事件发生第一时间内唯一的新闻内容。这强有力地反映了传统新闻媒体在新闻生产、新闻发布环节的权威地位。然而，当这则新闻被断章取义地描绘成岳国君院士对当前中国食品安全做出的绝对评判，当舆情开始在微博迅速爆发时，作为信息源头的中国新闻网并未积极发声，但人民网、《环球时报》等传统媒体，开始在微博、微信等平台发布文章澄清原文章标题和岳国君院士的完整观点，对舆情开始进行疏导、纠偏，也使得舆情事件逐渐平息。

2. 自媒体

微博成为该事件舆情爆发的平台。当@头条新闻、@财经网、@早报网、@Vista 看天下等媒体发布了相关微博并附上了新闻报道后，迅速引发了大

V 和个体用户的参与讨论。参与该事件的微博用户，以 @ 头条新闻发布的微博为中心，在短短几小时内进行了数千次的评论和转发。绝大部分的微博评论，言辞中充斥着激烈的谩骂与批评，以"平民化"的视角，建构"院士"和"专家"群体"高高在上、虚伪的权力精英"符号形象，突出"平民"与"精英"的对立。

在 @ 环球时报转发 @ 头条新闻的微博并附上了新闻的原标题和院士的完整原话后，微博网友群体开始出现分化，观点不同的用户分别聚集在各自意见领袖的微博中，对事件进行评论。@ 头条新闻微博的评论依旧聚集着网友对"院士"群体的批评指责；而 @ 环球时报转发微博的评论中则开始有越来越多的用户讨论部分媒体为了吸引眼球，断章取义报道新闻，误导舆论。

在舆情由微博向微信平台扩展的过程中，大部分微信公众号的文章都聚焦"食品添加剂不是'猛虎'"这一话题，加之人民网和环球时报等媒体发布文章澄清事实，微信平台的自媒体没有发生激烈的舆情讨论，整个事件在自媒体平台的影响开始消弭。

三、传播主体分析

（一）报道媒体

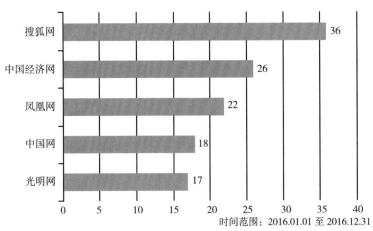

时间范围：2016.01.01 至 2016.12.31

图 7-3-3 "岳国君事件"媒体报道量统计

"岳国君事件"主要集中于新浪微博，其次是微信。来源于其他渠道的报道非常少。

（二）社交媒体意见领袖识别

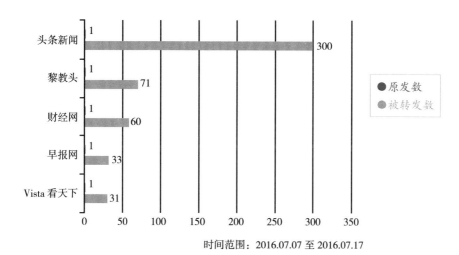

时间范围：2016.07.07 至 2016.07.17

图 7-3-4 "岳国君事件"微博意见领袖排行

微博中吸引用户关注"岳国君事件"的意见领袖主要有 @ 头条新闻、@ 黎教头、@ 财经网、@ 早报网、@Vista 看天下等。

表 7-3-1 "岳国君事件"部分微信热门文章及阅读量列表

微信公号	文章标题	阅读量
蔡慎坤	院士凭什么认定当前食品最安全？	30974
人民网	食药监总局副局长：食品添加剂不是"猛虎"是必需品	26456
环球时报	又一位学者被媒体的标题党"黑"惨了	20381

本研究整理

微信中对这一事件的关注较少，主要的意见领袖包括"蔡慎坤"个人公众号和"人民网""环球时报"等传统媒体公众号。

四、关涉主体分析

（一）关涉机构

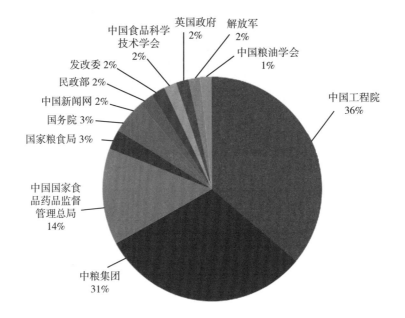

图 7-3-5　"岳国君事件"关涉机构

1. 中国工程院：院士言论被质疑，专家学者群体公信力下降

在此次事件中，直接诱发舆情产生的原因，就是部分媒体断章取义地在新闻标题中制造"院士"和"民众"的对立。

近年来，在许多公共事件的新闻报道中，有一些媒体编辑有意或无意地截取某位专家、教授或者院士等知识精英在采访中表达某一句话，而忽视观点提出的语境和论据，做成吸引眼球的"标题党"新闻，将原本很有见地的专业观点进行了"扭曲"和"污名化"。而与之对应的，网络环境也拥有着大量"看标题党"网友，这部分网民仅仅看了新闻标题和他人评论，然后就开始迫不及待地向专家"开炮"，激烈地表达自己的批评。

虽然部分不负责任的媒体恶意歪曲专家观点是这类舆情事件发生的重

要原因，但在舆情事件的背后，隐藏的是"专家"这一群体在普通民众中公信力的丧失。一方面，专家群体具有较强专业性的观点，短时间内难以被普通民众理解接受；另一方面，属于社会弱势群体的普通民众，长期以来就对"权威"持有普遍怀疑的态度，在看到与自己长期认知和亲身经历不符的新闻"标题"时，负面态度进一步强化，转成言论行为进行释放。

2.政府部门：食品安全话题刺激民众脆弱神经

民以食为天，食品安全是与所有人生活密切相关的头等大事，一直以来是舆论关注的重要领域。造成岳国君院士等专家群体观点受到舆论攻击的重要原因之一，是近年来公众对食品安全的怀疑和负面认知进一步被强化，形成根深蒂固的负面刻板印象。如果不能从根源上改变现状，这类舆情事件就会一直保持高发的状态。

（二）关涉人物分析

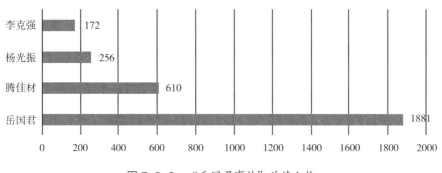

图 7-3-6 "岳国君事件"关涉人物

"岳国君事件"的主要关涉人物中，除了当事人岳国君、呼吁民众科学认识食品添加剂的国家食药监总局时任副局长滕佳材、原新闻作者杨光振之外，在2016年政府工作报告中提出"严守从农田到餐桌、从实验室到医院的每一道防线，让人民群众吃得安全、吃得放心"的李克强总理，也成为舆论关注对象。

五、监管介入效果评估

本次舆情的产生，究其根源，并不是由于发生食品安全事故，而是由于部分媒体断章取义的新闻标题扭曲了岳国君院士的观点，引起部分网友的质疑和批评。舆情在微博平台产生后，作为新闻原始来源的中国新闻网和岳国君院士本人保持了沉默，但以 @ 环球时报为代表的传统媒体迅速参与转发评论，发布了新闻原标题和院士完整观点，积极对舆情进行疏导。这次事件也再一次反映出传统媒体及时有效地回应澄清信息对化解舆情事件至关重要的作用。

六、网民关注度和态度变化

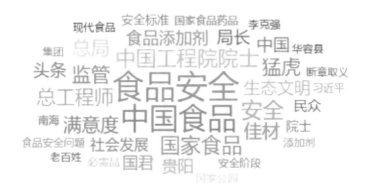

图 7-3-7 "岳国君事件"词云图

"岳国君事件"围绕着食品安全这一核心关键词，深刻反映了公众对食品安全这一与日常生活紧密相关议题的敏感程度。

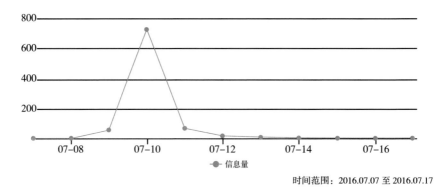

时间范围：2016.07.07 至 2016.07.17

图 7-3-8 "岳国君事件"微博关注度变化图

"岳国君事件"在微博的关注度主要集中在 7 月 10 日，整个事件持续了约 4 天的关注期，然后归于沉寂。

七、传播现象分析

"岳国君事件"的发生，实际上是公众对于食品安全问题现状担忧和对官方权威话语失信的一次舆论的集中宣泄。微博是目前社会中青年人集中的主要舆论阵地。而传统媒体虽然在新闻的采编、发布上占有相当重要的地位，但是当新闻"进入"多元化的社会化媒体中，传统主流媒体对新闻舆论引导的力量却十分微弱。由于社交媒体带来的信息发布者门槛的降低，各色传播主体都拥有了自己的信息传递渠道，也使得原本对于媒体的约束力被降低。当信息被有意或无意地扭曲，舆论的关注点悄然转变、负面的评论蜂拥而至时，部分主流媒体才"站出来"对事实予以澄清，地位被动且效果有限，也很容易引起舆论的反扑。

八、事件点评

本次"岳国君事件"的影响并不太大，但是整个事件舆情的起落，为今后类似事件的处理提供了重要的参考价值。

中国新闻网作为一家传统主流媒体的新闻网站，最先发布关于该事件的相关新闻。而一则普通的新闻中一个次要报道对象的一句话，却引发了一次舆情事件，值得人们反思其中的前因后果。

食品安全问题牵动着每一个人脆弱而敏感的神经，一次"标题党"新闻，让人联想到各色"专家"们各种各样有悖常理的"奇怪言论"，由此带来的舆论抨击，成为公众对食品安全状况怀有更高期待的缩影。

第四节 "代联明"人物舆情分析

一、人物简介

代联明，男，原四川省广安市岳池县高升小学校长。2016年5月10日，有网友在论坛发帖称，广安市岳池县高升小学校长代联明从私屠户处购买未经检验检疫的不合格猪肉给学校的老师和学生食用，并且在教师会讲话中发表不当言论，称"工作做了，做扎实了，死个把人倒没关系，问题不大"，引起舆论关注。随后岳池县教育局回应已成立调查组，对该事件进行调查。5月24日，媒体报道了县纪委对代联明作出党纪立案检查的决定、县教科体局已免去代联明高升小学校长职务的后续处理结果，再度引发舆论关注。

二、舆情演化过程

（一）整体热度分析

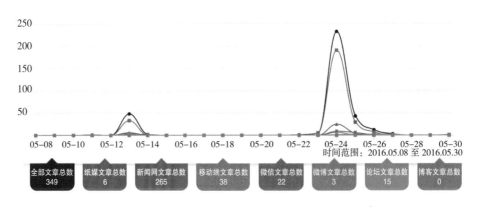

全部文章总数	纸媒文章总数	新闻网文章总数	移动端文章总数	微信文章总数	微博文章总数	论坛文章总数	博客文章总数
349	6	265	38	22	3	15	0

时间范围：2016.05.08 至 2016.05.30

图 7-4-1 "代联明"人物舆情热度变化图

从媒体关注度的变化来看，"代联明"总体舆情呈现出"持续短""峰值底"的特点，两次舆论关注的峰值分别出现在事件被披露和后续处理结果公布这两个时间节点上。

（二）传播阶段分析

图 7-4-2　"代联明事件"传播渠道分析图

1. 第一阶段：论坛帖子曝光事件

5 月 10 日上午，网友"苍蝇拍 5757"在"麻辣社区"论坛发表帖子《各得其所 贪得无厌》。该帖子曝光了广安市岳池县高升小学校长代联明，从私屠户处购买未经检验检疫的不合格猪肉给学校的老师和学生食用，其违法行为被广安市食药局查处后，在教师会讲话中发表不当言论，并上传了该教师会的视频。视频中，代联明发表了"市领导、县领导、镇领导到高升来，得了差旅费，不来就得不到几十元的差旅费，举报人得了举报奖，各得其所""工作做了，做扎实了，死个把人倒没关系，问题不大"等言论。帖子发出后，引起网友的热烈讨论。

2. 第二阶段：有关部门和媒体的跟进

在帖子发出 1 小时后，岳池县教育科技体育局在帖子下方进行了回复，感谢网友的关心关注，并表示已组织相关人员着手调查处理。5 月 13 日，《华西都市报》刊登新闻《网曝广安岳池一校长开会称："工作做扎实，死个把人没问题"》，报道了论坛中曝光的事件，并且报道了"代某"本人对事件的表态，以及教育局已成立调查组的事件进展。该报道随后被四川在线、中国网、新华网、中国青年网等新闻网站和搜狐新闻、凤凰新闻等新闻客户端转载报道。"麻辣论坛"中的原帖子也附上"已回复"的标签，并且增加了《华西都市报》报道的全文。

3. 第三阶段：事件处理结果公布，传统媒体共振

5 月 24 日，《华西都市报》刊发新闻《发表不当言论 岳池一小学校长被免职》，报道了事件的后续调查处理进展。这篇新闻说明了事件发生的具体时间、事件发生前的相关背景，调查工作组确认了代联明在教职工会上发表不当言论情况属实，县纪委已对代联明作出党纪立案检查的决定，县教科体局已免去代联明高升小学校长职务。这则报道事件处理结果的新闻

发布后，被各大新闻网站、新闻客户端转载。同时，《钱江晚报》针对这一事件，在 5 月 25 日刊发新闻评论《"死个把人问题不大"，那什么问题才算大》，该新闻评论也被网易新闻、浙江在线、人民网等多家媒体转载。

（三）传播渠道分析

"代联明事件"发起于论坛，并围绕着传统媒体的报道逐渐展开，论坛与传统媒体间报道形成共振，推动事件发展；而自媒体平台对此次舆情传播所起到的作用微乎其微。

1. 传统媒体

在这一舆情事件传播、发展的过程中，《华西都市报》无疑成为最早也是最关键的媒体。作为一家有着较强权威性和影响力的地方报纸，《华西都市报》率先对事件进行了报道，并成为后续各家新闻网站、新闻客户端转载新闻的唯一来源。在新闻报道中，《华西都市报》不仅率先报道了此次事件中代联明的"不当言论"，并且深度挖掘了代联明本人、该小学其他老师和上属单位领导对该事件的回应，同时也强调教育局已成立调查组并将公布调查结果。该报道对新闻事件进行了及时、客观的呈现，并且表明了相关部门正在负责地对事件开展调查的处理态度，对事件的性质进行了充分明确。事件清晰完整、相关责任单位诚恳负责，因而在新闻的传播过程中，舆论没有更多发酵的空间。

事件调查处理的过程中媒体适时抽身，未对调查处理的过程进行过多的揣测渲染。事件调查处理结果的公布，也是由华西都市报第一时间刊发报道，再次显现了传统媒体在对事件的深度分析和挖掘方面的显著优势。该报道对事件的具体细节、背景原因和相关责任人的处理结果都进行了详细说明。而以《钱江晚报》为代表的传统媒体，处理结果公布后及时刊发新闻评论，挖掘事件背后深度信息。

2. 自媒体

在本事件中，传统媒体主导了整个信息发布的过程，自媒体在传播过程中参与程度低、传播效果弱。@ 法制日报、@ 成都头条、@ 深蓝财经记者社区等账号将相关信息发布到微博，微信公众号平台也有一些文章发布，但都未引起自媒体大 V 账号的积极参与，也未引起大众的广泛讨论。

三、传播主体分析

（一）报道媒体

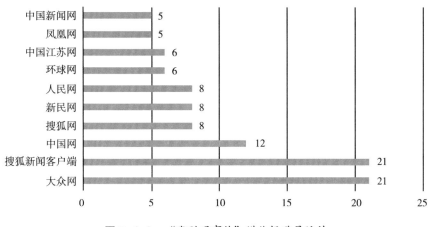

图 7-4-3　"代联明事件"媒体报道量统计

"代联明事件"的媒体报道，主要集中于各大新闻网站和客户端，微博和微信公众号等自媒体参与极少。

（二）社交媒体意见领袖识别

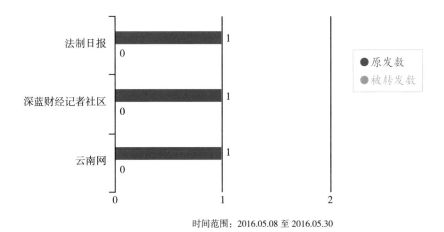

时间范围：2016.05.08 至 2016.05.30

图 7-4-4　"代联明事件"微博意见领袖排行

267

在"代联明事件"中，个别媒体将信息发布至微博，但微博用户参与讨论极少，热情并不高，无明显意见领袖。

表 7-4-1 "代联明事件"部分微信热门文章及阅读量列表

微信公号	文章标题	阅读量
四川圈	网曝四川一校长开会称："工作做扎实，死个把人没问题"！	9347
岳池热线	岳池一小学校长开会称死个把人没问题	8378
广安日报	后续：广安"死个把人没问题"小学校长被免职！	3758
广安在线	岳池小学校长开会竟然这样说：工作做扎实了，死个把人没问题！	3466

本研究整理

微信中对该事件予以关注的公众号同样较少，所发布文章均是照搬《华西都市报》的两则新闻报道，且文章阅读量少，无明显的意见领袖出现。

四、关涉主体分析

（一）关涉机构

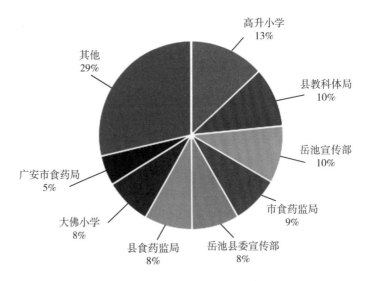

图 7-4-5 "代联明事件"关涉机构

1. 高升小学：校长漠视学生生命安全遭批评

近年来校园暴力事件时有发生，包括教师体罚学生、学生殴打教师、学生之间的欺凌在内的校园事件，使得校园成为舆情敏感区。在此次事件中，身为小学校长的代联明口出"雷语"，因而成为舆论关注的焦点。校长是一个学校的核心领导人物，身担重责，应谨慎自己的言行，即使会议中带有个人情绪，也不该说出"工作做了，做扎实了，死个把人倒没有关系，问题不大"这样的"雷语"。公众所质疑的，是一个视学生生命如草芥、对生命都缺乏敬畏的校长，如何能保障学校学生安全？一个个人道德素质缺乏的教育者，如何担负起教书育人，帮助学生树立正确人生观、价值观的重任？

而在事件的背后，则引发了公众对公权力缺乏约束的担忧。掌握权力的领导干部缺乏约束，想说什么说什么，想做什么做什么，自认为无人敢反驳、无人敢阻挠，进而为所欲为。当公权力行为被漠视生命的意识所支配，践踏生命的现象就很难被遏制了。

2. 政府部门：第一时间介入调查，舆论失去发酵空间

在网友"苍蝇拍5757"在论坛中发布问政帖子一个小时后，作为政府部门代表的岳池县教育科技体育局就在帖子下方进行了回复。相关部门发现问题不推脱、不逃避，第一时间组织相关人员调查核实事实真相，反应迅速而得当，最大限度地压缩了舆情发酵的空间。

关于事件的最新进展和调查结果，政府都交由当地具有相当公信力和影响力的《华西都市报》进行发布。该媒体将此事件清晰、客观、公正地进行了报道。第一时间对事件进行定论，最大限度地减少了信息传播过程中不确定性所可能引发的流言滋生和舆情扩散。政府部门和媒体成功合作，有效地缩小了舆论的发酵空间，最大限度地减少了负面舆论的聚集。

（二）关涉人物分析

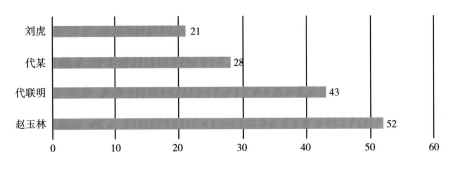

图 7-4-6 "代联明事件"关涉人物

"代联明事件"舆情的发展，紧紧围绕着新闻中的一系列关键人物：当事人"代某"代联明、岳池县教科体局局长赵玉林以及新闻原作者刘虎。

五、监管介入效果评估

"代联明"事件曝光后不久，有关部门就在第一时间给曝光该事件的网友予以回复，并组织相关人员开展调查。同时，相关单位和人员积极配合当地权威的纸质媒体的采访调查，媒体在合适的时机对事件的细节和后续处理结果都进行了详细的报道，最大限度地减少了信息的不确定性，减小了流言滋生的空间，使得舆情的传播未进入鱼龙混杂、谣言滋生的社交媒体，将其限制在相对可控的主流媒体新闻网站和客户端中，舆情的处置较为成功。

六、传播关键词

"代联明事件"中网民最为关注的是当事人"小学校长"的身份及其"不当言论"。事件发生后有关部门对事件进行调查核实，及时公布了对代联明免职和党纪立案检查的处理结果。

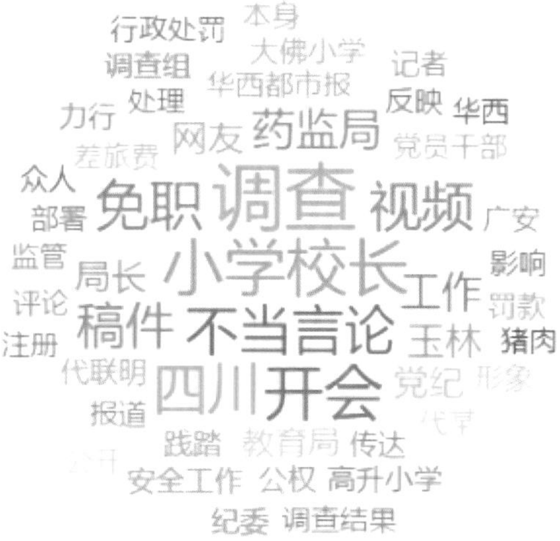

图 7-4-7 "代联明事件"词云图

七、传播现象分析

校园问题，是关乎着学生群体教育和健康成长的重要领域，与每个人的生活息息相关，也是舆情事件高危领域之一。"代联明事件"舆情的产生，源于网友曝光代联明校长在某次会议上言论不当的行为。舆情主要的关注点，在于代联明的"校长"身份与其"死个把人倒没有关系"的漠视学生安全的"雷语"之间的冲突，以及隐藏在言论不当行为背后，潜在的领导干部公权力泛滥、为所欲为的问题。同时，以学生为代表的青少年人群，又是社交媒体高度关注的人群，倘若舆情处置不得当，舆情蔓延至微博微信等社交媒体，引发网友对事件猜测、深挖或是联想已发生的其他校园暴力事件，容易导致舆情事件的进一步扩大、失控。

八、事件点评

"代联明事件"的舆情发生在校园事件这一舆情高危区，极易引发以学生为代表的青少年人群在社交媒体平台传递流言，导致舆情的发酵与扩散。

幸而地方政府有关部门在该事件的处理上及时、得当，有效控制了舆情的蔓延，为今后类似事件的处理提供了重要的参考价值。

随着互联网时代信息发布渠道的多样化发展，信息的来源分散在互联网的各个角落，同时原本普通的民众被"赋权"，能够及时发声对权力进行监督。本次事件最初曝光于地方论坛，相比微博，从帖子发出到官方回复这段"真空期"内，事件引起的关注相对较弱。而在岳池县教育科技体育局对帖子进行回复，以及积极配合《华西都市报》刊载了客观、清晰的报道后，有关部门在第一时间阐明了自己不逃避、不推脱、调查到底的负责任态度，官方充分掌握了事件的主动权。在后续的调查中，没有更多舆论进行阻挠渲染，事件调查结果的处理和发布，也由政府部门再次配合《华西都市报》进行刊载。在舆情发展的过程中，几乎所有的传播内容都基于《华西都市报》所刊内容，舆情由传统媒体进行引导并限制在传统媒体之间。媒体对该事件的报道、反思和对地方政府善意的批评，为地方政府和党员干部敲响了警钟，起到了舆论监督应有的正面效果。事件处置妥当后，舆情也迅速消退。

第五节 "张敬贵"人物舆情分析

一、人物简介

张敬贵，男，原山东省莱芜市医药公司总经理、党委副书记。2015 年 12 月 31 日，张敬贵因涉嫌严重违纪，接受组织调查。2016 年 2 月，张敬贵因严重违反政治纪律、组织纪律、廉洁纪律、群众纪律，被开除党籍、开除公职，其涉嫌犯罪问题及线索被移送司法机关处理。

早在 2012 年，莱芜市纪委根据群众举报，就查明张敬贵等人违规入股贵都商城从事营利性经营活动的问题，并责令张敬贵等人退出所持的全部股份。张敬贵不但不收手，反而变本加厉。张敬贵使出各种手段，对抗组织调查。2013 年 3 月，山东省医药集团任命张敬贵为省医药集团公司总经理助理，他多次在公开或私下场合向其心腹表示不愿离开莱芜。在其暗示唆使下，他的心腹胁迫利诱公司中层以上管理人员 60 余人到山东省国资委"上访"。最终，省医药集团多方面考虑，决定张敬贵继续留任莱芜市医药公司总经理。2014 年 3 月，因债务纠纷，莱芜市医药公司处置在山东益寿堂公司和莱芜益寿堂公司持有的国有股权。张敬贵等人借此机会瞒天过海，隐匿这两家公司 4100 多万元的利润，通过评估稀释国有股权，仅以 542 万余元的低价将国有股权购入。此外，他还采取把国有资产低价转让、低价出租给自己持股的企业等方式，造成 2000 余万元国有资产流失。

二、舆情演化过程

（一）整体热度分析

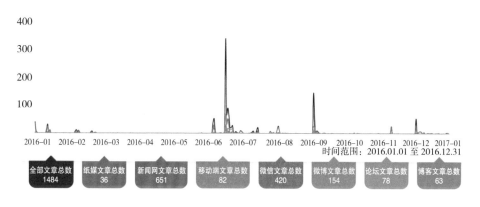

图 7-5-1　"张敬贵事件"舆情热度变化图

从上图可以看出，舆论对"张敬贵事件"的关注断断续续地持续了一整年，呈现出"大周期""小爆发"的特点。其中两次舆论关注的峰值，一次出现在媒体报道张敬贵违法违纪行为细节内容时，一次出现在媒体评价其他官员并以张敬贵作为反面典型时。

（二）传播阶段分析

图 7-5-2 "张敬贵事件"传播渠道分析图

1. 第一阶段：张敬贵涉嫌严重违纪接受组织调查

2015 年 12 月 31 日，山东省纪委监察厅网站发布了一则简短消息，莱芜市医药公司总经理、党委副书记张敬贵涉嫌严重违纪接受组织调查。该短讯被齐鲁网、人民网、新浪山东站、大众网等多家媒体转载。舆论对张敬贵事件的关注拉开序幕。

2. 第二阶段：媒体持续跟进事件进展，舆论预热

2016 年 2 月 5 日，山东省纪委监察厅网站公布莱芜市纪委对张敬贵的调查处理结果，对张敬贵严重违反政治纪律、组织纪律、廉洁纪律，滥用职权、谋取个人利益的行为进行了说明，并对其严重违纪行为作出开除党籍处分、收缴违纪所得的处理决定，将其涉嫌犯罪问题移送司法机关依法处理。2 月 20 日，《齐鲁晚报》报道了莱城区人民检察院对张敬贵涉嫌贪污罪、受贿罪立案侦查的消息。这两则新闻发出后，各大新闻网站对其进行转载报道，媒体对事件后续处理的持续关注，让张敬贵为公众、媒体、司法机关、纪律检查机关等所熟知，为之后舆情的爆发进行了预热。

3. 第三阶段：事件树立为反面典型，舆论关注量激增

《中国纪检监察报》6 月 5 日第三版头条刊发了新闻评论《贪图私利屡破纪 疯狂对抗必覆灭》，对张敬贵用国有企业资金入股个人控制的私营企业、胁迫公司中层以上管理人员聚众闹事、订立攻守同盟对抗组织审查等违法违纪具体行为进行报道评论。6 月 16 日，又在头版刊登文章《腐树挪窝与马桶效应》，再度对张敬贵因坐地敛财和害怕东窗事发对抗组织调离任命的行为予以评论。

《中国纪检监察报》对张敬贵事件的两次重点报道，将其从地方处级领导干部严重的违法违纪行为，树立为全国范围内党员领导干部的违法违纪反面典型予以严肃批评，因而舆论对其的关注度飙升。新闻媒体除了对《中国纪

检监察报》的报道进行大量转发外，还陆续发表了对该事件的评论，其中新京报发表在网站和旗下微信公众号"政事儿"的文章《"不愿升官"背后的猫腻》吸引了大量的关注，同时也被多家媒体转载，舆论的波及范围迅速扩大。

4. 第四阶段：事件余波不断，舆论仍未停息

"张敬贵事件"的舆论在 6 月发生爆发后，逐渐退热，但已被树立为全国反面典型的张敬贵，在之后其他事件的曝光中，成为新闻评论热引的反面人物之一，舆论余波不断。

7 月 14 日大众网发布新闻《田庄、韩吉顺等 15 人涉嫌职务犯罪被依法追究》对近期涉嫌职务犯罪的人员进行梳理，多家新闻网站对该报道进行了转载；8 月 1 日，大量微信公众号发布文章《7 月，63 起受贿、行贿等腐败案件！》，对人民检察院案件信息公开网 7 月份案件信息公示情况进行梳理。张敬贵及相关事件作为其中一员，被这两篇报道提及。9 月 2 日《中国纪检监察报》发布刊登文章《对抗组织审查是错上加错》，12 月 2 日刊发文章《领导干部对党员不能颐指气使》，两篇文章中都将张敬贵作为反面典型案例之一予以严肃批评，警示广大党员领导干部端正思想观念、坚守道德和纪律底线。

由此看来，虽然"张敬贵事件"总体上的舆情已经逐渐削弱。但由于其已被树立为典型案例，当事件有了新的处理进展，或是全国范围内有类似的案件发生时，这一事件又将再度被舆论翻出进行讨论，该事件舆情都将在长时间内余波不断。

（三）传播渠道分析

"张敬贵事件"发起于省纪委监察厅网站消息，传统媒体和纪委监察厅网站消息持续跟进扩大传播，后由《中国纪检监察报》凭借其极高的权威性和影响力，将案件树立为全国范围内的反面典型进行评论，由此点燃舆情，引起纸媒、新闻网站和微信公众号对事件的长时间、持续性的关注和评论。

1. 传统媒体

在"张敬贵事件"的舆情传播中，传统媒体主导了整个舆论事件的发展进度和未来走向。传统媒体依托自身影响力和权威度，对事件进行持续信息挖掘和深入报道分析，成为将纪委监察部门所公布信息引向大众的重

要渠道。其中，《中国纪检监察报》更是成为把事件推向更高舆论高度的核心媒体。在该事件由地方小事件上升为全国的反面典型后，传统媒体围绕贪污腐败、滥用职权、对抗组织审查等议题发表《对抗组织审查是错上加错》《领导干部对党员不能颐指气使》《"不愿升官"背后的猫腻》等多篇评论文章，为广大党员领导干部敲响警钟。

2. 自媒体

在本次事件中，以微信公众号为代表的自媒体，在传统媒体点燃舆情后，也对该事件予以了较多关注，起到了协助主流媒体传播的作用。几乎所有的微信公众号都是转发来自各大新闻网站的新闻报道和新闻评论，几乎没有原创文章内容的发布。由于参与传播的微信公众号众多，也将各传统媒体的观点扩大到更广泛的受众群体，扩大了事件的影响力和舆论的参与度。而微博中也有部分个人用户和加 V 用户转发来自媒体微博的事件消息进行评论和传播，但数量十分稀少，影响力微弱。

三、传播主体分析

（一）报道媒体

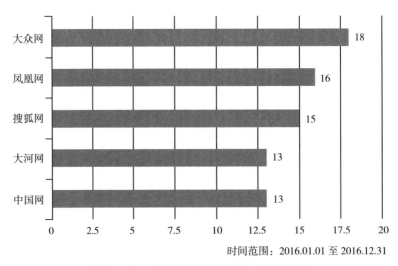

时间范围：2016.01.01 至 2016.12.31

图 7-5-3 "张敬贵事件"媒体报道量统计

"张敬贵事件"的媒体报道中，山东本地媒体大众网表现突出，针对此事件进行追踪报道。传统媒体优势在此案例中得以显现。

（二）社交媒体意见领袖识别

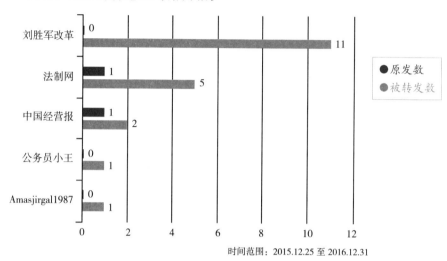

时间范围：2015.12.25 至 2016.12.31

图 7-5-4　"张敬贵事件"微博意见领袖排行

在"张敬贵事件"中，部分个人用户和加 V 用户转发来自微博的事件消息进行评论和传播，但数量十分稀少，影响力微弱，没有明显的意见领袖产生。

表 7-5-1　"张敬贵事件"部分微信热门文章及阅读量列表

微信公号	文章标题	阅读量
莱芜微生活	莱芜抓了 15 名官员，原因竟然是……(附名单)	62879
赛柏蓝	27 名医药人被检察院立案、起诉！	17046
医疗器械经销商联盟	7 月反腐名录：25 名院长，7 家械企，主任若干……	14186
莱芜日报	贪图私利屡破纪 疯狂对抗必覆灭—市医药公司原党委副书记、总经理张敬贵严重违纪问题剖析	13401
莱芜日报	市医药公司总经理张敬贵被查原因曝光！	11834
莱芜日报	重磅！莱芜市医药公司总经理张敬贵正接受组织调查！	11263

本研究整理

微信中有大量的公众号对"张敬贵事件"予以关注，这些公众号大多是莱芜本地媒体和医药行业的相关账号，所发文章也几乎没有原创内容，都是转发网络上关于此次事件的新闻报道和新闻评论。其中微信公众号"莱芜日报"对"张敬贵事件"多次发表文章并获得了较高的阅读量，在微信平台舆情传播的过程中起到了意见领袖的作用。

四、关涉主体分析

（一）关涉机构

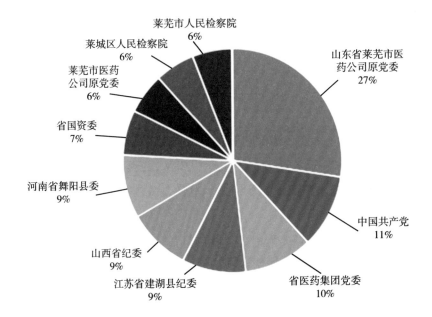

图 7-5-5　"张敬贵事件"关涉机构

1. 当事人：国有企业"一把手"领导"苍蝇式"贪腐

张敬贵本人身为莱芜市医药公司总经理、党委副书记，但却站在国企负责人的位置上做着民企发财梦，这是该事件引起媒体广泛关注的重要原因。在《中国纪检监察报》报道了处级干部张敬贵利用职务之便大肆侵吞国有资产、胁迫下属聚众闹事、对抗组织审查等的违法违纪行为的具体细节后，其目无法纪、气焰嚣张的行为引发多家媒体发文对其进行批评。张敬贵这样的"苍蝇式"腐败，反映出基层资源的垄断和基层权力运行缺乏监督，对这类官员的查处直接影响到广大百姓身边不正之风的肃清，直接关乎当地群众的切身利益，因而容易受到事件发生地舆论的广泛关注。

2. 纪委监察部门：打"苍蝇"，树典型，点燃舆论

纪委监察部门对张敬贵的严厉查处、树立典型，使该事件走出地方，真正点燃了舆论对事件的探讨反思。党的十八大以来，中央坚持全面从严治党，强化党内监督，坚持"老虎""苍蝇"一起打，坚决查处领导干部违纪违法案件，把权力关进制度的笼子里。地方官员官职虽小但作案疯狂，涉案金额巨大，影响极为恶劣，其中征地拆迁、矿产资源开发、学校办学、医疗服务、食品药品等领域更是成为基层贪腐重灾区。这类官员直接侵害了群众利益，严重损害着党群干群关系，动摇党的执政基础。"张敬贵事件"的查处，受到了纪委监察部门的格外关注，将这一事件上升为全国层面的反面典型，形成威慑的力量警示党员领导干部群体，从而正式点燃了舆论对该事件的关注，使得各方报道评论纷纷援引，舆情经久不息。

（二）关涉人物分析

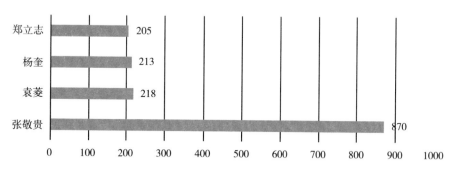

图7-5-6 "张敬贵事件"关涉人物

媒体在评论张敬贵等官员的落马事件时，通常也引用类似的案例作为例证。在"张敬贵事件"中，舆情关注的主要人物，除了事件当事人张敬贵，还包括一系列因为违法违纪被查出的官员，如四川省蓬安县委原书记袁菱、贵州省纳雍县原副县长杨奎、福建省南平市建阳区农业局原副局长郑立志等。

五、监管介入效果评估

"张敬贵事件"的信息传播，是完全由纪检监察部门和传统媒体主导的。事件信息的最早发布、细节信息曝光和深度挖掘评论，最关键的传播者都是纪检监察部门和相关权威媒体。来自官方的信息一经发布就占据了舆论的绝对主流，其他媒体网站和自媒体平台几乎都是对官方公布的信息进行转载，传播的信息明确而清晰，减小了流言滋生的可能性。而主流媒体所主导的对该事件的舆论关注，未发生恶意曲解官方信息的情况，舆情的发生和减弱都较为平稳。

六、传播关键词与传播现象分析

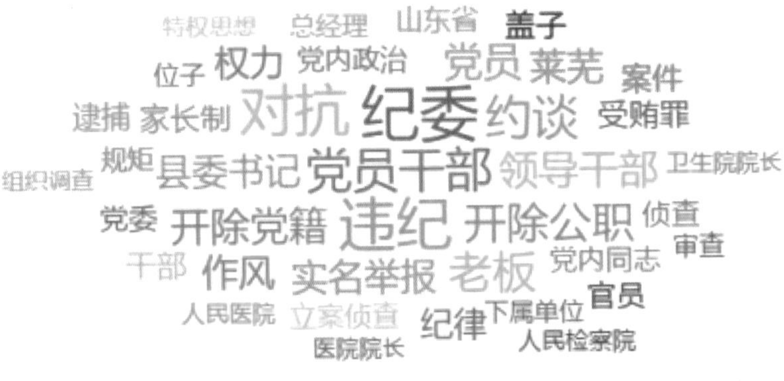

图 7-5-7 "张敬贵事件"词云图

"张敬贵事件"围绕着纪委监察部门对当事人违法违纪行为的查处而展开。张敬贵违法违纪的具体细节、对当事人的处理决定等内容，都成为舆论讨论的核心问题。

医药领域是直接关乎百姓身体健康的重要领域，而医药领域同时又是基层贪腐高发的重灾区之一，因而格外受到舆论关注。因此"张敬贵事件"的曝光，受到事件发生地方媒体和民众的重点关注。该事件从始至终由官方主导舆论的发展方向，遵循着"纪检部门发布信息—报网媒体互动传播信息—传统媒体引导舆情讨论"的传播路径，舆论讨论稳定而持续。而其中《中国纪检监察报》的介入，直接使该事件由地方事件上升为全国范围内的反面典型，极大地扩大了事件的传播范围和影响力。

七、事件点评

在本次事件中，传统主流媒体的权威性和影响力再次得以彰显。虽然近年来新媒体的迅速发展对传统主流媒体造成了一定程度的冲击，但传统媒体长时间积累的权威性和影响力仍旧是不可替代的。在中国的媒介体制下，官方媒体所发表的观点常被公众认为是表达了其背后主管单位的观点和态度。在本次事件中，《中国纪检监察报》介入并刊发多个评论文章，反映了中央纪委和监察部对于事件的高度关注，将此次事件由一个地方处级干部的违纪违法事件，上升为"苍蝇式"腐败官员的典型进行处理，彰显了中央纪委监察部门对全面从严治党、强化党内监督的贯彻落实，对违法违纪的党员领导干部"零容忍"查处的决心。

同时，随着近年来连续查处了大量"老虎"和"苍蝇"，社交媒体舆论对于"苍蝇"官员落马的关注度由强逐渐减弱。反腐是民心所向，在该议题上起引导作用的主流媒体所设置的报道议程，与社交媒体舆论高度吻合，社交媒体舆论表现出对传统媒体议程设置的信任，逐渐抽离自身的关注度开始"离场"，这也是反腐进入常态化阶段在舆论场中的反映。

🔲 第六节　"雷明奎"人物舆情分析

一、人物简介

雷明奎，男，曾任河南省汝南县食品药品监督管理局局长。2016 年 11 月 18 日中午，雷明奎和汝南县安监局原党组书记、局长赖燕，县质监局原党组书记、局长胡玉明，县编办原主任陈朝阳，县工商局党组书记、局长张涛，孝镇党委书记刘红建，司机赵孟华，段云涛共八人在工作日午间违规饮酒。期间，赖燕、胡玉明、陈朝阳、雷明奎四人饮用劲酒，致使雷明奎酒后身体严重不适，经抢救无效死亡。

事件发生后，汝南县当即召开县委常委会，决定对参与就餐人员全部停职检查并立案调查，成立事件处置工作组，对事件进行善后处理。经调查，参与就餐的国家工作人员均受到严肃处理。

二、舆情演化过程

（一）整体热度分析

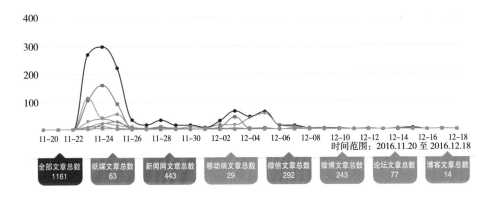

图 7-6-1　"雷明奎事件"舆情热度变化图

从上图可以看出，"雷明奎事件"的相关舆情维持了约 15 天，持续时间较长、影响范围较广，吸引了新闻网站和社交媒体平台的舆论讨论。

（二）传播阶段分析

图 7-6-2　"雷明奎事件"传播渠道分析图

1. 第一阶段：事件通报，引起舆论聚焦

2016 年 11 月 23 日，汝南县委宣传部通报了 11 月 18 日中午，6 名基层干部携 2 名司机工作日午间聚餐，其中 4 人饮酒，汝南县食药监局局长雷明奎酒后身体严重不适，经抢救无效死亡的消息，以及对其他 7 名当事人的处分决定。通报发出后，迅速引发舆论热议，《新京报》、新华社等媒体发布新闻《河南汝南县一局长中午聚餐饮酒致死同桌 7 人被处分》，第一时间对该事件进行了报道。之后央广网发布《河南汝南一局长聚餐饮酒后死亡 同桌 3 人遭撤职》，披露了更多的事件细节。腾讯网、搜狐新闻、一点资讯、ZAKER 客户端等在内的多家新闻网站和新闻客户端也迅速对事件相关新闻进行了转载报道。几乎同时，新浪微博、微信公众号、百度贴吧、华声论坛等地也开始出现相关事件新闻报道，舆情在全网瞬间爆发。

传统媒体不断报道事件的更多信息并发布新闻评论，新媒体平台的大量网友随即展开讨论。《正风肃纪任重道远，局长饮酒身亡暴露啥？》《局长中午聚餐醉死，太不小心了》等评论文章发出后，更是激起了网友对公务员工作期间违规饮酒、领导干部公款吃喝、酒桌文化陋习等诸多议题的热烈讨论，传统媒体和社交媒体形成舆论"共振"，使得该事件的第一波舆情持续了约 4 天才逐渐消退。

2. 第二阶段：后续深度报道发出，关注度反弹

12 月 3 日，澎湃新闻发布文章《"致命酒局"后的河南汝南：公务员饮酒需报备，餐饮业骤冷》，深入河南汝南调查采访，高度还原了几位当事人的信息和"雷明奎事件"当天的详细经过，并且报道了事件过后汝南县开展的"饮酒报备制度"和"正风肃纪集中整治"活动，以及由此带来的餐饮业骤冷现象。

该文章发布后，迅速被网易新闻、环球网、中国网等媒体转载。之后的两天中，大量微信公众号陆陆续续加入了对该新闻转载的队伍，原本渐渐平息的"雷明奎事件"再次被舆论讨论，产生了持续时间约 3 天的关注度反弹。之后舆论关注度减少，"雷明奎事件"舆情正式结束。

（三）传播渠道分析

"雷明奎事件"发起于汝南县委宣传部的官方通报，《新京报》、新华社等多家媒体进行报道后，事件相关信息迅速蔓延至各大新闻网站、移动新闻客户端、微博、微信、百度贴吧等平台，一时间激起了舆论的广泛关注。在网友热烈讨论的同时，又有更多媒体报道了该事件的更多细节并发布评论文章，传统媒体和社交媒体对事件的持续关注形成舆论"共振"，推动了事件的二次传播。

1. 传统媒体

在"雷明奎事件"舆论的产生和发酵过程中，传统媒体报道了事件信息、扩散了多方消息、发表评论进行深度分析，起着至关重要的作用，主导了舆论的关注程度和发展方向。其中澎湃新闻记者走进汝南对事件进行深度挖掘，高度还原事件发生当天的整个经过，报道了事件过后汝南县施行党员干部及公职人员饮酒报告备案制度，整个驻马店市也开始开展为期两个月的干部纪律作风整顿工作，更是使该事件的关注度二度回温，引起舆论的持续讨论。

2. 自媒体

在本次事件中，微博、论坛、微信公众号成为了事件传播过程中的重要推手，而这三种渠道表现出了不同的特点。在相关报道发出后，大量微博用户发布、转发或评论相关微博，促进了该事件在微博的迅速扩散。以@段郎说事、@爱新觉罗载勋为代表的用户也发布了事件相关微博，并聚集了一些网友展开讨论，成为微博自媒体意见领袖。而微博用户对于该事件相关微博的评论，负面情绪强烈，绝大多数是对事件当事人的讽刺批评，"为国捐躯，追封烈士""酒精考验的战士"的讽刺声音不绝于耳。总体上看微博舆情来的"快"且"急"，所有讨论集中在 23 日~25 日三天，在此之后微博平台就几乎没有新的舆论产生。

在事件发生后，也有大量用户将相关新闻报道发布至百度贴吧、天涯论坛、虎扑论坛、搜狐社区、西祠胡同等论坛，扩大了事件的传播范围，但绝大多数帖子发布后吸引了用户关注，但直接参与讨论的网民数量并不多。

与前两者不同，微信公众号在此次事件第一波舆情爆发时参与较晚，但在第二波舆情反弹后期成为舆论扩散的重要渠道之一。在第一波舆情中，大量医药行业公众号和地方生活号转载了《药监局长午间违规饮酒身亡，同桌 7 人受处分》的新闻报道，其中公众号"食药法苑""蒲公英"等转载文章阅读都超过了 1 万。在第二波舆情中，公众号"澎湃新闻"发布的《"致命酒局"后的河南汝南：公务员饮酒需报备，餐饮业骤冷》深度调查报道获得了 8 万多阅读量，在微信平台引起了非常大的关注，更多公众号参与该文章的转发，其中"人民日报"微信公众号转发突破了 10 万＋的阅读量。可以说，在整个"雷明奎事件"的舆情发展中，尤其是在第二波深度挖掘开展时，微信平台都起了非常重要的推动作用。

三、传播主体分析

（一）报道媒体

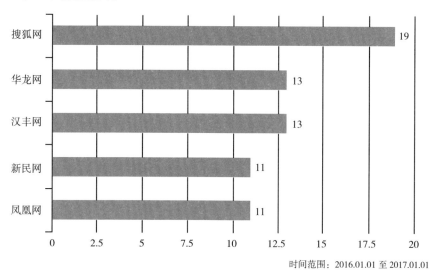

时间范围：2016.01.01 至 2017.01.01

图 7-6-3 "雷明奎事件"媒体报道量统计

"雷明奎事件"的媒体报道十分广泛，既有来源于传统媒体的一手报道和转载互动，也有来自微博、微信、论坛等平台的大量转发报道。

（二）社交媒体意见领袖识别

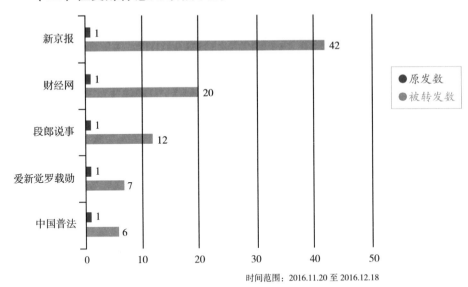

时间范围：2016.11.20 至 2016.12.18

图 7-6-4   "雷明奎事件"微博意见领袖排行

在"雷明奎事件"中，个人用户和加 V 用户发布、转发或评论来自媒体的消息参与传播，其中 @ 新京报、@ 财经网、@ 段郎说事成为事件中主要的微博意见领袖。

表 7-6-1   "雷明奎事件"部分微信热门文章及阅读量列表

微信公号	文章标题	阅读量
人民日报	"致命酒局"后的河南汝南：公务员饮酒需报备，餐饮业骤冷	100000+
澎湃新闻	"致命酒局"后的河南汝南：公务员饮酒需报备，餐饮业骤冷	80527
我们都是纪检人	河南汝南女局长的"致命酒局"：公务员饮酒需报备	46111
食药法苑	"食药监局长聚餐饮酒死亡"经过及后续风暴……	40203
蒲公英	"药监局长饮酒死亡"经过及后续风暴……	15814
半月谈	酒桌上好办事？不喝酒就没法拉近感情？禁酒令升级，再"渴"也得忍着！	14987
蒲公英	喝酒有风险！药监局长午间违规饮酒身亡，同桌 7 人受处分	14932
食药法苑	县食药监局长聚餐饮酒死亡，一同聚餐的 5 官员被处分	14069
公务员之家	"禁酒令"升级，从午间禁酒到公务活动一律不准！	12308
天中驿站	驻马店"致命酒局"全过程被曝光！要严查这些问题了	11989

本研究整理

　　本次事件中有大量的微信公众号参与到事件的传播中，其中主要的意见领袖包括"人民日报""澎湃新闻""半月谈"等媒体公众号和"我们都是纪检人""食药法苑""蒲公英"等自媒体账号。这些公众号在事件发酵过程中，尤其是在事件后期，多次发表文章并获得了非常高的阅读量，有力地推动了事件报道的二次传播。

四、关涉主体分析

（一）关涉机构

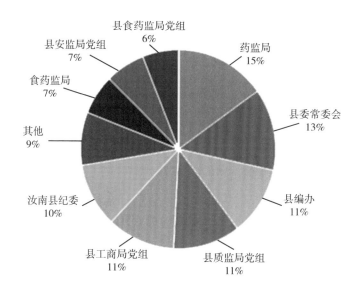

图 7-6-5　"雷明奎事件"关涉机构

1. 政府部门：干部违规饮酒问题成为舆论关注重点

　　"雷明奎事件"中，舆论关注的重点不在因饮酒而死亡的雷明奎本人身上，也不在一起饮酒而受处分的其他 7 名人员，而是对党员领导干部工作日午间饮酒问题、潜在的公款吃喝问题和酒桌文化陋习问题等议题展开了讨论。

　　2016 年 1 月 1 日《中国共产党纪律处分条例》正式实施后，全国各地陆续下发文件，禁止公务人员工作日午间饮酒，之后陆陆续续有新闻曝出各地个别人员因工作日午间违规饮酒问题受到处分。公务人员工作日午餐饮酒看似是"小问题"，实际上涉及饮酒贻误工作、酗酒滋事、违规宴请等一系列问题，严重影响了党政机关正常工作效率、损害党和政府的形象，影响十分恶劣，必须予以严惩。在此背景下，"雷明奎事件"的发生，迅速使舆论对"公务人员工作日午间饮酒"这一敏感问题展开热烈讨论。

传统媒体在对事件信息进行报道的同时，也不断发表评论对官员违规饮酒的问题进行声讨。人民网发表评论《管住公务员"酒桌文化"重在严格执法》批评官场上畸形的"酒桌办事文化"；《济南时报》发表评论《官员聚餐喝死人，处分必须找准条例》呼吁进一步完善规定、条例中对于类似违规饮酒问题的处理细则；金羊网发表评论《假如局长饮酒没有过量》要求相关部门亡羊补牢，凭有力的监管约束官员行为，靠严厉的追究问责惩治官员跑偏。而社交媒体舆论在此事件上的态度与传统媒体主流舆论方向高度吻合，但声讨的言辞更为激烈。在此类微博和微信文章的评论区，大量网友围绕官员违规宴请、酒桌文化陋习等议题进行讽刺和谩骂，并获得大量其他网友点赞认同。

这次事件中的舆论热议，折射出这类问题在部分党员领导干部中积弊已久，并引起了民众相当程度的不满，应予以高度关注。

（二）关涉人物分析

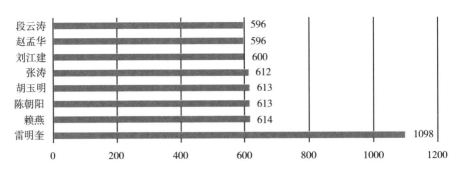

图 7-6-6 "雷明奎事件"关涉人物

"雷明奎事件"中,舆情关注的主要人物除了雷明奎本人外,参与当日中午饭局而受处分的赖燕、胡玉明、陈朝阳、张涛、刘红建、赵孟华、段云涛7人也受到了网民关注。

五、监管介入效果评估

"雷明奎事件"舆情的发展,在汝南县官方发布通报之后,完全由主流媒体主导、由社交媒体推动,舆论自由讨论。来自《新京报》《人民日报》、澎湃新闻等权威媒体的报道,详尽地还原了事件过程,并提出了对该问题的严肃批评,主流媒体和社交媒体观点合流,占据了舆论主导。事件相关人员的及时、妥当处理,也使得社交媒体中批评谩骂的声音在爆发后也迅速衰退,未造成更多负面舆论的非理性参与。

六、传播关键词

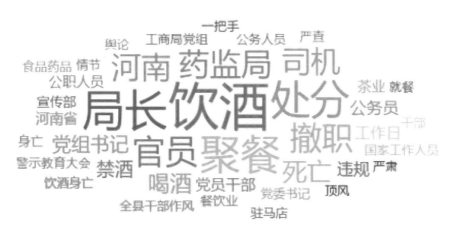

图 7-6-7 "雷明奎事件"词云图

基层食药监局局长雷明奎饮酒后死亡,相关人员因工作日午间违规饮酒问题被处分,纪委监察部门加强监管,严惩公务人员工作日午间违规饮酒问题成为舆论讨论的核心内容。

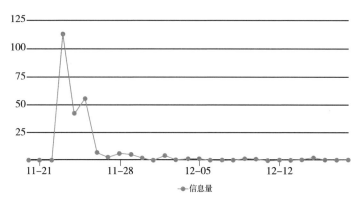

时间范围：2016.11.20 至 2016.12.18

图 7-6-8　"雷明奎事件"微博关注度变化图

如前文所述，"雷明奎事件"微博关注度呈现了"快"而"急"的特点，关于事件的讨论在微博上持续了约 3 天，之后关注度迅速下降，并且在后期舆情关注度反弹时，微博参与程度非常低。

七、传播现象分析

"八项规定"出台以来，公务人员的不良风气成为整顿的重点对象。而"雷明奎事件"的发生，成为 2016 年严惩公务人员工作日午间饮酒问题中的典型之一。该事件信息的最初公布来源于汝南县官方通报，之后传统媒体对该事件进行详细报道和深入评论，社交媒体转载转发传统媒体的报道，传统主流媒体和社交媒体形成"共振"，使得该事件的舆情持续了较长时间，也使得对违规饮酒等"小问题"的"大处理"观点成为舆论主流。

八、事件点评

"雷明奎事件"舆情的发生，反映出了纪检监察部门和普通民众对于党员领导干部作风问题的强烈关注，以及对加强干部作风建设的强烈要求。

从整个事件信息的传播过程来看，传统主流媒体和社交媒体扮演着两种不同的角色。传统主流媒体凭借自身优秀的新闻生产能力和强大的社会公信力，在该事件中准确报道了新闻事件、挖掘了事件背后深层次的社会问题，引导普通民众关注事件并展开思考，在舆论的发展中起着主导地位。

与"大"而"强"的传统主流媒体相比，散布在微博、微信等社交平台的自媒体影响力显得"小"而"弱"，但这些海量的自媒体账户散布在互联网的各个角落，凝聚着特定的用户群体，填补了传统主流媒体所不能延伸的信息传播缝隙。当海量的微型自媒体在某一议题上达成舆论共识，形成传播合力，其影响力也是不容小觑的。在此次事件中，传统主流媒体舆论和社交媒体舆论方向上高度一致，传播者之间的议程设置相互影响，形成舆论共振，事件的关注度和持续时间被加强。各媒体在评论中充分发表了大量观点，充分发挥了舆论监督的重要作用，坚决惩治公务人员午间饮酒、不良酒桌文化、违规宴请等观点作为事件中的主流舆论引起了大众热烈讨论。

第七节　"黄平富"人物舆情分析

一、人物简介

黄平富，男，四川省成都市居民。黄平富在成都市百花西路的一处老小区里有两套房，人住一套，猫住另一套，一套 50 平方米左右的房子，是 20 多只猫的专属住所。让 20 多只名贵猫住空调房，在阳台上搭建供猫攀爬的架子，给猫放鱼肉等，老黄被大家认为是一个很爱猫的人。

然而，一条手机信息出卖了老黄，他曾将猫肉红烧的菜拍下来发给一名他认为可能成为他生意伙伴的人士。进一步聊天中，这位市民发现这名男子并没有那么简单，背地里似乎做着不为人知的事情。

经过成都商报记者三个月的暗访，黄平富爱猫的虚假面具被揭开，其购猫、杀猫、贩卖猫肉的事实真相被揭露。2016 年 11 月 22 日上午，由成都市食药监局牵头，联合新都、龙泉驿区公安、市场监督管理局、畜牧局等展开联合执法，将黄平富的窝点一网打尽。

二、舆情演化过程

（一）整体热度分析

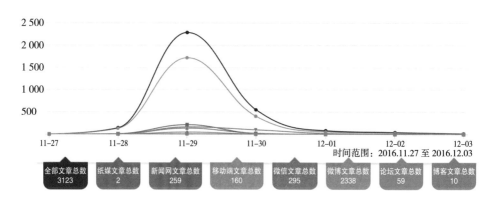

图 7-7-1 "黄平富事件"舆情热度变化图

从媒体关注度来看，与"黄平富事件"相关的舆情总体呈现"峰值较高""消弭较快"的发展特征，微博成为主要的舆情平台，占有超过七成的讨论热度。

（二）传播阶段分析

图 7-7-2 "黄平富事件"传播渠道分析图

1. 第一阶段：事件曝光

11 月 28 日，《成都商报》刊发《爱猫者的双面人生》一文，并以"成都商报联手动物保护组织暗访三月，揭开一名猫贩子的真实人生"为副标题。传统媒体利用自己的采访深度和对新闻事件敏感度的优势，在暗访获得证据、公安部门介入之后将第一手的新闻资料整理刊发。

2. 第二阶段：门户转载

在 11 月 28 日深夜，搜狐新闻客户端对《成都商报》的相关报道进行转载。而其他的大多数门户网站及其相应的客户端也在 29 日对相关新闻进行了转载，文章内容大多直接节选自《成都商报》的原稿，并未做出太多修改。

3. 第三阶段：微博聚焦

在新闻客户端上发文同时，《成都商报》也在 11 月 28 日晚间在自己的微博上发布了一条名为"残忍至极！伪爱猫人士 # 每日残杀百只猫咪 # 当兔肉卖"的微博，并且发起了 # 每日残杀百只猫咪 # 这一话题。至 11 月 29 日中午，相关话题的讨论吸引一定关注度，众多的大 V 和个人用户加入相关话题的讨论之中。其中大部分多是直接或间接引用《成都商报》的微博，大部分评论也是围绕该条微博展开。

4. 第四阶段：自媒体持续共振

自 11 月 29 日下午，相关评论达到一定规模，大部分用户关注黄平富捕杀猫咪的行为，其他一部分用户开始关注相关部门监管的缺位和法律在此事件中的作用。微博上的讨论开始出现新的角度。11 月 29 日晚间发布于 ZAKER 客户端的"全叔读报"栏目也开始讨论法律对相关行为的适用情况。与此同时，事件的影响力扩展到微信公众号，"人民网""四川活动"等公众号也对《成都商报》的新闻进行了转载。

（三）传播渠道分析

整个事件的发酵可以说几乎全部来自于微博的贡献，但是整个舆论场几乎都是围绕《成都商报》的报道内容展开讨论。围绕 # 每日残杀百只猫咪 # 这一充满话题性的微博讨论主题，相关话题的讨论已经超过 2 万。在新闻发生的首个晚上和第二日上午，大多数的信息是以转载《成都商报》的该报道为主。在第二日的下午，出现了表达自身观点的微博和文章。

1. 传统媒体

首先需要强调的是，传统的纸质媒体在整个新闻的挖掘、写作、编辑和刊发的过程中起到了不可替代的作用。在我国现行的传媒体制中，纸质媒体享有采访权这一巨大的优势，尽管迄今为止，已经有 14 家网络媒体获得了采访权，但是想要拥有广为认可的社会地位和传播权威仍然需要时间的累计。即便目前传统媒体的公信力和核心地位略有下降，但相关媒体若能做好新闻的挖掘和深度报道，真正投身于人民关注并且对社会有益的新闻报道中去，传统媒体仍然可以在媒体阵地争夺中牢牢占据一席之地。以此次"黄平富事件"的新闻报道为例，《成都商报》的这一则"要闻"可以说是众多讨论的唯一信息来源，几乎全部的网络媒体，包括门户网站和微博、微信客户端都是转载其新闻报道并进行评述。成都商报在整个暗访、报道的过程中也体现出了传统媒体的职业素养和新闻操守。

2. 自媒体

微博成为该事件传播的第一推手，借由《成都商报》的相关报道，使一系列"讨伐"黄平富的声音半日之内充斥于整个微博之中。微博的"民间舆论场"成为该事件的主要发酵地，无论是大 V 还是个体用户的参与度都达到了一个相对较高的水平。

自媒体在传播策略上多采用"情感框架"，以"爱猫人士"这一群体为代表的爱护小动物、珍视社会善行的网民参与其中，纷纷以"平民化"的视角对事件进行剖析，大力谴责黄平富这一行为的残忍，并且希望能够使他得到严惩。从微博讨论的主题标签 # 每日残杀百只猫咪 # 就可以看出，整个微博的讨论过程中，已经构建出"残忍而奸诈的两面派虐猫者"的符号形象，引发人们的关注。随后，知乎、微博中形成意见领袖主导的辐射式二级传播结构，人们纷纷从最初愤怒的情绪中冷静下来，进入思考社会监管和法律的议程之中。最终，"黄平富事件"发散到其他媒介场域中，此时已经没有传统媒体的参与，又由于整个议题相对比较简单并且已经在现实生活中进入法律程序，也并未牵扯太多社会公权力的议题，所以相关话题逐渐消弭。

三、传播主体分析

（一）报道媒体

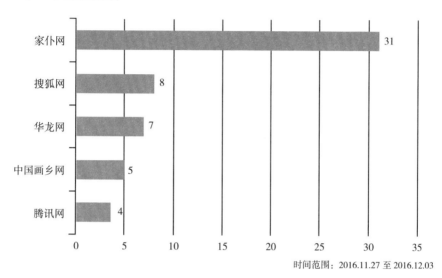

时间范围：2016.11.27 至 2016.12.03

图 7-7-3　"黄平富事件"媒体报道量统计

"黄平富事件"的媒体报道中，家仆网对该事件的报道刊文量较高。

（二）社交媒体意见领袖识别

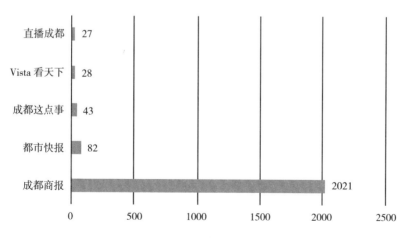

图 7-7-4　"黄平富事件"意见领袖统计

295

在黄平富相关舆情事件中，四川省本地媒体 @ 成都商报成为当之无愧的意见领袖。另外都市报的代表 @ 都市快报、成都本地自媒体 @ 成都这点事等都受到较多关注。

四、关涉主体分析

（一）关涉机构

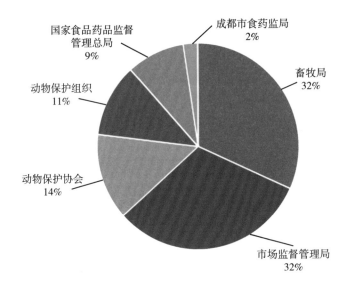

图 7-7-5　"黄平富事件"关涉机构

1. 动物保护组织：谴责虐杀行为，希望严惩黄平富

此次事件的报道从最初的暗访阶段开始就不缺少动物保护组织和爱心人士的参与，相关人士不仅从道义上对黄平富进行谴责，诸多成都当地的爱心人士甚至参与到这起案件的调查和取证过程当中去，帮助执法部门获取黄平富违法行为的证据并将其公之于众。新闻公布之后，将残忍"虐杀小动物"的行为再次推到社会公众面前，触及到了社会的痛点。先前的诸多虐待小动物新闻以及本次黄平富"伪爱猫人士"的身份更是激起了大众的愤怒，无论是媒体还是用户，大家齐声声讨。在这样一个

针对小动物保护的议题中，黄平富是唯一处在舆论对立一侧的角色。而这种更多基于情感诉求的情绪表达或者宣泄，则更多表达了相关参与者强烈的情感。动物保护组织等的参与也大多是出于自身长期对相关领域的关注，希望唤起更多人参与到保护小动物，谴责不良行为的这种社会潮流之中。

2. 政府部门：监管的缺位和法律的适用问题

"黄平富事件"的发酵大多来自对于社会现实的思考。监管部门的失察是一个相对更为普遍的讨论热点。"黄平富事件"暴露出市场监管体制的缺失。由于黄平富本人表示从事交易猫肉已经近二十年，且诸多买卖是跨省交易，网民普遍质疑畜牧局和市场监督管理局等部门"多头监管却成空白地带"。一个并没有严密组织的猫肉交易是如何能够在近 20 年的时间里瞒过四川、广西两地的市场监管等部门维持下去的，成为诸多网民关注和质疑的焦点。在整个舆论传播中，出现"塔西佗陷阱"现象。因为即便在新闻报道当中已经提到相关部门已参与到黄平富案件的处理中，但是网民普遍对政府部门这种"迟到"的作为并不买账。政府的公信力缺失使得诸多参与讨论的网民倾向于将整个事件归因于政府一侧。

另一个讨论的热点在于法律在本事件中的适用问题。随着讨论的深入，大家普遍认识到"杀猫"本身在法律层面上并非属于犯罪行为，甚至并非属于违法行为。在中国，对于非国家保护或者野生的动物，暂没有法律为其提供特殊保护。如果事实确如黄平富自己所描述，其所宰杀的猫都是收购而来，整个"杀猫"的行为中是否存在违法行为确实值得思考。网民最终认识到整个事件的焦点就在于能不能拿到证据，证明黄平富进行了未经检疫的猫肉交易。这也是法律在其中的适用问题。一则曝光虐杀活猫、交易猫肉的新闻报道，最终能够使舆论上升到对法律的作用和适用范围的讨论，可见我国公民的法律意识已经得到一定程度的提高，在生活中已经存在利用法律、尊重法律的意识。

五、传播关键词及传播现象分析

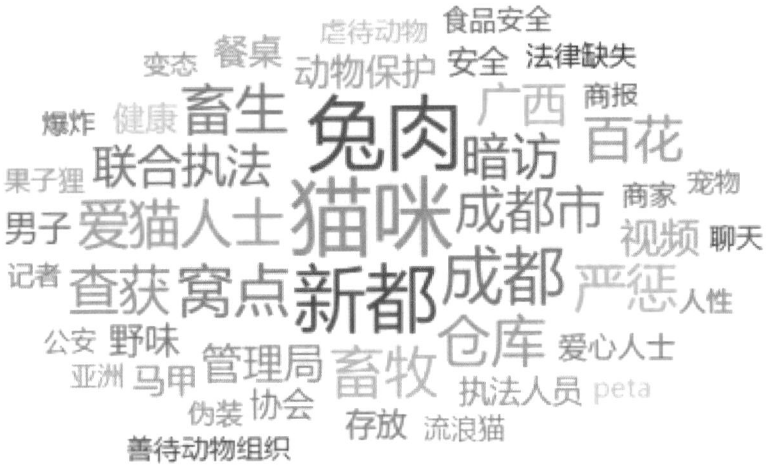

图 7-7-6　"黄平富事件"词云图

整个"黄平富事件"是围绕"猫咪"这一关键词展开。对于小动物的关心和爱护是社会发展到一定阶段全民素质普遍提升，追求更高生活品质的体现，表达了网民群体对社会公德的重视。黄平富本人在事件中作为一个完全的反面角色，被置于舆论的对立面。通过略带从众心理的批判，网民群体将自己的道德水平置于相对的高位，借助黄平富事件获得了自我满足。

黄平富事件最初引发舆论关注的焦点是"爱猫人士"的身份标签与"贩猫""杀猫"身份标签之间的强烈冲突，这也是媒体在进行信息传播时可以营造的一个"卖点"。从后期舆情的发展来看，部分网民仅关注黄平富"贩猫""杀猫"行为，并对其进行道德谴责。还有部分网友将焦点聚集在食品安全保障上，并对相关行政监管部门的执法、监督表示质疑。

"黄平富事件"中社交媒体和主流媒体间保持共振互动。事件初期传统媒体利用自身在资源、人才上的优势实现了新闻的挖掘和传播。随后，互联网媒体跟进报道，进而实现舆论监督互动。"黄平富事件"持续约三天，事件也并没有在多个媒体之间引起太大的反复，是一个发展相对平稳的媒体热点事件。

六、事件点评

"黄平富事件"的影响并不太大，但是整个话题热度和讨论范围的变化仍然具有研究价值。黄平富的虐杀猫咪事件只是近年来众多虐杀小动物案件的一个缩影，因而网民和爱心人士也可以很容易的联想其他事件中被虐杀的小动物的惨状，因而短期内整个话题的热度往往能够飞速上升。

微博是目前社会中青年人集中的主要舆论阵地，而其中女性用户更是占有极大的话语权。出于人性中的关爱和对于弱势地位情感的感同身受，微博的众多主要用户普遍关注小动物保护活动，并且对一切恶性事件深恶痛绝。

同时值得一提的是，在愤怒的情感相对平复之后，一部分网民开始质疑相关监管部门在事件中的作用，直斥某些部门的不作为行为。而此时相关部门并未做出官方的回复，但由于整个事件造成的影响不大，也并没有酿成更大的风波。

📖🔍 第八节 "刘奋勤"人物舆情分析

一、人物简介

刘奋勤，原陕西清涧县食品药品监督管理局副局长，在工作时间到亲戚家药店坐诊看病。对此，当事人却只是回应称，只是在帮亲戚一点小忙而已。更耐人寻味的是，2016年5月6日，清涧县纪委信访办的工作人员对于此事的说法是："这是一起医疗纠纷，去年已经给当事人处分了。"而这份"处分"时间是2015年10月15日，当时清涧县纪委以先后四次未向单位请假、擅自脱岗为由，对刘奋勤给予党内警告处分。但这份略显"避重就轻"又有点"文不对题"的警告和副局长帮忙坐诊的事件还是引起了舆论不小的关注和讨论。

二、舆情演化过程

（一）整体热度分析

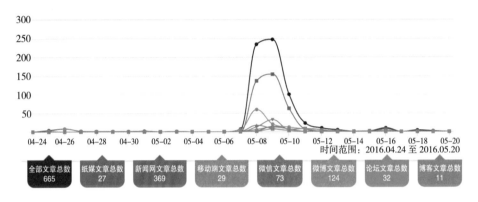

图 7-8-1　"刘奋勤事件"舆情热度变化图

从媒体关注度来看，与"刘奋勤事件"相关的舆情总体呈现持续时间相对较长，各媒体报道及舆论场基本保持同步的特点。但是整个事件的讨论量不大，这也与刘奋勤本人任职的地区相对偏远有一定的关系。

（二）传播阶段分析

图 7-8-2　"刘奋勤事件"传播渠道分析图

1. 第一阶段：事件曝光

刘奋勤在药店坐诊时出现误诊情况，病人经转院抢救仍留下后遗症，病人家属多次找其理论未果，反而被破口大骂。百般无奈之下，病人家属只能在 4 月 24 日选择向媒体实名举报。在媒体收到举报后进行调查的时间内，该举报信也出现在一些影响力范围并不是太广的当地论坛之中。

2. 第二阶段：媒体报道

《华商报》经过对当地信访办和当事人的采访之后，5月8日刊发了整个事件及处理结果。清涧县政府部门表示已经在2015年10月（事发之后不久）对刘奋勤进行了处理。当地信访办的工作人员表示"这是一起医疗纠纷，去年已经给当事人处分了。"而这次党内警告的处分理由是未向单位请假、擅自脱岗。在记者采访之后，政府部门的负责人员也表示将会继续调查整个事件。

3. 第三阶段：网站转载

5月8日开始，各新闻网站和新闻客户端对《华商报》的新闻进行转载，其中大部分直接引用了报道的原文。此时还并没有出现媒体对该事件的评论性文章。

4. 第四阶段：微博及新闻时评

5月8日起，微博引用各网站的新闻展开讨论。对于刘奋勤本人违规、违纪、违法的行为，其获得的惩罚只是党内警告，官方给出的理由更是"文不对题"，出现的过大罚轻状况引起很多网友的关注和评论。在网友表达了对事件的不满之后，5月9日起，在新闻网站和客户端出现了评论性的新闻文章，也针对"刘奋勤事件"的官方处理结果进行了评述，敦促政府部门持续调查，给出能够令受众满意的答复。

（三）传播渠道分析

整个事件的规模不大，微博讨论的数量也不多，讨论集中的地区也集中在事件发生的陕西省。各个社交媒体上的网民意见也比较单一，普遍要求对事件持续调查，认为对刘奋勤本人的处罚过轻，而在新闻网站和客户端的评论方面，其文章也大多是转载，并无特别的原创内容。

1. 传统媒体

从病人家属向报社实名举报可以看出，在许多人的心目当中，传统媒体仍然是社会公信力和正义的代表。但是，同时也应该注意到，实名举报信和报纸同属一个媒介时代的产物，即处在纸张媒介的阶段。所以在如今的互联网时代中，这两种媒介形式都在被削弱，如何为两者寻找新的媒介形式下的替代品，已经是亟待解决的问题。虽然这封举报信的许多副本也已经出现在不少的互联网论坛上，但是由于论坛的规模不大，其影响力存在局限，所以该事件一时间并没有引起太多人的关注。

就传统媒体的报道而言，其仍然持一种审慎和客观的态度。对于一个涉及政府官员的新闻而言，用半个月的时间去进行调查取证是一个比较合理的选择。记者对信访办的工作人员和当事人刘奋勤都进行了采访，获得了第一手资料后，才进行了新闻的整理和编辑工作。在最终成稿的新闻中，几乎都是基于客观事实的报道。全文并没有出现对事件的评论，大部分都是对事件相关人员表达的引用和事件背景的描述。总体而言，在本次涉及政府官员的热点事件中，传统媒体比较好地履行了信息提供和传达的使命。

2. 自媒体

在以微博为代表的自媒体中，出现了意见表达的情况。"刘奋勤事件"被网民批评的热点集中在刘奋勤本人的不当行为和当地政府对他的过轻处理上。

政府部门的官员在上班时间自行离岗本来就是违反纪律的行为，而以食品药品监管局负责人的身份去相关行业从事商业活动，更是引起了舆论的哗然。政府部门对刘奋勤的处罚力度不足也在一定程度上加深了网友的不满。

在互联网关于此事件的讨论形成一定气候之后，新闻网站和客户端上也出现了类似的评论新闻，比较有影响力的是时评作者"唐吉伟德"的《副局长帮忙坐诊，何以违法又违纪？》，文章对刘奋勤本人的错误和政府部门的"轻描淡写"都进行了批判，而《工人日报》《光明日报》的电子版也转载了唐吉伟德的这篇时评。因此，可以认为互联网舆论在一定程度上敦促了官方媒体表达自己的态度，进一步促使当地政府更为合理公正地处理相关事件。

三、传播主体分析

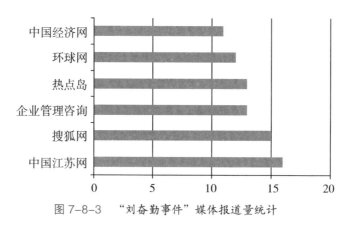

图 7-8-3 "刘奋勤事件"媒体报道量统计

从媒体报道量的统计也可以看出，整个事件的讨论规模并不是很大，整个事件的舆情处在可控的范围中。

四、关涉主体分析

（一）关涉机构

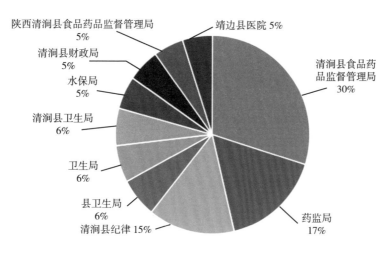

图 7-8-4 "刘奋勤事件"关涉机构

从本次事件的关涉机构中也可以看出,"刘奋勤事件"的讨论所涉及的区域不广,因为刘奋勤就职的清涧县远离一般意义上的网民生活范围,所以参与到讨论中的网民往往是现实中地理位置上与其接近的居民。因而与其相关的机构大都精确地直指当地的监管部门和当事人就职的政府部门,整个事件波及不广,没有对政府的公信力和权威产生进一步的冲击。

可以看到,有超过一半的讨论是围绕当事人任职副局长的清涧县食品药品监管局展开的。整个刘奋勤事件的讨论范围并不是太广,一方面,人们集中关注当事人的自身行为,而非将其"迁怒"于政府,整个不良事件被认为是刘奋勤的个人行为,政府的公信力得到一定程度的保全,这也与当地已经事前对刘奋勤做过党内处罚有关,尽管这个处罚在现在看来有些过于宽松;另一方面,整个事件的讨论集中在陕西省之内,可见网络上的热点话题还是会在一定程度上受到地域范围的影响。

(二)关涉地域

图 7-8-5 "刘奋勤事件"讨论地区

从图中可以比较明显地看出，陕西省作为事件的发生地，成为讨论最为热烈的地区，约占全国讨论总量的七成以上。由于地域因素，与清涧县毗邻的山西省成为讨论第二多的省份。

五、传播关键词分析

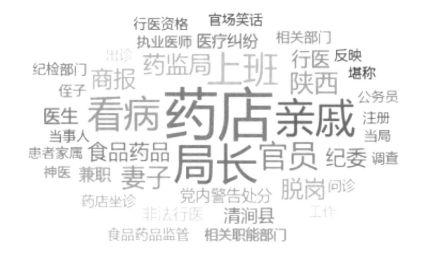

图 7-8-6　"刘奋勤事件"词云图

本次"刘奋勤事件"的词云极具代表性，"药监局""局长""药店""上班"这四个讨论最热的词汇就足以说明事情的前因后果，食药监局局长在药店上班无疑是在这种语境下最为激烈的冲突。而"亲戚"这个极为常见的词也出现在了大家热议的焦点中，可见这种"常见词"反而成为大家最为厌恶的关键词。

六、传播现象分析

值得注意的是，就在实名举报信寄往报社的同时，许多陕西本地的论坛上也悄然出现了这份举报信的电子副本。这种传统的媒介形式借助新的现代传播技术实现了在互联网时代的传播，只不过受限于其发帖的论坛流量不足，所以并没有产生更大的反应。

而传统媒体在初始阶段的报道也是依照惯例进行的，经过一段时间的调查之后，报纸通过自身的社会地位和公信力对当地政府进行采访，获得了信访办和当事人刘奋勤的第一手资料。微博中对该事件的讨论相对比较单一，在早期的传统媒体和门户网站的报道并未对事件做出评论的前提下，网民普遍表达了自己对事件的看法，这也是当今自媒体的重要特点之一，即更为自由便捷和低成本的表达自己的态度。

"刘奋勤事件"中自媒体和主流媒体间保持共振互动。微博等社交媒体上的讨论在一定程度上对主流媒体的表态起了促进作用，而主流媒体刊登或转载直斥刘奋勤违法违纪行为的时评也在一定程度上体现了官方在这个事件上的态度。总体来看，刘奋勤事件没有酿成太大的风波，波及范围也局限于陕西和山西两地。

七、事件点评

舆论对刘奋勤的不满不止一点：首先从纪律上讲，作为政府部门的官员，在上班时间脱岗干私活，明显违背了作息和考勤制度要求，属于不作为和乱作为的双重表现；其次，食品药品监管机构与药店之间，属于管理与被管理的关系，因而双方之间应有明确的利益界线，彼此关系太密切和含糊，甚至夹杂着利益因素，自然会引起公众反感，作为人民的公仆，理应做到守住心中的底线；再次，按照相关纪律规定，公务人员不得在外兼职或者从事营业性活动，到药店坐诊明显与此规定相违背。其所做所为如何不让公众产生联想，其实刘奋勤本人并不是到药店去帮忙坐诊，反而整个药店的经营都是其假以亲戚之名进行"幕后操控"。这涉及领导干部在外经商办企业的实质规定，直接决定着其行为的性质。

更何况，药店只能销售药品，不能从事包括坐诊在内的医疗等行为。所以，不论刘奋勤本人是否是官员，是否脱岗坐诊，甚至是否在药店经营的背后"垂帘听政"，本次事件已经构成超范围经营，应当受到相应的行政处罚。同时，对于"药店帮忙"的行为，依据相关法律规定，执业医师须有行医单位。如果属于非法行医，就要吊销执业医师证，情节严重的还要入刑。而刘奋勤本人是否具备行医资格证，又是否存在非法行医的现象，还需要相关部门进一步调查。

第九节 "施某飞"人物舆情分析

一、人物简介

施某飞，男，原广东省食品药品监督管理局审评认证中心行政秘书科副科长。2016年1月21日因涉嫌挪用公款罪被逮捕。据悉，2015年底至2016年初，施某飞所在单位进行财务审计，施某飞一度失踪22天，2016年1月7日回到单位供认挪用公款共计713万元的事实并投案，并退回赃款200万元。

2016年11月17日，施某飞因涉嫌挪用公款罪在广州市中级人民法院受审。法院指控，被告人施某飞，在2014年10月至2015年8月间利用职务之便，违反单位财务管理规定，通过私填借款审批单及私开单位支票的方式从单位账户挪用公款共计713万元，归个人使用，超过三个月未归还。施某飞在庭审中承认了全部指控，表示认罪悔罪，并称挪用的款项一部分被他用于炒股，一部分用于给前女友购买奢侈品、去韩国整容及给前女友母亲还房贷等事项。

二、舆情演化过程

（一）整体热度分析

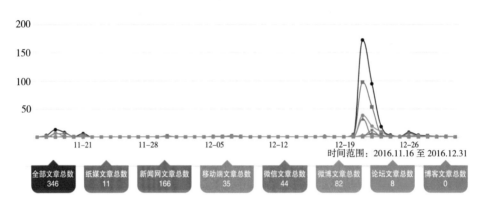

图 7-9-1 "施某飞事件"舆情热度变化图

从媒体关注度看，与"施某飞"相关的舆情总体呈现出短时间内舆论关注度迅速上升，之后迅速降低的发展特征。

（二）传播阶段分析

1. 第一阶段：新闻网站、微博爆料

自 2016 年 11 月 17 日，金羊网最先在《省食药局下属单位一会计涉挪用公款 713 万送女友去韩国整容》中对施某飞进行爆料。11 月 18 日开始，微博、微信上陆续出现和施某飞相关的消息，但并未引起太大的舆论讨论。

2. 第二阶段：新闻媒体展开报道

2016 年 12 月 21 日，在新闻网站和微博、微信等自媒体的助推下，挪公款送女友去韩国整容一事成为热点话题。12 月 22 日、23 日舆论虽然保持较高的关注度，但关注量逐渐回落。

3. 第三阶段：自媒体持续报道

2016 年 12 月 24 日以后，微博、微信这两个"民间舆论场"持续对该事件保持一定的关注度。

（三）传播渠道分析

事件最初在由金羊网爆料，随后微博上陆续发布相关的信息，但并未引起舆论的广泛关注，主流新闻媒体随后跟进的深入报道将该事件推向舆论的关注焦点之中。

其传播渠道主要集中在新闻网站的相关报道，而微博和微信作为社会化媒体，在事件的传播中发挥着举足轻重的作用，是主要的舆论阵地。此外，移动端和论坛对该事件也有少量的舆论关注度。

三、传播主体分析

（一）报道媒体

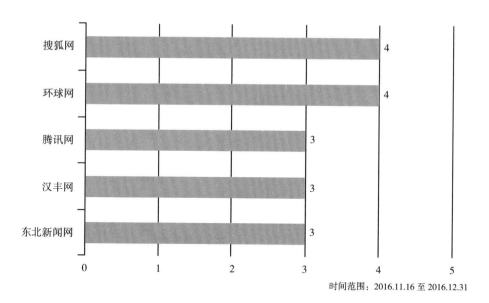

时间范围：2016.11.16 至 2016.12.31

图 7-9-2 "施某飞事件"相关媒体报道量统计

在"施某飞事件"的报道中，华龙网、腾讯网等媒体发布信息量较多。

（二）社交媒体意见领袖识别

表 7-9-1 "施某飞事件"相关部分微信热门文章及阅读量列表

微信公号	文章标题	阅读量
合肥有点热	副科长挪用公款 713 万用于前女友消费和整容	13453
媒眼关注	广州一副科长挪用 713 万为女友整容	747
中新社广东发布	"广东好男友"：挪用公款 713 万送前女友去韩国整容	628

本研究整理

　　微信中有大量的公众号"施某飞"予以关注，这些公众号所发文章几乎没有原创内容，而是转发网络上关于此次事件的新闻报道和新闻评论。

四、关涉主体分析

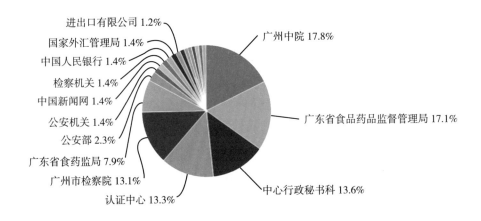

图 7-9-3 　"施某飞事件"相关关涉机构

（一）广东省食品药品监督管理局审评认证中心

　　施某飞系广东省食品药品监督管理局审评认证中心行政秘书科副科长，其就职单位广东省食品药品监督管理局审评认定中心是最主要的关涉机构。网民对施某飞的质疑和批评投射在对其工作单位——广东省食品药品监督管理局上，演化成对于政府机构的批评和不信任。

（二）其他政府机构

主要是指对事件进行侦查与审判的广州市检察院、公安机关以及检察机关。

五、网民关注度和态度变化

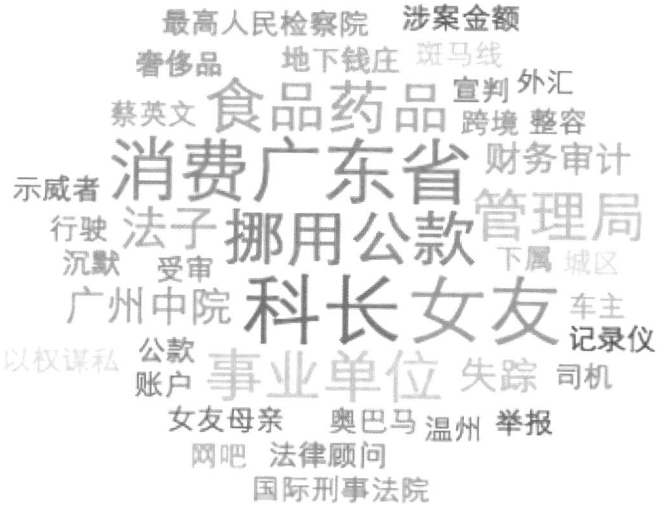

图 7-9-4 "施某飞事件"相关词云图

网民对施某飞的关注点主要集中在对其"挪用公款"等犯罪行为的讨论上，另外"科长""女友"等热词，也可看出此事件的标签化传播。

六、传播现象分析

在"施某飞"相关事件中尤其值得注意的是，事件最初由金羊网爆料，微博用户随后在微博上陆续发布相关的信息，但并未引起舆论的广泛关注。但在主流传统媒体随后跟进的深入报道，使舆论关注度迅速上升。

由此可见，传统媒体在对事件的深度分析和挖掘方面优势显著。但不可否认微博和微信作为自媒体在事件早期的传播中，作为事件发酵地所起到的作用。自媒体在突发事件等重大事件的传播过程中，日益成为重要的平台和推手。但是如何有效应对自媒体上的舆情，充分发挥自媒体的舆情优势，掌握话语权成为当下亟需面对和解决的重要课题。

七、事件点评

施某飞身兼会计一职，利用职务便利，通过私填借款审批单及私开单位支票的方式从单位账户挪用公款。并将挪用公款给前女友消费和整容，错将权力当成谋私的工具。公款姓"公"，不能私用，虽然挪用公款这是老生常谈的话题，当挂上"给前女友消费和整容"等八卦新闻的标题，势必引发舆论的关注。"施某飞事件"的背后反映的是行政部门财务审批管理制度存在缺陷、对权力的监督存在漏洞等问题。

第十节 "范泽旭"人物舆情分析

一、人物简介

范泽旭，男，原河南省南阳市中心医院检验科主任。"范泽旭事件"是一个在 2016 年舆情多次反复的事件。8 月 25 日凌晨，南阳市中心医院原检验科主任范泽旭因巨额受贿罪被判 14 年的新闻出现在各互联网媒体上，社交媒体上也对范泽旭"我不收钱，就便宜了药贩子"的说辞展开讨论。9 月 20 日舆情出现反复，在一起针对贪官各种各样荒唐受贿逻辑的新闻整理出现之后，范泽旭受贿的事实以及其奇葩说辞再度成为人们讨论的热点。而最为热烈的讨论出现在新华社针对河南多家医院医疗设备腐败窝案调查的专题报道刊载之后。这也完成了整个"范泽旭事件"的舆情反复的全过程。

二、舆情演化过程

（一）整体热度分析

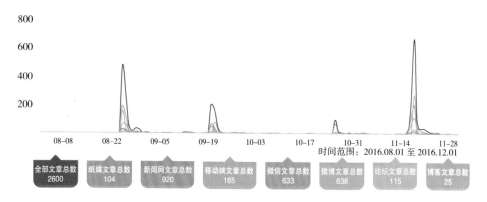

图 7-10-1 "范泽旭事件"舆情热度变化图

从媒体关注度来看，与"范泽旭事件"相关的舆情出现了多次反复，各媒体报道及舆论场之间持续共振，互相催动。整个事件的讨论热度较高，虽然有时话题讨论存在差异，但最终范泽旭本人及其他行医者的不当行为都成为讨论的对象，可见网民群体对医护人员不当言论的关注程度始终比较高。

（二）传播阶段分析

图 7-10-2 "范泽旭事件"传播渠道分析图

1. 第一阶段

2016 年 8 月 25 日凌晨，"范泽旭事件"见诸报端。各新闻网站、客户端几乎同时报道了河南省南阳市中心医院原检验科主任范泽旭利用职务之便，单独或伙同他人多次收受医疗器械经销商的贿赂，来为经销商在向医院供应试剂和检验耗材过程中提供帮助的犯罪行为。此时的新闻报道大多形式比较简单，以澎湃新闻网的《河南一医生受贿546万元获刑14年，称不收钱就便宜药贩子》为例，整篇报道篇幅较短，报道内容也多为范泽旭本人的犯罪行为和最后的审判结果，并被涉及太多其他内容。值得注意的是，此时舆论讨论的热点已经开始关注范泽旭本人"我不收钱，就便宜了药贩子"的出格言论，但是整个事件没有引起很多网民参与讨论。

2. 第二阶段

9月19日，在微信公众号"临沂市兰山区人民检察院"和"齐检在线"上，《这些年贪官们说过的"奇葩"贪污理由》的推送引起了一定的关注。而范泽旭再次因为其为自己开脱的荒唐逻辑成为舆论关注的热点。在此阶段引起的讨论中，对范泽旭犯罪具体情况和判决结果的讨论已经"退居二线"，网民们热议的重点集中在他奇葩的受贿理由上。可见，媒体的议程设置的作用依旧存在，而网民的倾向（参照第一阶段可知）很有可能也对记者、编辑在新闻内容的筛选上起到了一定的推动作用。到9月20日，央广网发布新闻报道《"我不收钱，就便宜了药贩子"——一个检验科主任的荒唐逻辑》，此处的"荒唐逻辑"已经成为新闻的核心要点，与第一阶段作为核心要点的受贿行为形成了对比。

3. 第三阶段

11月16日开始，整个事件的舆情进入第三阶段。此时，范泽旭受贿的行为是作为整个安阳公立医院检验科医疗腐败黑色利益链的典型案例出现的。自当日上午开始，河南安阳的新闻媒体、论坛如安阳新闻网、河南公共网、微信公众号"安阳新鲜事""安阳论坛"等，开始纷纷报道公立医院的贪腐行为。11月18日，伴随着新华社对整个河南医疗器械腐败窝案的调查报道公布，整个事件的讨论也迎来了最高峰。此时网民热议的焦点也从范泽旭本人的种种行为转移到了整个河南医疗系统的腐败问题上。相较于之前两次话题略显"轻松"的讨论，遍布整个河南的多起从医疗设备试剂、耗材上非法获利的案件显然严肃压抑的多。网民也开始直指医疗系统的不透明乃至整个体制存在的问题，在医患矛盾日益严峻的今天，这种大范围的医疗系统腐败行为根本无法让群众产生对医院系统的信任。同时，网民普遍将教育系统、医疗系统、司法系统的各项问题相联系，政府的公信力建设在本次事件的第三阶段可以说大大受挫。

（三）传播渠道分析

整个事件在三个阶段各有特点，但是值得注意的是，由于本事件涉及地域范围较广，医疗系统的问题又一直是官方关注的重点，所以与其他年度热点事件不同，"范泽旭事件"的各项新闻报道多数都是新闻网站第一时间直接刊发，而新闻数量上也达到了相对较多的水平。

就传统媒体而言，其首先是整个新闻的挖掘者和公布者，在事件第一阶段，各新闻网站普遍站在客观立场进行新闻报道，即以关注事件本身为主，聚焦在范泽旭的犯罪行为和定罪结果上。而在第二阶段的舆论热议中，由于是在微信公众号引起的讨论，所以传统媒体存在一定程度上的反应滞后，且在大众偏向"戏谑"的氛围中，受媒介特质影响，传统媒体的表现也局限于对范泽旭本人荒唐逻辑的批判。而第三阶段的报道，是从安阳本地媒体重新审视整个安阳公立医院的腐败窝案开始的。这在一定程度也体现了传统媒体的社会参与和责任感。只有深入到众多繁杂的信息中去挖掘新闻，传统媒体才能从纷繁的热点变化中找到适合自己的发展之路。

新华社针对整个河南医疗器械系统的调查报道也是相关路径的一个良好范例，通过深度调查所获得的信息成为新华社对本次河南医疗系统腐败案件报道的成功注脚。在涉及人民日常生活的事件上，告知社会更为准确的信息应当是媒体的职业操守。传统媒体的公信力正是通过这种敢于揭露社会黑暗面的行为才得到建构的。

在本次事件之中，自媒体的表现相对而言并不如其他年度话题那么抢眼。在第一阶段较为客观的事实报道面前，自媒体的内容并没有太多可以延伸的方面。而在第二阶段，微信公众号的作用得到较为明显的体现。微信作为当今重要的传播平台，在很多话题中，其舆论引导作用和辐射半径都不及微博，但是伴随着微信用户的持续增加和微博自身愈发商业化带来的受众流失，微信公众号已经迎来了发展的新契机。受信息形式影响，公众号的推送并不能像微博那样直接呈现标题和全部内容，反而是要引起用户的兴趣后，再通过标题接入内容，获得阅读量，这也在一定程度上决定了微信公众号必须重视标题的特性。同时，由于受众群体的不同，微信公众号的内容往往更倾向于使用情感诉求，话题的深度也相对有限。因而本次事件第二阶段的贪官奇葩语录，作为典型的微信公众号文章，也引发了随后较为热烈的讨论。

三、传播主体分析

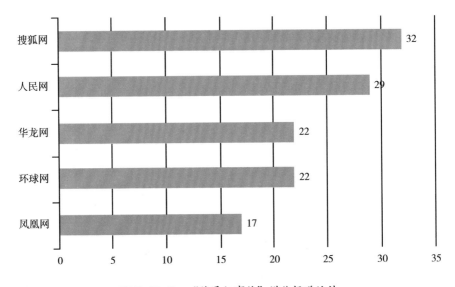

图 7-10-3　"范泽旭事件"媒体报道统计

从媒体报道的统计可以看出，以搜狐网为代表的门户新闻网站的报道数量最多，人民网、环球网等官方媒体也积极参与到本次的舆论构建当中。

四、关涉主体分析

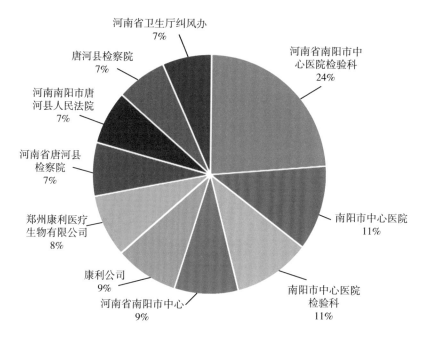

图 7-10-4 "范泽旭事件"关涉机构

本次事件的关涉机构主要分为两种类型，一是范泽旭等贪污受贿医生等人任职的医院及行贿的厂商，二是对应的监察和法律部门。

首先，从关涉机构中广泛涉及范泽旭等任职的各医疗系统可以看出，舆论并不简单认为范泽旭的案情属于单纯的个人行为，相反，网友由范泽旭为自己开脱的逻辑猜测，当地整个医疗器械系统存在一条行贿受贿的黑暗利益链条。因此网友关注的重点也是医疗系统所有环节，这也是医患矛盾在新媒体时代的另一种体现。值得一提的是，近年以来有很多医生、护士等利用微博等互联网自媒体发声，呼吁声援深陷医患矛盾中受到人身威胁的医疗行业从业人员，而彼时大众也是一片支持之声。但是从"范泽旭事件"可以看出，其实大多数时候以患者身份出现的网民对医务人员群体产生不信任，使得医务人员利用自媒体为自己发声。很多网民已经产生了对医务人员占据话语权的恐惧和反感，这也是长期处在弱势地位（患者对医生、受众对传播者）的网民抗拒意识的体现。

同时，许多监管和法律机构也被牵涉到话题讨论之中，一来这体现了用户希望加强监管、严肃法纪的愿望；二来也在一定程度上体现了人民群众法治观念的提高，更倾向于依靠法律解决和处理问题。

五、传播关键词分析

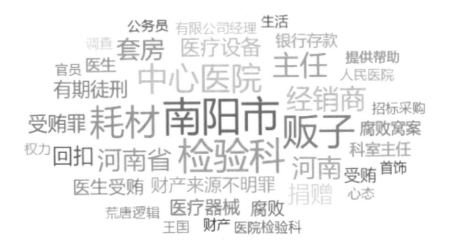

图 7-10-5 "范泽旭事件"词云图

从"南阳市""中心医院""检验科""主任"可以很容易地分辨出范泽旭本人的身份。这也体现出整个事件中范泽旭的身份一直是用户关注和讨论的热点。

六、传播现象分析

依照本年度其他的热点事件可以得知，在传统媒体最早的报道中，很少出现社评之类的文章，在简单和客观地交代事情背景和结局之后，很多舆论的话语权被移交给自媒体。在本次事件的第一阶段中，同样出现了类似的情况。

　　但是该事件第二阶段的舆情发展出现转折。微信公众号整理的"贪官奇葩语录"最早并不是只针对"范泽旭事件"推送的文章，但是范泽旭还是凭借其荒唐的逻辑在一众"奇葩"中"脱颖而出"。其"我不收钱，就便宜了药贩子的"的荒唐说辞，使得网民把此事件与看病难、看病贵的问题产生联系，故用户更倾向于将自己放置到受害人的角色上考虑问题。

　　第三阶段较为深刻的讨论借由新华社的深度报道开始，资深传统媒体的引导话题能力再度体现出来。话题的热度区分并不是太大，在如今海量信息存在的碎片化时代，稍微整合的内容就足以吸引很多用户的关注了。

七、事件点评

　　"范泽旭事件"的跌宕起伏可以说生动地反映了我国当前舆论环境的复杂现状。自8月份范泽旭的受贿案件被公布之后，在4个月的时间中，整个话题经过了三次反复。每一个阶段讨论的发起点和中心点都有不同，甚至可以说，在这三个阶段之间，新闻内容整合的深度和批判的态度越来越强。这也是本事件舆论分析的一个较为鲜明的特点。

　　另外，就本话题而言，我国还有太多的机构需要加强自身的互联网思维，重视在新的媒介环境下建设和经营自己的形象。

第四篇

2016 年食药领域重点政策舆情分析

第八章

2016 年重点食药政策
舆情特点

一、层次分明：总纲性政策与针对性政策并举

2016 年颁布与实施的食药安全政策具有层次分明的特征。其中一类为总纲性政策，如新修订的《食品安全法》实施后，相关配套法律法规出台，如最受关注的食品安全法实施条例的征求意见。近年来，食品行业陆续曝光各类问题，降低了民众对食品安全的信任感。被誉为"史上最严"的新修订的《食品安全法》是 2016 年度食品药品安全领域最令人瞩目的关键词之一，契合了舆论的普遍期待。

另一类是针对性政策，如 2016 年 4 月份，在山东非法经营疫苗事件之后紧急出台的《国务院关于修改 < 疫苗流通和预防接种管理条例 > 的决定》；2016 年 6 月份，针对持续热议的婴幼儿乳制品质量安全问题，出台的《婴幼儿配方乳粉产品配方注册管理办法》；根据临床需求，对国外已上市但国内尚没有注册上市的儿童适宜药品剂型规格进行梳理制定的《首批鼓励研发申报儿童药品清单》等。

二、影响深远：涉及未来十几年的居民健康事业

2016 年 10 月出台的《"健康中国 2030"规划纲要》，是新中国成立以

来首次在国家层面提出的健康领域中长期战略规划，体现中央"推进健康中国建设"、全面提升中华民族健康素质、实现人民健康与经济社会协调发展的国家战略，是积极参与全球健康治理、履行 2030 年可持续发展议程国际承诺的重大举措。

这一规划为我国未来 15 年的健康事业发展规划了蓝图，纲要中传递出的"将健康融入所有政策""从影响健康的因素入手""关注健康而非关注治疗""政府多部门深度参与"几个重大理念转变，涉及未来十几年的居民健康事业。

三、舆情特征明显：网络舆情呈双驼峰状分布

政策类事件的舆情分布往往呈双驼峰状，这与政策颁布的方式与程序相关。第一波舆情高峰出现在政策制定颁布 / 送审议阶段，第二波舆情高峰出现在政策正式实施 / 正式印发阶段。通常后一阶段所引发的舆情热度更高。

2016 年的食药安全热点政策，颁布或者正式实施的月份集中在三月、六月、十月这三个月份。三月的 3•15 是网民关注食药安全的关键节点，而年中与年末也是重大政策出台、容易引发舆论关注的月份。

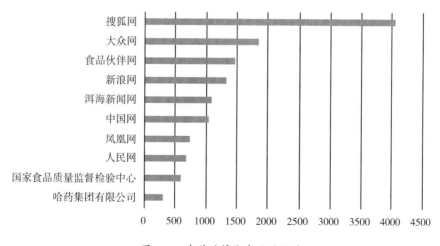

图 8-1　食药政策发布网站统计

对于食药安全相关政策报道最多的传统网站中（如上图），总体排名第一的是搜狐网，其后还有大众网、新浪网、中国网、凤凰网、人民网等；专业类网站中排名第一的是食品伙伴网，其后还有国家食品质量监督检验中心网站等。

四、"两微一端"：在食药政策舆情事件中影响更为突出

传统媒体是 2016 年食药安全政策类相关报道的主力军，作为主流媒体的纸媒和新闻网站，对事件的关注主要集中在事件传播的爆发期，对食药安全相关政策的公布和实施进程进行报道；互联网时代，新闻网站作为重要的传播渠道，在报道数量和影响范围上占据极大优势，但相比较信息到达率，微信、微博等社会化媒体作为民间舆论场，其在传播中的地位不容小觑，"两微一端"在舆情事件中的影响更为突出。

移动互联网时代，集通信、社交、平台化为一体的微信是最具人气的新媒体代表——因其成功地创造了"一个生活方式"而改变了当下的舆情传播格局。微信平台化战略之后，其兼容性、开放性和连接性将使微信的舆论场域规模更加庞大、形态和形势更加多元复杂，也给舆情监管与社会治理提出了全新的挑战。把握微信传播新特点，创新舆情治理新理念，更好地协调微信舆情活力、表达无序与社会进步、和谐稳定之间的关系是未来政务传播发展的必然趋势。

五、亟待关注：需找准传播切入点，加强政策传播力度

目前，政策类新闻的网络报道量与关注量、社交媒体关注量等指标，相较于热点事件、热点人物都偏低。因此，加强食药安全政策类新闻的传播力度，让老百姓实时获取最新政策信息，知晓重大政策走向，并通过有效渠道进行反馈，是未来亟待关注的问题。

政府在政策类事件的发布与传播过程中，要扮演好主动传播者与传播

合作者的角色。一方面，需要"政府－媒体－公众"三方合作，重新定位政府与媒介之间的关系，在突出政策传播的重要性和政府部门权威性之外，注重在政策信息传播方面的服务功能，加强与传媒的沟通与合作，善用媒体，重视渠道，善于发声；同时，把握受众的信息接触与接收模式，力图在政策传播方面找准传播切入点，加强传播力度。另一方面，需要政府引导下的"多部门深度参与"，将健康融入所有政策，即在政府强有力的协调下，政府各级、各部门之间形成联合领导作用，并与社会各专业部门如研究机构、第三方机构、公益组织等开展伙伴关系；同时，倡导"社会共治"理念，完善食品药品安全风险与日常舆情监测机制，鼓励全民参与食药安全问题的治理等。

第九章

重点政策舆情研判

第一节　新修订的《食品安全法》

2015 年实施的新修订的《食品安全法》在我国食品安全领域具有里程碑意义，被社会各界誉为"史上最严"。新法颁布和实施的每一个时间节点，都备受媒体关注。通过中国健康传媒集团食品药品舆情监测系统数据分析，新修订的《食品安全法》位列 2016 年度食品药品领域最受关注的政策之一。为了全面贯彻落实新修订的《食品安全法》，国家食品药品监督管理总局紧紧围绕经济发展的新形势和人民群众的新要求，不断创新监管方式方法，完善配套法规制度。

一、媒体报道

（一）新修订《食品安全法》执法检查和实施情况

法律的生命在于实施，所以媒体最关心的首先是法律落地情况。例如相关部门如何遵循新法"重典""严惩"的思路，对食品安全实施最严监管；如何运用法律武器，解决网络订餐平台、婴幼儿配方乳粉等公众关心的热点和监管难点问题，这些都是媒体报道的重点。

2016 年 4 月到 5 月，全国人大常委会组成食品安全法执法检查组，由全国人大常委会委员长张德江和四位副委员长分别带队，赴天津、内蒙古、黑龙江、福建、湖北、广东、重庆、四川、陕西、甘肃等 10 个省区市对法律实施情况进行检查，其他各省区市进行自查。媒体关注度较高，如《人民日报》刊发《全国人大常委会食品安全法执法检查组赴福建、四川检查》，中国经济网发表《全国人大常委会执法检查组检查食品安全法落实情况》等。

2016 年 6 月 30 日，十二届全国人大常委会第二十一次会议听取了执法检查组关于检查食品安全法实施情况的报告。检查组总体认为，食品安全法修订实施以来，食品安全形势总体稳中向好。但检查也发现，当前我国食品安全形势依然严峻。"打击食品安全犯罪采取了哪些严厉的措施？""加快淘汰剧毒、高毒、高残留农药是否有时间表？""'三小'如何监管？"这些问题引起新一轮舆论热潮。

（二）大案要案查处情况

"史上最严"的法律与现实碰撞后，激起阵阵火花，例如上海公安部门破获冒牌乳粉案件，"饿了么"等网络订餐平台被查处，央视曝光工业明胶糖果等。媒体依据新修订《食品安全法》展开媒体监督，助力法律实施。对于上海查处的冒牌乳粉案件，媒体观点认为，史上"最严"《食品安全法》颁布实施后，制假者以低档合格乳粉假冒品牌中高档婴幼儿乳粉，不敢触碰生产有毒有害食品的法律红线，说明最严厉处罚有了一定的威慑力。

（三）与新修订的《食品安全法》相关的法规制度出台情况

新修订的《食品安全法》实施后，媒体重点关注食品安全法实施条例以及相关配套法律法规出台情况。最受关注的自然是食品安全法实施条例的征求意见。10 月 19 日，《中华人民共和国食品安全法实施条例（修订草案送审稿）》向社会公开征求意见。人民日报等主流媒体对《送审稿》重点内容进行了报道。另外，按照新修订的《食品安全法》的有关规定，《网络食品安全违法行为查处办法》《婴幼儿配方乳粉产品配方注册管理办法》等法规的发布均受到媒体关注。

为保障新修订的《食品安全法》全面着陆，各地还纷纷出台地方法规。《广东省食品安全条例》出台，上海修订《上海市实施<中华人民共和国食品安全法>办法》。陕西、内蒙古、广东、河北、江苏、湖北等地出台食品"三小"地方性法规，这些也是媒体关注的热点。

（四）职业打假人知假买假引争议

新修订的《食品安全法》鼓励社会各方面加入食品安全的社会共治，这促进了消费者维权意识的提升，法律对侵害消费者合法权益行为的赔偿标准大幅度提高的同时，也对违法主体处罚力度大大增加。同时也催生了职业打假人知假买假行为，相关案例也时常见诸报端。2016年5月在北京还出现了多名超市业主打砸职业打假人车辆的事件。相关职业打假人的打假行为引发媒体热议。

有一种观点认为，恶意打假相当于碰瓷。对道德领域的是是非非不予评判，在实践中，有些监管人员认为职业打假人不是普通消费者，所以往往敷衍塞责，本来应该及时处理的举报投诉没有得到及时处理，给职业打假人复议或诉讼提供了借口，并且容易引发舆情危机。

（五）新修订的《食品安全法》实施一周年引发媒体关注

新修订《食品安全法》实施一周年之际，9月26日，中国健康传媒集团主办的"新《食品安全法》实施宣贯一周年高峰论坛"在京举办。新修订的《食品安全法》实施成效成为一周年之际媒体关注重点，如新华网发表的《新＜食安法＞实施一周年　看看各部门都做了什么》。10月1日，媒体对新法落实情况作了重点报道，如央广网发表《新食品安全法实施将"满岁"食品安全形势总体稳中向好》，新华网、中新网等主流媒体做了转载。

二、舆情研判

媒体报道显示，新修订《食品安全法》实施以来取得了显著变化，食品安全形势总体稳中向好；配套法规制度逐步完善；消费者维权意识明显增强；加大抽检力度等均受到媒体一致好评。在新法实施过程中，有一些值得关注的现象和问题。

一是过半百姓对新修订的《食品安全法》知之不多，用之甚少。比如2016年3月40省市消协共同发布的《全国食品安全调查报告》显示，四成多消费者不细看食品标签及说明。遇到食品安全问题后有 **19.91%** 的消费者"忍气吞声，自认倒霉"。这种情况发生的原因在于虽然食品药品监管部门通过各种途径加大食品安全宣传力度，相比较而言，行业媒体关注度较高，大众媒体在食品安全方面议程设置的积极性还需要进一步调动。

二是"三小"监管、网络订餐食品安全、保健食品虚假宣传、婴幼儿配方食品监管等痛点、热点、难点交织。"三小"、网络订餐等问题恰恰也是食品安全领域燃点最低的，很容易爆发舆情。

三是职业打假人的兴起给食品安全监管带来新挑战。新法律的出台一方面把消费者合法权益的保护提升到更高的高度，另一方面也对商家合法经营提出了更高的要求，同时也催生了职业打假人的大批涌现。各地职业打假案例增加较明显，极大地占用了本来就不足的监管力量。

四是食品安全舆情管理能力有待持续提高。从一年来新修订的《食品安全法》的舆情情况来看，网民个体的努力固然推动舆情的发展，但对食品安全问题的深入探讨还需要通过专业媒体来实现。主流观点对舆情的发展方向起到决定性作用。

传统媒体的专业性、公信力和权威性，在一定程度上弥补了网络传播的非理性缺陷。对于食品安全事件的舆论引导，应该充分利用传统媒体和网络舆论的传播特点和规律，形成正面正向、理性互动的舆论气场。同时，监管部门在平时就要注重食品安全知识的普及、教育和传播，以培养网民理性辨识食品安全信息的能力，最终让他们从关心身边食品安全的"吐槽者"转化为食品安全监管舆论气场的"建设者"。

第二节 《国务院关于修改〈疫苗流通和预防接种管理条例〉的决定》

2015年4月，济南破获一起涉案价值达5.7亿元的非法经营人用疫苗案。这起案件在2016年3月掀起轩然大波，引起公众、受种者和儿童家长对疫苗安全性的担忧，舆情风波持续发酵。

2016 年 4 月 13 日，国务院常务会议明确对 357 名公职人员予以撤职、降级等处分。会议指出，疫苗质量安全事关人民群众尤其是少年儿童生命健康，是不可触碰的"红线"。问责消息一出，得到公众热烈响应。

2016 年 4 月 23 日，李克强总理签署国务院令，公布《国务院关于修改〈疫苗流通和预防接种管理条例〉的决定》（以下简称《决定》），自公布之日起施行。《决定》共 24 条，主要针对山东济南非法经营疫苗系列案件暴露出来的问题，着力完善第二类疫苗的销售渠道、冷链储运等流通环节的法律制度，建立疫苗全程追溯法律制度，加大处罚及问责力度。

疫苗管理条例的一系列变化，彰显了政府防控监管风险、捍卫公众福祉的决心。凡发现漏洞，必须坚决地堵住。国务院的雷厉风行引发密集报道。

2016 年 4 月 25 日，国家食品药品监督管理总局发出通报，公布济南非法经营疫苗系列案件中 45 家涉案药品经营企业的查处情况，以及对案发现场扣押的产品检验情况。

一、媒体报道

（一）报道政府部门行动，包括国务院的决定和相关单位的行动

如新华社 2016 年 4 月 25 日发布的消息，报道李克强总理签署国务院令公布《国务院关于修改〈疫苗流通和预防接种管理条例〉的决定》，该消息得到最大数量的传播与转发。又如《北京青年报》2016 年 4 月 25 日刊登的《北京二类疫苗招标采购由市疾控统一管理》，反映了《条例》修订带来的疫苗采购变化。

（二）对法规修订、制度改革的解读

解读文章中，国家食品药品监督管理总局、法制办、国家卫计委的相关负责人答记者问最受瞩目，新华社 2016 年 4 月 25 日发布的《规范流通·全程冷链·流程溯源——新版疫苗流通和预防接种管理条例解读》全面阐述了新条例的变化和修法宗旨。

（三）关注企业在疫苗事件中的处境，探讨新政对业界的影响

如《上海证券报》2016年4月22日刊登的《"疫苗门"罚单落地 沃森生物子公司许可证吊销》，报道涉事企业被惩处的状况。又如2016年4月26日第一财经刊登的《二类疫苗流通新政：配送公司坐地涨价？》，文章对新政提出一些疑问，对法律的执行表达出些许忧虑。

（四）发布跟疫苗安全相关的评论、科普文章

如《法制日报》2016年4月27日刊登的《进口疫苗更安全？专家：国内各环节均有规范制度》，从科学角度探讨国产疫苗的质量与安全性。又如财新网2016年4月26日发布的《山东疫苗案内幕揭开 问责与改革走向何方》，辨析了新规能否解决旧问题这一关键点。

二、舆情研判

2016年4月23日，李克强总理签署国务院令，公布《国务院关于修改〈疫苗流通和预防接种管理条例〉的决定》，从流通方式、存储、运输、问责等方面都做了大的调整，引起业界和公众广泛关注。

一般来说，当有食品药品安全事件发生后，一些个案很容易被过度解读，经过放大性传播后引发公众的担心和忧虑，甚至产生一些不理智的应对行为。尽管免疫规划工作是预防、控制乃至消灭传染病最经济、安全和有效的手段。但公众一旦失去信任，很容易选择放弃接种疫苗。20世纪50年代卡特事故发生后，许多美国公众选择放弃接种脊髓灰质疫苗，之后用了60年才恢复了公众信任。免疫屏障一旦被撕开缺口，一些藏匿已久的病菌又将卷土重来。要避免这类现象，加强疫苗监管与通过有效舆论安抚人心同样重要。自2016年3月中下旬山东问题疫苗事件成为舆情热点，到2016年4月中下旬疫苗条例修订完成，可以说政府相关部门这次在回应社会关切、积极进行制度弥补方面，立行立改、可圈可点，为公众重建"疫苗信心"奠定了基础。

从新修改的条例公布后的舆情反响看，着力完善第二类疫苗的销售渠

道、冷链储运等流通环节法律制度，建立疫苗全程追溯法律制度，加大处罚及问责力度等关键点受到积极评价。由于此次基于山东非法经营疫苗案件暴露出来的突出性问题进行的有针对性的修改，重点涉及疫苗的流通环节，并未涉及研发、生产和接种环节，从长远来看，全面防控疫苗质量风险，真正从制度设计和政策执行层面构建"从实验室到医院"的全链条监管体系，还需通盘考虑、审慎对待。

就当时而言，在推动条例落地过程中，若不能迅速出台相关配套细则，厘清具体操作问题，极有可能会产生新的舆情关注点。譬如：如何划定监管责任边界，监管部门对脱离冷链运输的疫苗质量安全评判的依据是什么，是检验结果抑或是脱离冷链运输的时间？若是前者，对检验结果合格的产品如何处理？若是后者，评判的科学性是否有足够支撑？再譬如：如何确保疫苗储存、运输的冷链要求落到实处？具体来说，生产企业的冷链配送能力、县级疾病预防控制机构的冷链储存能力都是媒体关注的焦点。此外，配送成本的大幅提升，是否会导致生产企业在省级招标平台的报价大幅提高，导致二类疫苗采购价格大幅上升；是否会导致无法对偏远区县二类疫苗进行配送或配送不及时，使得偏远区县的受众人群不能或不能及时接种二类疫苗，都可能形成新的舆情风险点。

因此，新条例实施的同时，配套制度要及时跟进，历史遗留问题要及时解决，食品药品监管、卫计委、疾控中心等相关部门要加强协同配合，搭建新条例下的疫苗监管新框架，这样才能实现通过实施新规有效提高政府公信力和执行力的目标，也才能为这场疫苗风波圆满画上休止符。

第三节 《婴幼儿配方乳粉产品配方注册管理办法》

2016年6月8日，国家食品药品监督管理总局发布了《婴幼儿配方乳粉产品配方注册管理办法》（以下简称"奶粉新政"），并宣布10月1日起正式实施，被业界称为"史上最严奶粉新政"。政策一经发布，便得到了《人民日报》、《南方日报》、《中国医药报》、新华网等主流媒体的转载和解读，自媒体平台也陆续发声。"奶粉新政"要求婴幼儿配方乳粉生产企业严格按照要求对产品配方进行注册，引发行业在较长时间内的高度关注。

一、媒体报道

对于"奶粉新政"及相关配套政策文件，绝大多数媒体报道均持支持态度，负面观点比较少。媒体报道涉及的负面观点主要集中于"奶粉新政"的实施会导致企业成本增加、压抑企业创新，配方注册对中小企业难度大等方面。

（一）新政会导致企业成本增加

南方周末网于 2016 年 12 月 26 日发表了《"专治各种眼花缭乱"婴幼儿奶粉注册，过渡期不好过》一文称：有外资企业人员担心，如果尺子很严，很多目前的品牌名称包装都要更改，那么各大厂家培养的用户可能都会不复存在，重新再做品牌教育将会是一笔不菲的费用。"如果改了名字，哪怕一个字，商超就会算新品种进入，而进一个超市就要几百万的费用。"该外资乳企人员颇有微词，在她看来，名字标签等都是企业正常的商业策略，并不影响产品质量和安全，现在的要求有些过度。

（二）配方数量限制或压抑企业创新

南方周末网《"专治各种眼花缭乱"婴幼儿奶粉注册，过渡期不好过》一文称：几家国内外大企业坦言，配方注册时间非常紧张，材料很复杂，他们都在举全公司之力在做准备。文中还提到"注册申报一个配方太复杂了，而且做出有差异性的新配方更不容易，会影响新品研发的积极性。"认为新政目前对配方数量的限制，或将对企业创新的积极性造成一定的影响。

（三）配方注册对中小企业难度较大

《中国产经新闻报》2016 年 11 月 10 日刊发《奶粉新政成效初显 小品牌奶企或将"断奶"》新政实施之后大量的中小品牌和贴牌奶粉将淡出市场。同时注册制也预示着洋奶粉准入门槛将进一步提高。《第一财经日报》于

2016 年 9 月 30 日刊发《媒体：最严奶粉新政实施后 2/3 品牌将消亡》，认为新政是进一步提高配方注册门槛，让中小品牌和贴牌商彻底出局，从而终结 2000 多个品牌的乱象。《南方日报》于 2016 年 11 月 18 日刊发《奶粉新政细则出台 科研门槛或难住中小乳企》，认为新政里对企业影响最大的是要求企业需要有科研力量，而科研门槛的提高对于大多中小企业来说是一道难以迈过去的坎。特别是国内中小品牌奶粉企业，将面临严峻危机，中小经销商中的小门店也将被淘汰出局。

（四）洋奶粉准入门槛提高

《现代快报》2016 年 10 月 11 日刊发《乳粉新政 10 月起实施洋奶粉准入门槛提高》，新政的实施无疑会将不符合中国标准和政策规定的"洋品牌"拒之门外，虽然可能会对奶粉进口量造成一定影响，但却能在源头上保障进口奶粉"舌尖上的安全"。《北京青年报》于 2016 年 8 月 17 日刊发《婴幼儿奶粉新政 10 月 1 日实施 注册制将严打"洋奶粉"？》，对于中国此次实施的奶粉新政，有业内人士称其标准、体系的规定和要求都将是全世界最严格的，因此很多不符合中国标准的洋奶粉将被阻止入境，对洋品牌奶粉可能造成不小的打击。

二、舆情研判

被称为"史上最严奶粉新政"的《婴幼儿配方乳粉产品配方注册管理办法》自 2016 年 10 月 1 日实施后，在 2017 年新政实施即将进入关键时期。新政自颁布以来引起了媒体和行业的高度关注，从舆情数据来看，基本上也得到了行业、媒体和公众的支持。分析其原因，国家食品药品监督管理总局在"奶粉新政"的颁布阶段所进行的有效的舆论引导起到了关键作用。国家食品药品监督管理总局领导多次在政策的解读过程中将"奶粉新政"与规范行业秩序、提高国产奶粉质量、提升消费者信心联系在一起，这也是社会普遍对"奶粉新政"抱以较大期望的原因所在。分析可知，官方解读和主流媒体的相关报道对大众认知起到了正面引导的作用。

随着新政的落地，随后一段时间的舆情并未平静，"哪家企业将获得首张配方注册证""众多中小企业注册受阻后何去何从""过渡期结束后外资品牌被限"等都备受关注。另外应当注意的是，若新政在推行过程中存在不顺利的情况或是未能达到预计效果时，会非常容易引发对新政的负面舆情。从事后监测到的舆情来看，较多企业反映当前注册程序较复杂，在相关资料提交方面虽有参考文件，但在细节方面，如配方独立性、适用性，没有可以参照的样本等。对此，相关部门应及时采取相应措施，防止引发负面舆情。

第四节 《中医药法》

2015 年 12 月 21 日，中医药法草案首次提请第十二届全国人大常委会第十八次会议审议。30 多年来，关于中医药立法的各种争议、博弈从未停止。这部意在解决中医药发展困境的草案一出世，便陷入争论漩涡。支持者认为，鼓励、保护性措施对陷入困境的中医药犹如久旱甘霖，十分必要；而反对者则担心不尊重科学的特权保护，或为医药安全带来新隐患。2016 年 8 月 29 日、12 月 19 日，中医药法草案二审稿和三审稿均受到了媒体关注。

2016 年 12 月 25 日，全国人大常委会办公厅举行的新闻发布会上透出消息，历经两年之久的《中医药法》终于通过第十二届全国人大常务委员会第二十五次会议审议，这是我国第一部全面、系统体现中医药特点的综合性法律，对于中医药行业发展具有里程碑意义。《中医药法》分为"中医药服务""中药保护与发展""中医药人才培养""中医药科学研究""中医药传承与文化传播""保障措施"和"法律责任"等 9 章，共63 条，将于 2017 年 7 月 1 日起施行。这一消息再一次将《中医药法》推向舆论的高潮。

一、媒体报道

（一）对中医药法草案二审和三审稿的关注

中医药法草案二审和三审均受到了主流媒体的关注。如澎湃新闻网发表《中医药法草案二审：经典古方申请药品文号可不用做临床试验》。2016 年 8 月 29 日，中医药法草案第二次提请全国人大常委会审议，草案二审稿进一步加强了对中药材种植养殖、流通使用和医疗机构中药饮片炮制、中药制剂配制等的监督管理。新华社发表《全国人大常委会组成人员热议中医药法草案三审稿》，2016 年 12 月 19 日全国人大常委会分组审议中医药法草案时，如何通过完善立法保障中药材品质，成为与会人员的焦点话题。

（二）解读《中医药法》亮点

《中医药法》一经发布，受到大量媒体关注，纷纷发表解读文章，媒体关注民间中医、中医药服务监管等内容。如《中国中医药报》刊发《五大亮点读懂中医药法》，指出《中医药法》有五大亮点：第一，明确了中医药事业的重要地位和发展方针；第二，建立符合中医药特点的管理制度；第三，加大对中医药事业的扶持力度；第四，坚持扶持与规范并重，加强对中医药的监管；第五，加大对中医药违法行为的处罚力度。

（三）《中医药法》颁布的重大意义

媒体普遍认为，中医药法用法律的方式将党和国家发展中医药的方针政策固定下来，体现了人民群众对于中医药的期盼和要求，对于中医药行业发展具有里程碑意义，具体体现在三个方面：第一，制定《中医药法》对于继承和弘扬中医药，促进中医药事业健康发展具有重要意义；第二，制定《中医药法》对于深化医药卫生体制改革，促进健康中国建设具有重要意义；第三，制定《中医药法》对于促进中医药的国际传播和应用，提升中华文化软实力具有重要作用。

（四）分析《中医药法》对行业产生的影响。

药通网发表《中医药法颁布对中药材行业的影响》，认为该法案的颁布，对于中药乃至整个中药产业，将是一场大的变革。第一，中药材的需求将大幅度增加；第二，中药材质量更有保障；第三，加强野生中药资源保护；第四，中药饮片炮制更规范化。中国网发表《中医药法通过，中医药产业迎来史无前例的黄金时代》，文章指出，中医药法出台，是中医药数千年历史上最重大的事件之一，在健康中国、造福世界的大背景下，中医药人将面临百年难遇的发展机会，中医药产业将迎来史无前例的黄金时代。华南理工大学教授蓝海林认为，随着供给侧结构性改革不断深入，中医药将从当前治病为主向健康养生、治未病延伸，未来中医药产业是万亿甚至十万亿元级别。

二、舆情研判

草案自 2015 年 12 月 9 日通过国务院审议，到 2016 年 8 月 29 日启动二审，2016 年 12 月 19 日启动三审，12 月 25 日通过审议，立法速度之快，在国家立法中并不多见。对于相关部门来说，需要注意以下几点。

第一，调查研究应提早动手

《中医药法》实施指日可待，一旦开始实施，就亟需制定出台相对应的实施条例或实施细则，而制定具体的操作规范比制定宏观立法规定更为艰难，需要提早调查研究，掌握第一手资料，拿出针对性意见。一方面防止由于立法空白或重大漏洞导致系统性风险发生；另一方面防止由于准备不足而导致立法意见操作性不强。

第二，转变观念要从我做起

《中医药法》与现行《药品管理法》相比，有很多新理念、新规定，各级食品药品监管部门及每一名监管人员都应当高度关注《中医药法》的立法，了解其主要内容，思考将要面临的新形势，在今后的监管中转变思维，按照"四个最严"的要求，该严则严，应放尽放，真正实现继承和弘扬中医药，保障和促进中医药事业发展，促进健康中国建设的立法初衷。

🔍 第五节 《关于开展仿制药质量和疗效一致性评价的意见》

　　中国是仿制药大国，但从质量、工艺及辅料等方面看，往往因技不如人很难在国际舞台上受人瞩目。2015 年，国家食品药品监督管理总局陆续发布《关于开展仿制药质量和疗效一致性评价的意见（征求意见稿）》以及《关于开展药物临床试验数据自查核查工作的公告》，从源头上保障药品安全有效，国产仿制药将迎来一次全新的变革，给有研发实力的高品质创新企业带来利好，也使百姓能够用上放心药。

　　2016 年 3 月 5 日，国家食品药品监督管理总局官网正式发布《国务院办公厅关于开展仿制药质量和疗效一致性评价的意见》（以下简称《意见》）。《意见》要求已经批准上市的仿制药品，要在质量和疗效上与原研药品能够一致，在临床上与原研药品可以相互替代。《意见》称，开展仿制药质量和疗效一致性评价工作，对提升我国制药行业整体水平，保障药品安全性和有效性具有十分重要的意义。此次仿制药一致性评价话题的重提，再次引发舆情关注。

一、媒体报道

（一）对《意见》进行事实报道

　　微信公众号"蒲公英""医谷""药渡"及"中国医药生物技术协会"等医药公众号都对《意见》予以转载。

　　新华社发布《中国明确仿制药质量和疗效需达到与原研药一致》，《人民日报》刊登《国办印发意见 部署仿制药质量疗效一致性评价工作》，《健康报》刊发《仿制药质量疗效将接受一致性评价》等，都对《意见》内容进行了报道。

（二）《意见》给企业带来的影响

　　第一，推进制药行业的质量发展

　　微信公众号"中国医药报"发布的《全国人大代表李秀林：牢记总书

记谆谆教导 一致性评价捡到"金元宝"》指出，近日国务院办公厅下发的《意见》，对提升我国制药行业发展质量，保障药品安全性和有效性，促进医药产业升级和结构调整，增强国际竞争力，都具有十分重要的意义。微信公众号"医药云端信息"发布《一致性评价方案终于尘埃落定》指出，国家食品药品监督管理总局打出一连串的组合拳，看似分块出击，但内在的逻辑联系是一致的，即整顿存量的批文资源，解决新增无序的新药申请，加快各项制度的改革，以推进行业的规范和发展。

第二，促进化学药品生产厂家向创新型企业发展

腾讯财经转载的行业研究报告《医药生物行业 - 化学药品注册分类方案及仿制药一致性评价意见简评》指出，新药注册分类鼓励创新，注重临床价值及质量，长期利好创新型企业，短期对仿制导向型企业造成冲击。微信公众号"咸达数据"发布《一致性评价，药企又一生死劫？》，指出一致性评价影响着我国几乎 90% 的化学药品生产批文，对于化学药品生产厂家而言，是继 2010 年 GMP 以后又一生死劫。

第三，担心促使药品成本上涨

全国人大代表、天津中医药大学校长、中国工程院院士张伯礼认为，《意见》要求制药企业开展仿制药的一致性评价，可能会给企业增加额外的负担，但确实有必要通过这种方式倒逼企业提升质量。财新网发布《仿制药一致性评价成本 500 万 药品将涨价》，微信公众号"赛柏蓝"发布《一致性评价真来了！要花钱！》，均指出《意见》的出台将可能促使药品成本的上涨。

（三）《意见》给仿制药格局带来的影响

《21 世纪经济报道》刊登《药品审批首现政府工作报告 仿制药格局将重塑》。文中指出，业内一致认为开展仿制药质量和疗效一致性评价工作，有助于提升我国制药行业整体水平，未来占我国用药市场大比例的仿制药也将迎来洗牌，行业格局将重塑。网易财经、腾讯财经、搜狐网、和讯网等多家媒体对此信息予以转载。

（四）与征求意见稿进行对比

微信公众号"国药致君"发布《国务院办公厅关于开展仿制药质量和

疗效一致性评价的意见》，文中从评价时限和对象、选用评价方法两方面进行了对比。微信公众号"医药地理"发布《一致性评价引热议 是时候亮出您的看法了！》，文中对条款的细节变动进行了详细的报道。

（五）加强仿制药的研发与国产化

人民网发布的《卫计委谈仿制药：谈判成功后专利药将降幅很大》和《环球时报》刊发的《中国重疾药有望降价一半 将加强仿制药国产化》均认为将会加强对仿制药的研发和国产化。

二、舆情研判

2012年2月13日，《国家药品安全"十二五"规划》公布。规划首次明确提出，全面提高仿制药质量。对2007年修订的《药品注册管理办法》施行前批准的仿制药，分期分批与被仿制药进行质量一致性评价，其中纳入国家基本药物目录、临床常用的仿制药在2015年前完成，未通过质量一致性评价的不予再注册，注销其药品批准证明文件。药品生产企业必须按《药品注册管理办法》要求，将其生产的仿制药与被仿制药进行全面对比研究，作为申报再注册的依据。

4年时间已经过去，仿制药一致性评价到底怎么评，一直没有定论，但提升仿制药质量则是板上钉钉的事情。在这个背景下，关于仿制药一致性评价的任何风吹草动，都会引发业内集体躁动。2016年3月5日，《国务院办公厅关于开展仿制药质量和疗效一致性评价的意见》一经露面，也就毫无意外地成为舆情关注焦点。

仿制药一致性评价的风吹了4年，特别是2015年开始的一系列药审改革举措，围绕仿制药一致性评价国家食品药品监督管理总局打出了一连串组合拳，如何评价的方法愈发清晰。当监管部门和企业目标指向相同，改革的阻力已然尘埃落定。下一步，作为承担一致性评价主角的企业，该如何具体操作，比如落后的BE这一课该如何补课，需要示范者。示范者的产生，离不开监管部门的指导。这是企业关注的焦点，而有焦点的地方，必然产生舆情。

第六节 《药品上市许可持有人制度试点方案》

2016 年 6 月 6 日，国务院办公厅印发《药品上市许可持有人制度试点方案》(以下简称《方案》)，对开展药品上市许可持有人制度试点工作作出部署。

《方案》提出，试点行政区域内的药品研发机构或者科研人员可以作为药品注册申请人，提交药物临床试验申请、药品上市申请，申请人取得药品上市许可及药品批准文号的，可以成为药品上市许可持有人。持有人不具备相应生产资质的，须委托试点行政区域内具备资质的药品生产企业生产批准上市的药品。持有人具备相应生产资质的，可以自行生产，也可以委托受托生产企业生产。《方案》要求，受托生产企业需持有相应药品生产许可证和 GMP 认证证书。

另外，《方案》明确了试点药品范围，具体包括方案实施后批准上市的新药、按与原研药品质量和疗效一致的新标准批准上市的仿制药以及方案实施前已批准上市的部分药品。

一、媒体报道

（一）对《方案》进行事实报道

方案一经发布，受到主流媒体的关注。如新华社发表《国务院办公厅印发＜药品上市许可持有人制度试点方案＞》；又如《人民日报》刊发《开展药品上市许可持有人制度试点》；再如《北京商报》刊发《十省市试点研发者可申请药品注册》等，此类信息传播最广。

（二）对《方案》进行解读和评论

如央广网发表《制药行业"包产到户"利益到人更要追责到人》，认为该政策其实是从制度层面给予相关行业一个激励作用。在政策出台的同时，尤其需要注意的是，虽然激活了科研群体对于药品研发方面的能动性和积极性，但对于个人群体所应该担负的一些责任和义务的监督方面尤其不能放松，在这方面，下一步应该推出更多的管理细则。

二、舆情研判

药品上市许可持有人制度试点，是药品审评审批制度改革的一项重要内容。这对于鼓励药品创新、优化资源配置、提升药品质量、促进产业升级的重要意义是不言而喻的。

从历史的发展分析，将更能理解这项改革的破冰之意。1985 年实施的《药品管理法》对药品注册和生产作出了"捆绑"规定，至今已有三十多年。随着我国医药产业的发展，研究力量的壮大，"捆绑之困"日益突出。新药研发者的科研成果只能"卖"给生产企业，无法享受到产品上市带来的红利，挫伤了研发机构和科研人员的研发积极性；研发力量不足，导致我国医药产业"大而不强"，参与全球竞争实力较弱。这些都与新时期调整结构、创新驱动、提质增效的要求不相适应。只有"松绑"，才能让更多的资金、智力资源投入到医药研发环节，促进医药经济由"中国制造"向"中国创造"转型升级。

从全球的视野看，欧美、日本等发达国家和地区普遍实行该项制度。这不是权宜之计，而是适应医药经济发展"资金密集""技术密集"特点的必然选择。药品上市许可持有人制度给药品注册和生产松了绑，有利于调动药品研发机构和科研人员创制新药的积极性；有利于产业结构调整和资源优化配置，明晰上市许可持有人和生产企业的职责，发挥各自技术优势和特长，促进专业分工，提高产业集中度，避免重复投资和建设；有利于明确上市许可持有人和生产企业的法律责任，更好地保障药品的安全、有效和质量可控。

当然，中国的试点，必须符合中国的实际。因地制宜，审慎研究，积极尝试，才是长久之计。从这次试点方案中，也可以看到制度设计者的良苦用心。如试点药品范围，包括了方案实施后批准上市的新药、按与原研药品质量和疗效一致的新标准批准上市的仿制药以及方案实施前已批准上市的部分药品。此范围也一定程度上与药品注册分类改革、仿制药一致性评价相呼应，既注重鼓励创新，又紧紧把握住提高药品质量这一核心要义。

可以期待，从现在的试点工作出发，药品审评审批制度改革的组合拳能够给我国医药产业带来新的生机与活力。

第七节 《关于修改〈药品经营质量管理规范〉的决定》

2016 年 7 月 20 日，国家食品药品监督管理总局公布《关于修改＜药品经营质量管理规范＞的决定》。新修订的《药品经营质量管理规范》(以下简称"药品 GSP"），自公布之日起开始施行。

此次修改主要涉及三个方面的内容：一是对药品流通环节中药品经营企业如何执行药品追溯制度提出了操作性要求；二是将药品 GSP 中关于疫苗经营企业的相关规定修改为疫苗配送企业的要求；三是将首营企业需要查验的证件合并规定为"营业执照、税务登记、组织机构代码的证件复印件"。

此公告一经发布，立即引起媒体和公众的广泛关注。

一、媒体报道

（一）报道总局发布公告的事实、解读新修订的药品 GSP

《中国医药报》、中国证券网、中国医药信息网发布《国家食药监总局修改药品经营质量管理规范》等文章对国家食品药品监督管理总局发布新修订的药品 GSP 进行了报道。人民网发表《新修改＜药品经营质量管理规范＞解读》，对药品 GSP 的修改原因和修改内容进行了详细的解读。此外，慧聪网、中国医药网、呼伦贝尔日报等媒体也发表了解读性文章。

（二）聚焦"电子监管码"和"药品追溯制度"

《南方日报》刊登的《药品追溯系统取代电子监管码》表示，纷扰多时的"药品电子监管码"彻底退出历史舞台，被"药品追溯系统"取代。此举意味着药品电子监管码彻底退出历史舞台。而另一方面，企业未来仍然需要投入巨资打造药品可追溯体系。微信公众号"第一药店财智"发表文章《电子监管码退出，GSP的"追溯制度"该如何构建？》指出，建立药品追溯体系需要监管部门切实履行监管"第一责任"并做好顶层设计与标准制定，同时在行政审批、日常监督之中，将其作为硬性的指标，以行政手段确保其执行到位。只有当追溯系统的认识问题、责任界定、促进措施得到了落实，市场决定下的第三方参与才更具开放性和竞争力。

针对阿里健康的回应，医谷网发布《阿里健康说最新修订版药品 GSP 对其影响不大》称，这对于饱受争议的阿里健康而言反而是一种解脱。阿里健康表示，目前在国家食品药品监督管理总局指导下继续运营药品电子监管网，但亦已开始开发全新市场主导型追溯解决方案，协助企业履行遵守监管法规需要。

（三）探讨疫苗冷链配送问题和地方执行状况

人民网发表《新修改<药品经营质量管理规范>明确疫苗配送储存资质》对疫苗冷链配送储存问题进行了重点强调。《长江日报》刊登文章《应对问题疫苗，何必等"国标"》指出，新修订的药品 GSP 是对"问题疫苗"的制度建设性回应，表明了国家确保疫苗安全的决心。但是，一些问题未必需要等到全面发生才被发现、关注，根据新的指令或要求完成推进，很多问题本来可以在地方、区域内得到局部控制，应当视为城市管理的一部分，放在地方治理思考和解决的事项中。《长江日报》刊登的另一篇文章《无冷链温度记录疫苗直接拒收》则反映了武汉严格执行药品经营质量管理新规的状况。

（四）分析新修订的药品 GSP 对医药行业的影响

东兴证券发表文章《借新版 GSP 出台浅谈流通行业之变革》表示，新修订的药品 GSP 出台的核心意义是为了提升行业规范度、斩断药企与医生间的利益关系，进而实现医药分家。最终目的是为了提高行业规范度、剔除医疗费用增长中"不合理"的部分，或许在短期内会对一些企业有误伤，但是长期来看，龙头企业、规范运营的企业必然将在医药行业结构优化、逐渐去产能的大时代中受益。从存量上来看，流通行业集中度将逐步提高；从增量上来看，医药分家、处方外流将为流通行业带来空间。

二、舆情研判

此次新修订的药品 GSP 的最大亮点就是明确并完善了药品追溯体系建设。药品追溯的目的是通过对问题药品的追溯和责任追究，对业内类似问题或后续经营行为产生广泛的警示作用，倒逼经营企业前移安全关口，时时注重质量规范建设。同时，监管部门对企业追溯体系建设的高标准要求，可以促使企业优化销售渠道、精简销售环节，既有利于降低追溯系统建设成本，也有利于抑制流通环节药品价格虚高。

当前追溯体系之所以受到重视，正是因为追溯体系建设发挥了企业的主体作用，也充分结合了企业原有营销渠道，使得体系建设无须另起炉灶、简约可行；体系运行以重点带一般，促成了企业降低建设成本和政府节约监管成本的双赢格局。

可以肯定，以药品 GSP 修订为契机加快药品追溯体系建设，一定程度上可以助推医药卫生体制改革的进程。

第八节 《网络食品安全违法行为查处办法》

2016 年 7 月 14 日，国家食品药品监督管理总局在新闻发布会上公布《网络食品安全违法行为查处办法》（以下简称《办法》)，《办法》于 2016 年 10 月 1 日起施行。《办法》对网络食品交易第三方平台提供者和入网食品生产经营者规定了向当地主管部门进行备案、对入网食品信息进行登记、保存食品交易信息等义务，首次明确各级食药监部门是网络食品安全的监管方，也是查处网络食品安全违法行为的第一执法主体。消息公布后，引发媒体热切关注，网友普遍叫好。

舆情监测显示，媒体与网民对《办法》中规定的可对网络食品抽检采取"神秘买家"的制度较感兴趣。对第三方电商平台将承担网络食品安全的连带责任，舆论多持正面评价，认为此项抽检制度抓住了第三方平台的"牛鼻子"。

《办法》出台后，中国在网络食品交易监管上实现两个"第一"。即成为全球第一个在食品安全法中明确网络食品交易第三方平台义务和相应法律责任的国家和第一个专门制定《网络食品安全违法行为查处办法》的国家。

一、媒体报道

（一）聚焦新闻发布会的内容，报道《办法》出台

如中国网 2016 年 7 月 14 日发布的《<网络食品安全违法行为查处办法 >10 月 1 日起施行》，得到最大数量的传播与转发。

（二）抓住《办法》中的制度创新亮点，予以报道

如《光明日报》2016 年 7 月 19 日刊登文章《以"神秘买家"制度夯实网络食品安全》，又如《京华时报》2016 年 7 月 15 日刊登的《国家食药监总局：网络食品实行"神秘买家"抽检》。此类报道多数集中在"神秘买家"这一抽检新规上，引起不少读者注意。

（三）解读《办法》，预估监管效果

如《北京青年报》2016 年 7 月 15 日刊登的《网络食品安全监管重在适度与平衡》，肯定了新规的适度与监管分寸；又如《光明日报》2016 年 7 月 19 日刊登的《以"神秘买家"制度夯实网络食品安全》，对"神秘买家"制度的实施提出若干疑问，并给予建议。

二、舆情研判

人们接受一项政府的决策，尤其是涉及自身利益、具有改革意味的政策，往往非常困难。在今天这样一个"媒介化社会"，单纯依靠自上而下的

"指令性"模式，仅仅关注行业内的反馈，即使是利国利民的好政策，恐怕也难以收到预期的效果，有时甚至易诱发公众的"逆反"情绪，导引负面舆情的爆发。2016 年 7 月 14 日，国家食品药品监督管理总局出台的《网络食品安全违法行为查处办法》提供了一个政策传布的好范本。

之所以使用"传布"，意在强调政策不仅仅是"发布""公布"了事，还有一个"传播"的问题。1962 年，美国发展传播学代表人物罗杰斯在其专著《创新的扩散》中，曾指出任何一个具有"创新"意味的实践，大致都包含四个明显的环节：知晓、劝服、决策、证实。与之相类似，政府职能部门出台的每一项政策、法规，大体也需要经历这样一个复杂的过程，除了充分调研、论证、听证、实施等常规环节，还必须缜密策划政策信息的传播。具体到本次《办法》，其扩散突出了以下三大特质。

（一）寻找并凸显政策与公众切身利益的相关性

公众关注政府政策的基点、考察政府政策合理性的标准，就是"与我相关"。因此，政府部门要想获得公众的支持，就必须强化其政策与公众利益的相关性。可以看到，无论是新闻发布会上的"答记者问"，还是在国家食品药品监督管理总局对《办法》的"问题解读"中，都明确凸显了该政策的"问题导向"。换言之，《办法》就是以强化网络食品安全监管，维护社会公众健康为旨归。从这个意义上说，这也是此次《办法》获得舆论普遍支持的根本原因。

（二）突出"亮点"，为传媒设置议程

作为新闻传媒重要的信息源，政府常常能够通过突出信息的"亮点"来为传媒设置议程，亦即影响传媒报道的路径与方向，进而引导社会舆论走向。在《网络食品安全违法行为查处办法》出台的同时，国家食品药品监督管理总局就有意识传递了两个重要"第一"，因为是"亮点"，所以这毫无悬念地成为媒体竞相报道的重点。此外，"神秘买家"制度更体现了政策的可操作性和公正性，也焕发了公众对于此政策的信心。

（三）切实建构通畅、多元的传播渠道

"媒介即信息"。因此，对于政府而言，其决策要充分考量"媒介"的

力量。在本次《办法》的传布中，国家食品药品监督管理总局通过召开新闻发布会有力地连接了大众传媒、政府与公众，同时，利用总局网站及时发布相关信息和政策解读，也为政策的扩散提供了更权威的平台。这样，由政府主导的政策信息便迅速出现在了各大微信与微博平台，关注度和说服力自然大大提升。

附录：

2016 年食品药品舆情大事记

2016 年 1 月

1 月 3 日	重庆披露三则药品医疗器械违法广告
1 月 4 日	河北出台改革药品医疗器械审评审批制度实施意见
1 月 5 日	山东烟台查获 3000 支肉毒素化妆品
1 月 6 日	北京召开食品安全标准工作专题会议
	廉价药 "长效青霉素" 多地断货
1 月 7 日	记者调查河南鹤壁一家食品厂非法使用添加剂遭扣留
1 月 8 日	重庆 "夜明猪" 事件
1 月 9 日	日本血液制品或致使用者感染艾滋遭重罚一事被曝光
1 月 10 日	2015 年度世界中医药十大新闻揭晓
1 月 11 日	国家食品药品监督管理总局声明我国未进口日本血液制品
	百度被指出卖 "血友病吧"
1 月 12 日	国家食品药品监督管理总局修订血塞通和血栓通注射剂说明书
	药品注册申请现主动 "撤回潮"
1 月 13 日	国务院常务会议决定推行四类餐饮服务场所 "两证合一"
	《焦点访谈》聚焦放线菌素 D 短缺情况
1 月 14 日	北京率先试点药品上市许可人制度

国家食品药品监督管理总局发布《食品药品投诉举报管理办法》

1月15日　北京朝阳区查获假冒白酒 3000 多瓶

1月16日　法国药物试验事故致 1 人脑死亡 5 人就医

1月17日　湖北武汉一仓库涂改临期化妆品生产日期

1月18日　福建"毒豆芽"案重审

　　　　　海南海口再现 1000 公斤问题冻肉

1月19日　《中医药法（草案）》征求意见座谈会在京召开

1月20日　35 家餐饮服务单位经营的食品中检出罂粟壳成分

　　　　　国家食品药品监督管理总局宣布 128 家企业撤回 199 个药品注册申请

1月21日　全国食品经营监管工作会议在京召开

　　　　　小牛血类药品问题频曝光，复星医药等企业否认停产

1月22日　"黑电台"非法售药被曝光

1月24日　高铁餐饮保障引发争议

1月25日　湖南养天和大药房状告国家食品药品监督管理总局

　　　　　新华社曝光阿胶产业原料造假乱象

1月26日　国家食品药品监督管理总局通报 7 家药品经营企业购销非法回收药品

1月27日　北京试行蔬菜可追溯体系

1月28日　习近平对食品安全工作作出重要指示

　　　　　发改委开出首张药品反垄断罚单

1月29日　国家食品药品监督管理总局通报 11 起药品违法案件，9 家药企执照被吊销

1月30日　黑龙江大庆 122 家药店被注销《医疗器械经营企业许可证》

2016 年 2 月

2 月 3 日　国务院印发《关于整合调整餐饮服务场所的公共场所卫生许可证和食品经营许可证的决定》

2 月 4 日　国家食品药品监督管理总局发布冬虫夏草类产品砷超标消费提示

2 月 5 日　青海春天发布公告质疑国家食品药品监督管理总局虫草砷超标检测结果

2 月 6 日　国家食品药品监督管理总局表示将妥善解决电子监管码等历史遗留问题

2 月 9 日　央广网证实河南周口近 400 名儿童接种过期疫苗为谣言

2 月 11 日　美国 FDA 报道"中华牛鞭"隐含西地那非

2 月 13 日　北京金鼎轩被曝将客人剩水回炉

2 月 14 日　国务院明确医药产业创新升级四大方向
北京朝阳区赛特百货公司售卖含荨麻糖果被曝光

2 月 15 日　中药材生产质量管理规范（GAP）认证取消

2 月 16 日　青海春天发声称国家食品药品监督管理总局针对冬虫夏草的消费提示缺乏相关研判依据

2 月 17 日　江苏南京截获海淘"洋酸奶"
广东广州越秀区一肉饼"黑作坊"被查封

2 月 18 日　海南益尔药业违法生产被国家食品药品监督管理总局通告

2 月 19 日　国家食品药品监督管理总局举行进口药品临床试验数据自查核查沟通会
广东多家餐企包子检出铝超标

2 月 20 日　国家食品药品监督管理总局发布公告决定暂停执行药品生产经营企业全面实施药品电子监管

2 月 21 日　哈尔滨"天价鱼"涉事饭店被吊销执照，相关问责程序已

启动

2 月 22 日　国家食品药品监督管理总局公布 2015 年度药品上市批准情况

2 月 23 日　新华社报道济南破获天价疫苗案

　　　　　阿里健康宣布启动移交药品电子监管网系统事宜

2 月 24 日　北京胖仔调味食品有限公司生产的火锅调料因山梨酸含量
　　　　　超标被停售

2 月 25 日　首届"中国制造"药物创新论坛在京召开

2 月 26 日　17 家乳企上审计"黑榜"

2 月 29 日　国务院新闻办召开新闻发布会，毕井泉答记者问

2016 年 3 月

3 月 1 日　《保健食品注册与备案管理办法》出台

3 月 2 日　国家食品药品监督管理总局通报 11 家企业 39 批次面膜不
　　　　　合格

　　　　　河北唐山破获特大网络销售假美容针案

3 月 3 日　全国政协十二届四次会议开幕

　　　　　湖北武汉破获特大非法经营药品案

3 月 4 日　冬虫夏草保健食品试点被叫停

3 月 5 日　十二届全国人大四次会议开幕，李克强作政府工作报告

　　　　　五部门联合下发食品药品行刑衔接工作办法

　　　　　国家食品药品监督管理总局发布《国务院办公厅关于仿制
　　　　　药质量和疗效一致性评价的意见》

3 月 7 日　欧盟修订食品添加剂标准，将婴幼儿食品单列

　　　　　广东东莞一假冒"红牛"地下生产窝点被端

3 月 8 日　卫计委将建儿童药审批专门通道，鼓励优先生产

　　　　　安徽曝光 19 家食品企业违规行为

3 月 9 日　浙江杭州销毁一批非法添加硼砂的波兰进口谷物食品

3 月 11 日　全国人大常委会将检查《食品安全法》执行情况

　　　　　　陕西西安食药监工作人员被曝辱骂举报人

3 月 12 日　上海对 6 家食品中检出罂粟壳成分的餐饮服务单位进行查处

3 月 14 日　国家食品药品监督管理总局公布 2015 年十大食品安全典型

　　　　　　案例

3 月 15 日　"3·15"晚会曝光"饿了么"等外卖平台、义齿加工厂使

　　　　　　用废钢原料等事件

3 月 16 日　民政部公布 203 家"山寨社团"名单

3 月 17 日　健康中国战略写入"十三五"规划

　　　　　　上海颁发全国首张"网络订餐许可证"

3 月 18 日　国家食品药品监督管理总局通告 65 家涉嫌违法生产销售银

　　　　　　杏叶提取物及制剂企业调查处理结果

3 月 19 日　山东公布 300 条非法经营疫苗案线索

3 月 22 日　李克强对非法经营疫苗案件作出批示

　　　　　　世界卫生组织官方微博回应中国疫苗事件

3 月 23 日　卫计委取消对饭馆等四类餐饮场所核发卫生许可证

3 月 24 日　三部门联合召开新闻发布会，辟谣并非 5.7 亿元疫苗流入

　　　　　　市场

3 月 25 日　美团订餐被曝客人吃出数只虫子

3 月 28 日　国务院派遣联合调查组前往山东，全面开展非法经营疫苗

　　　　　　案件调查、处理工作

3 月 29 日　世界卫生组织就中国疫苗事件召开记者会

3 月 31 日　全国食品药品投诉举报"3·31"主题宣传开放日活动举行

2016 年 4 月

4 月 1 日　农业部新修订复原乳鉴定标准开始实施

　　　　　　卫计委通报 2015 年全国食物中毒情况

4月2日	广西南宁查获 230 箱"越南酸奶"
4月3日	广西桂林食药监局原局长唐天生在医院坠亡
4月4日	上海破获假冒"雅培"乳粉案件
4月5日	国务院督察组听取非法经营疫苗案调查进展汇报
	国家食品药品监督管理总局通告 4 批次食品不合格
4月6日	国务院确定 2016 年深化医药卫生体制改革重点
	青海春天回应已停止极草生产
4月7日	北京开出新食品安全法首例"禁入"罚单
	广东出台首个以地方命名的食品安全地方标准
4月8日	江苏南通 26 名眼病患者被注射问题气体
	厦门海关查获走私美容针 1750 支
4月9日	国务院食安办通报制售冒牌乳粉案件调查情况
	江西新余辟谣"猪肉感染口蹄疫"传言
4月10日	天津破获非法广播售药案
4月11日	安徽芜湖学生在西安集体食物中毒
	湖南发出首张新版食品生产许可证
4月12日	全国人大常委会食品安全法执法检查组第一次全体会议召开
	杨铭宇黄焖鸡被曝使用问题冻肉
4月13日	农业部召开"农业转基因"新闻发布会
	国务院决定修改《疫苗流通和预防接种管理条例》
4月14日	国家食品药品监督管理总局回应问题医疗气体事件
4月15日	完达山等五乳品企业审计不达标
	媒体曝光医疗垃圾回收后被做成餐具流入市场
4月17日	山东巨野大成中学食堂吃出老鼠
4月18日	康师傅南京公司回应被举报使用工业氮气传闻
4月19日	国家食品药品监督管理总局通告 6 批次食品不合格
4月20日	国务院常务会议要求妥善解决食品安全等突出问题
	国家食品药品监督管理总局曝光 6 起虚假宣传广告

4 月 21 日　国家食品药品监督管理总局通报问题"银翘解毒片"调查
情况
浙江南湖警方破获特大假减肥药案

4 月 22 日　媒体曝山东青岛"漂白藕"系柠檬酸泡洗
甘肃将"12331"投诉举报纳入目标管理考核

4 月 23 日　黑龙江鸡西疑似发生群体食物中毒事件
辽宁查扣销毁"越南酸奶"2 万余盒

4 月 24 日　山东济南抽查 55 家学校食堂发现普遍存在食品安全隐患

4 月 25 日　国务院修改《疫苗流通和预防接种管理条例》
海峡两岸开展药物临床试验机构共同认定

4 月 26 日　国务院办公厅印发 2016 年医改重点工作任务
国家食品药品监督管理总局通告 3 批次婴幼儿配方乳粉不
合格

4 月 27 日　陕西红旗乳业违规生产婴幼儿配方乳粉案移交警方
"食品打假专家"董金狮被判 14 年

4 月 29 日　脊灰灭活疫苗被纳入国家免疫规划
中新药业百年老厂 GMP 证书被收回

4 月 30 日　辽宁沈阳破获特大滥用"止咳药水"案
河北秦皇岛多人食用海虹中毒

2016 年 5 月

5 月 1 日　"魏则西事件"折射医疗行业诸多弊端

5 月 2 日　强生爽身粉致癌案二次败诉被判赔 5500 万美元
媒体曝日本免税"黑店"保健食品冒充药品坑游客

5 月 3 日　国家食品药品监督管理总局集中整治药品流通领域违法经
营行为
媒体曝武汉一食品加工厂集中回收死虾作原料

5月4日	山东威海被曝出现"毒豆芽"
5月5日	浙江湖州警方查获10余吨假海蜇
5月6日	媒体报道知名药企"多种止咳药检出硫黄"
5月7日	央视再曝微整形黑幕
	湖南衡阳两学校被曝食品安全事件
5月8日	陕西一食药监官员上班时间药店坐诊
5月9日	国家网信办联合调查组公布进驻百度调查结果
	媒体报道朋友圈养生帖鸡汤文暗藏虚假广告
5月10日	国家卫计委回应鱼精蛋白短缺
	广西一牛奶厂无证产鲜奶销往幼儿园
5月11日	国务院办公厅印发《2016年食品安全重点工作安排》
	北京修订食药违法举报奖励办法
5月12日	奥地利Holle等七批次进口奶粉不合格
5月13日	国家食品药品监督管理总局禁止食品或保健食品添加"西地那非"
	重庆一卫生服务中心涉嫌调包疫苗
5月14日	网传蒜薹蘸白色液体视频曝光
5月15日	媒体报道高考在即"聪明药"网络热卖
5月16日	重庆麦当劳店员误拿消毒液冲调饮料致食客脏器损伤
	光明复原乳标注不醒目遭食药监点名
5月17日	国家食品药品监督管理总局通告湖南金牌小贝婴儿奶粉检出不合格
	辽宁女孩注射玻尿酸垫高额头10秒后失明
5月18日	媒体报道多家医院将未注册试剂用于临床诊断
	江苏宣判特大假药案涉"莆田系"医院
5月19日	四川吊销6家涉及山东疫苗案药企许可证
	加拿大首次批准售卖转基因三文鱼
5月20日	卫计委公布首批国家药品价格谈判结果

"山东疫苗案" 125 人被批捕

5 月 22 日 　三部委召开听证会拟有条件解禁食用河豚

江苏将允许新药研发人员注册药品并持股上市

5 月 23 日 　江苏靖江一女子制售假药获刑 11 年

江西一学校食堂现含蛆鸭肉

5 月 24 日 　广西柳州通报 "问题牛奶" 事件

国家食品药品监督管理总局通告 7 批次水果制品不合格

5 月 26 日 　美国境内现首例 "超级细菌"

国家食品药品监督管理总局发布公告全面展开仿制药一致

性评价

5 月 27 日 　国家食品药品监督管理总局专项治理三类食品非法添加、

非法声称问题

天猫医药馆药品网上零售业务被叫停

5 月 30 日 　国务院办公厅印发意见开展 "三品" 专项行动

5 月 31 日 　多地狂犬病等二类疫苗出现断货

2016 年 6 月

6 月 1 日 　三部委联合印发鼓励研发申报儿童药品清单

《医疗器械临床试验质量管理规范》正式施行

6 月 2 日 　国家食品药品监督管理总局发布关于注射用 A 型肉毒毒素

的消费警示

6 月 3 日 　国家食品药品监督管理总局发布端午节粽子安全消费提示

国家食品药品监督管理总局发布 2015 年度药品检查报告

6 月 4 日 　重庆将实行学校食品安全重点督察制度

6 月 5 日 　网曝湖南桃源数十人因不洁注射染丙肝

6 月 6 日 　国务院办公厅印发《药品上市许可持有人制度试点方案》

6 月 7 日 　国家食品药品监督管理总局集中整治医疗器械流通领域违

法经营行为

山西检方对非法经营疫苗案 3 名渎职嫌疑人立案侦查

6 月 8 日　李克强召开国务院常务会议部署实施健康扶贫工程

国家食品药品监督管理总局发布《婴幼儿配方乳粉产品配方注册管理办法》

6 月 9 日　湖南湘潭超市卤菜致 65 名村民疑似中毒

6 月 11 日　国家食品药品监督管理总局回应"猪肉钩虫"传言

西安食药监局对电视问政曝光问题整改

6 月 13 日　全国食品安全宣传周活动启动

6 月 14 日　两部委发布《关于贯彻实施新修订〈疫苗流通和预防接种管理条例〉的通知》

三部委发布食品安全最新抽检结果

6 月 16 日　上海一家具厂发生百人疑似食物中毒事件

浙江警方查获亿粒"毒胶囊"

6 月 17 日　西安一律师状告西安食药监局

哈尔滨一男子用淀粉造"心脑血管药"

6 月 18 日　发改委官员涉嫌受贿逾千万涉云南白药等 58 家药企

6 月 19 日　中国消费者协会发布《保健食品消费者认知度调查报告》

6 月 20 日　甘肃兰州逮捕一名山东非法经营疫苗案下线

6 月 21 日　国家食品安全标准由 5000 项缩至 1000 余项

六成民众呼吁取缔玉林狗肉节

6 月 22 日　六部门联合印发《关于进一步强化学校校园及周边食品安全工作的意见》

奶粉、网络食品纳入食品安全责任险试点

6 月 24 日　药品流通领域自查结果出炉

6 月 26 日　媒体报道药物滥用伸向青少年

6 月 27 日　中国食品辟谣论坛在京举办

上海出台网络餐饮服务管理办法

6 月 28 日　江苏查到含剧毒狗肉 7000 千克、鸟 11 万只，一半上餐桌

6 月 29 日　最高检督办销售假药案在滇开审案值逾 560 万元

6 月 30 日　全国人大常委会听取食品安全法执法检查报告

2016 年 7 月

7 月 1 日　河南 34 人涉山东疫苗案被检方批捕

　　　　　长沙捣毁一制售假冒伪劣餐具洗涤剂黑窝点

7 月 2 日　全国人大常委会就食品安全法实施情况开展专题询问

　　　　　广州警方捣毁一销售劣质保健品诈骗团伙

　　　　　广西一制药企业严重违反 GMP 规定被责令停产

7 月 3 日　安徽芜湖女子吃小龙虾导致肾衰竭

　　　　　四川宜宾祖孙四人误食毒蘑菇致 4 人住院 2 小孩死亡

7 月 4 日　乳企奶粉配方被指过多过滥

7 月 5 日　媒体曝光问题作坊混进美团外卖，月接 8000 多个网上订单

7 月 6 日　江苏泰州破获一起售卖"迷魂药"案

　　　　　大连市食药侦战线破获一起特大假药案

　　　　　黑龙江破获 20 年来最大假盐案，部分已流入市场

7 月 7 日　浙江湖州公安查缴数万颗假性药

　　　　　加比力婴儿奶粉质检屡不合格，当地政府已立案调查

　　　　　广州夫妻掺玉米粉制假药，成本 22 元卖 250 元

7 月 8 日　厦门集中整治八类医疗器械流通领域违法行为

　　　　　湖南公立医院医疗垃圾流入黑作坊

　　　　　陕西铜川破获跨省网上售假案

7 月 9 日　"教授"自称屠呦呦朋友向老太兜售 3.88 万元保健品

　　　　　国家食品药品监督管理总局回应多地二类疫苗短缺

　　　　　女大学生为求职注射便宜瘦脸针，出现吞咽困难

7 月 11 日　国家食品药品监监督管理总局通告 5 批次抽检食品不合格

北京取缔 45 家"黑诊所"，查获非法药品 445 公斤

7 月 12 日　国家食品药品监督管理总局要求加强注射用 A 型肉毒毒素
管理

7 月 13 日　国家食品药品监督管理总局时任副局长滕佳材表态：不支持
家庭厨房

南京破获特大假酒案，涉案金额超 1000 万元

7 月 14 日　网络食品安全违法行为查处办法公布

浙江破获面粉掺伟哥做壮阳药案涉案市值 2000 余万元

7 月 15 日　网络外卖风靡大学校园，多地高校出台"禁卖令"

畜牧用盐流入食盐市场利润接近毒品

广州警方捣毁特大制售假药网络，涉案额约 1.8 亿元

7 月 16 日　男子网上订餐给差评，遭商家持刀砍伤缝 19 针

费列罗卷入致癌风波

7 月 17 日　河南一团伙日产千斤"毒腐竹"，主犯被判刑 12 年

山东一儿童输液药瓶中现死蚂蚁

7 月 18 日　哈尔滨部分假食盐流入市场，长期食用或致肾衰竭

宫颈癌疫苗获准在中国上市

7 月 19 日　网传青蟹打针视频，多方辟谣

海南黄体酮注射剂引不良反应

7 月 20 日　国家食品药品监督管理总局修改药品经营质量管理规范

7 月 22 日　国家食品药品监督管理总局发布汛期食品安全风险提示

京津冀食药安全协作全面启动

7 月 23 日　多位老人被忽悠购买"抗癌神药"

7 月 24 日　离职员工揭保健品骗局

广东抽检面膜频现"皮肤鸦片"两周可让人上瘾

7 月 25 日　辽宁破获有毒食品案：工业明胶成香肠佐料，流向 8 省涉
案近亿

南京最大豆制品"黑市"藏身停车场，两部门都说"归对

方管"

山东警方破获跨省特大制售假药案

7 月 26 日　江苏南通发生疑似食物中毒事件

深圳婴儿打疫苗后肝脏严重受损,脸和眼睛变黄

7 月 27 日　哈尔滨"高端"幼儿园园费 8 万,疑给幼儿吃霉变大米

"饿了么"订外卖吃出十几只虫

7 月 28 日　可口可乐 9 批次产品不合格被退:超量使用添加剂

7 月 29 日　华中药业等三药企串通垄断被罚 260 万

7 月 30 日　食安办等将开展畜禽水产品抗生素残留超标等专项整治行动

7 月 31 日　19 款知名海淘奶粉,抽检 40% 不合格

厦门一药店非法销售"打胎药",查扣注射器 2 万支

2016 年 8 月

8 月 1 日　饿了么被罚 15 万元,武汉两家入网餐馆证照不全被查

武汉收缴 6 吨多受渍水浸泡发霉大米

8 月 2 日　国家食品药品监督管理总局通报 12 批次不合格食品

记者暗访"三无凉糕"追踪:成都全城围剿"三无"凉糕

8 月 3 日　上海试点药品上市持有人制度改革

8 月 4 日　转发"早餐黑幕"谣言帖,陕西一男子被行政拘留 10 日

进口美国小麦粉,检出"呕吐毒素"

8 月 5 日　武汉多家医院暗藏胎盘交易,最低只要 25 元

国家食品药品监督管理总局检出 23 批医疗器械不符合标准

8 月 6 日　第三方平台网售药品试点叫停

8 月 8 日　北京三无"外卖村"像素小区聚集百余黑店

费列罗健达巧克力检出致癌物,公司称符合中国标准

8 月 9 日　百度"生态厨房"过期菜品做外卖包装常爬蟑螂

网传多潘立酮会引发猝死

8月10日　北京市食药监局拟对三大网络订餐平台立案调查

多地曝出假盐毒盐大案

陕西临潼腊肉工厂用碗来量添加剂，被指是最差肉制品厂

8月11日　黑龙江警方破获特大生产销售假药案，9名嫌犯落网

广东抽检药品50批次感冒发烧药不合格

五岁女童被注射过期狂犬疫苗后血检异常，医院：多人停职

8月13日　江苏出生2天男婴接种后死亡，官方称疫苗无问题

8月14日　南方水灾死亡畜禽调查：数万头"洪水猪"去向成谜

湖南岳阳调查"企业涉嫌用地沟油生产食用油"事件

18名南京游客在日照一餐馆就餐后疑似食物中毒

8月16日　最高检：严查六类食品药品监管职务犯罪

麦当劳弃用"抗生素"鸡肉，中国门店不在实施范围中

8月17日　河南销毁一批镉含量超标的孟加拉国黑蟹

广东一婴儿接种疫苗并发脏器感染致死

8月18日　汪洋副总理到国家食品药品监督管理总局调研

8月19日　广州大连海关联合破获15亿元走私冻品大案

8月20日　国家食品药品监督管理总局推出食安查APP

8月21日　团伙走私日本"辐射海鲜"到中国，案值达2.3亿元

武汉一对夫妇制售包子含铝严重超标被批捕

美国著名歌手"王子"去世，美媒：可能与"中国假药"

有关

8月22日　广东约谈百度外卖等5家网络订餐平台

安徽联合多地警方摧毁涉案达1.3亿元跨国白糖走私集团

8月23日　陕西一幼儿园疑现食物中毒

8月24日　国家食品药品监督管理总局将把牛、羊肉和"瘦肉精"列

为监督抽检重点品种

四女孩挑战"失身酒"后遭抢都不知

8月25日　国家食品药品监督管理总局发布进口化妆品管理规定，将

实现信息全程追溯

8月26日　女童打狂犬疫苗，打到第四针发现竟是消炎药

中央审议通过"健康中国 2030"规划纲要

8月29日　曝月饼换日期隔年卖，厂商：仅礼盒是去年存货

国务院办公厅关于印发食品安全工作评议考核办法的通知

8月30日　网传雪糕二次冷冻会产生毒蛋白，专家辟谣

8月31日　北京：炸鸡店老板在腌料里加罂粟壳，获刑 1 年半

2016 年 9 月

9月1日　付费搜索 9 月 1 日起要标明"广告"与自然搜索明显区分

9月2日　陕西药店违规售卖处方药，扫码发现药品流向竟是北京一家医院

9月7日　国家食品药品监督管理总局掀医疗器械核查风暴 51 家企业撤回 101 项申请

9月10日　专家辟谣：方便面不是"垃圾食品"，面饼无防腐剂

9月11日　饿了么平台幽灵餐馆被曝光：星巴克等被套用证照

9月12日　网购进口奶粉，活虫爬来爬去

儿童用药工艺复杂利润低，中国专门生产药厂仅 10 余家

9月13日　国家食品药品监督管理总局曝光 10 批次不合格月饼

9月14日　国家食品药品监督管理总局：我国 282 种药品过度重复

四川 19 岁女孩为变美，面部注射玻尿酸致右眼失明

9月15日　南京破获特大销售假药案，查获 1.2 万针剂曾销 20 省

粤海警查获千吨走私冻品

9月16日　手工蛋糕被曝大肠菌群超标，致病风险大

9月17日　就餐环境差食物易污染，校外"小饭桌"谁来监管？

骗子忽悠"神药"治百病，海口女子天价买下吃了上吐下泻

9月18日　小奶农为何"败"给了复原乳，传浙江宁波有企业用廉价

复原乳冒充常温奶或巴氏奶

9 月 19 日　淀粉制出 35 万盒假救命药，造假者出狱两月重操旧业

9 月 20 日　"五毛零食"无生产日期，扎堆现身西安部分学校门口

9 月 21 日　浙江一女子出售"自制胶囊"，法院以生产销售假药判刑

9 月 22 日　网购旗舰店巧克力产自黑作坊 10 分钟做一盒

9 月 23 日　28 部门联合惩戒食药领域严重失信者

2016 年 10 月

10 月 1 日　史上最严奶粉新政将实施，跨境海淘奶粉或将受冲击

10 月 5 日　南方黑芝麻糊年内两次上黑榜

10 月 6 日　重庆一女子做隆胸手术次日死亡，卫计部门介入调查

10 月 7 日　上海福喜因用过期肉被罚 1698.4 万元，曾是麦当劳肯德基
　　　　　　供应商

10 月 8 日　廉价药"药荒"难治：标价 7.8 元，黑市叫价 4000 元

10 月 9 日　国家发改委：明年 1 月 1 日起全面放开食盐价格

10 月 10 日　山东一学校食堂疑给学生吃猪食，几百家长讨说法
　　　　　　　4 万余支走私美容针厦门"落网"

10 月 11 日　上海网红美食"阿大葱油饼"将重新开张，与"饿了么"
　　　　　　　签扶持协议

10 月 12 日　美甲女老板为给顾客打假美容针，拿女儿做试验

10 月 13 日　南京警方查获 10 万粒假药：成本 5 毛卖 12 元，面粉和糖造

10 月 14 日　媒体称多省市自来水中检出消毒副产物或致消化道癌
　　　　　　　网传江苏盐城小姐妹被传吃螃蟹柿子一死一伤，警方通报：
　　　　　　　情况不实

10 月 15 日　广西女子美容店点痣险毁容

10 月 17 日　女子超市买 8 块钱猪肉内藏"脓包"专家：猪发炎了

10 月 18 日　河北发生大规模疑似食物中毒事件：超 300 名学生入院

"全国安全用药月"在京启动

10 月 19 日　武汉过期食品倒路边，媒体称市民争相捡吃，其余重回市场

10 月 21 日　最高检：山东非法经营疫苗案 100 人涉职务犯罪被立案侦查

10 月 23 日　汪洋：强化责任完善机制创新监管，不断提高食品安全保
障水平

上海破获一起违法加工、销售过期烘焙用乳制品重大案件

10 月 24 日　廉价孤儿药断供危及数十万人，10 元药被炒上万元

国家食品药品监督管理总局回应"八成新药临床数据涉假"：
不符合事实

10 月 25 日　中共中央国务院印发《"健康中国 2030"规划纲要》

诈骗团伙假扮专家售卖假药，骗走逾百名老人 250 多万元

10 月 26 日　"吃雪饼没变旺"举报人：谁公开了我的举报信？

10 月 27 日　国务院办公厅发布《关于国务院深化医药卫生体制改革领
导小组成员调整的通知》

10 月 28 日　上海网红葱油饼重开业，原价 5 元被黄牛炒到 50 元

绍兴"王老汉臭豆腐"无证经营被封，曾上《舌尖》

10 月 29 日　强生婴儿爽身粉致癌又赔 4.7 亿

10 月 30 日　自助餐收保证金引食客不满，商家称"避免浪费"

10 月 31 日　老人盖千元"治病被子"被熏晕，上百人被骗 20 万

2016 年 11 月

11 月 1 日　香港验出两只大闸蟹样本含致癌物二噁英含量超标

11 月 2 日　网络订餐频造假：存模糊证件、"幽灵餐厅"等现象

中国批准辉瑞公司 13 价肺炎疫苗进口，婴幼儿肺炎疫苗断
档 1 年重获上市

11 月 3 日　四川曝光 26 批次不合格食品，沃尔玛"活黑鱼"检出高毒物

11 月 4 日　崔永元开食品公司为 3 万会员提供非转基因商品

11 月 5 日　山东非法经营疫苗案进展：目前已经批捕 324 人

11 月 6 日　铁板牛肉原料竟是猪肉，服务员：用猪肉做的好吃

11 月 7 日　肉松面包难寻"真肉松"，真假肉松差价大

工信部、国家食品药品监督管理总局等部门联合发布《医药工业发展规划指南》

媒体调查海淘儿童进口药：不同人种用药要求不尽相同

11 月 8 日　国家食品药品监督管理总局通报雅培、贝因美等四公司奶粉生产存缺陷

11 月 9 日　食用河豚 26 年后正式"解禁"首批开放 2 个品种

古蔺等地发生多起野蘑菇中毒事件，毒菌识别有点难

11 月 10 日　候鸟频遭捕杀：15 元收购上餐桌 100 多元

多地重症肌无力患者遭遇"药荒"，商家将药价炒高数倍

上海海关破获案值 2000 万元旧医疗器械走私案

11 月 11 日　上海 80 多家米线店汤料添加罂粟壳，多名店主被判刑

屈臣氏面临产品监管考验：所售面膜登黑榜

11 月 13 日　多家网店公然售卖过期化妆品，店主称都是愿打愿挨

利用快递代销"风湿骨痛胶囊"等假药达 530 万元

11 月 14 日　圣和药业被举报涉嫌生产假药

韩寒餐厅中南路分店被关停，无证经营且鼠患严重

10 余吨"伟哥"酒流向川渝等地，"苗山狼酒"老板获刑

11 月 15 日　婴幼儿辅食网售乱象：配方杂乱国产、进口均有问题

黑龙江警方破获特大产售美容假药案涉案金额近亿元

孩子发烧吃尼美舒利致死，辟谣：医院早不用这药

11 月 16 日　哈药六厂因产品不符合食品安全标准被罚没近 20 万元

11 月 18 日　国家食品药品监督管理总局出台婴幼儿配方乳粉产品配方注册新规

11 月 19 日　三亚一海鲜排档涉嫌消费欺诈和价格超限被立案查处

11 月 20 日　网传沪上火锅店"60 多人中毒"续：实为 35 人已暂停营业

11 月 21 日　李克强考察上海自贸区，抽查食品安全

迷药抢劫系谣言，未接报相关警情

哈尔滨打掉假盐团伙，缴获原料工业盐、无标识盐 520 余吨

11 月 23 日　北京市食药监局：网传水体污染致淡水鱼下架不可信

北京警方破获非法经营药品案查获大量药品

11 月 24 日　国家食品药品监督管理总局：对北京等 12 个省市开展水产品检查

媒体曝光山东一学校食堂用抹布回收剩菜

11 月 25 日　北京超市门店开售活鱼，食药监局称淡水鱼安全状况良好

《人民日报》暗访百度、美团、饿了么等外卖

11 月 26 日　警方捣毁特大生产销售假药案犯罪网络跨 9 个省份

11 月 27 日　国家食品药品监督管理总局通告 29 批次药品不合格，多家知名药企上榜

11 月 28 日　浙江 8 家火锅店涉地沟油被查，其中一家连锁店还上过"舌尖上的中国"！

11 月 29 日　伪爱猫人每天杀猫 100 只，将猫肉当兔肉卖上餐桌

三男子制 9400 万元假药卖到北京，主犯被判无期徒刑

11 月 30 日　"达利园"法式软面包菌落总数超标

山西侦破一起特大销售假药案：涉案 8000 万元，在微信朋友圈销售

2016 年 12 月

12 月 1 日　网络谣言中食品安全信息占比高达 45%，打击食品谣言刻不容缓

《铁路运营食品安全管理办法》印发，禁售变质食品

12 月 2 日　新希望等 6 家企业被点名，产品添加复原乳不标注涉嫌欺诈

湖南知名餐厅牛排含鸭肉，上海供货商称每年专供 20 余万

份进口肉

12月3日 湖南现低价牛羊肉卷，多为鸭肉和淀粉合成

12月4日 吃黑芝麻汤圆：吃出钢丝胃中检出异物

12月5日 广州一餐馆天降活老鼠，食客脸上被抓出血痕

广西壮族自治区南宁海关破获特大大米走私案，初估案值5000万元

12月6日 国务院食品安全办等6部门开展校园及周边食品安全联合督查

湖北省武汉版"绝命毒师"开制毒工厂，制出"丧尸药"远销欧美

12月7日 上海鼓励"深喉"举报药品等领域违法行为，拟最高奖30万元

12月8日 "断片酒"四洛克或存禁用成分，可导致"不安全成瘾"

12月9日 山东非法经营疫苗案一审开庭，两被告均表示认罪

12月10日 河南男子吃黄焖鸡米饭吃出带毛肉，还有一对牙

12月11日 四星级餐厅涉嫌售卖有毒食品，涉案女面点师被刑拘

游客被忽悠买上万元假药，西双版纳警方打掉一个"药托"团伙

12月12日 南宁一高校禁止外卖和打包食品

起底"神药"白藜芦醇：作用不明根本不是药

12月13日 淘宝调整食品行业的商家准入规则

12月14日 保质期180天，杯装早餐粥里加了啥？

湖南怀化侦破产销有毒有害减肥药案，涉案超亿元

12月15日 西安餐馆被曝"防霾禁卖炒菜"，官方：因无环评手续

12月16日 卫计委：短缺药品定点生产试点新增3个品种

12月17日 中部六省省会城市联手打击食品药品违法企业

12月18日《中国教育报》记者暗访校园营养餐被打

12月19日 广州一幼儿园41名幼儿出现呕吐不适症状

职业试药人背后的秘密：5 天赚 5000 尿里掺水造假

12 月 20 日 婴幼儿奶粉规范化，以后这些词不能出现在包装上

"重组"牛排争议：调理肉制品不违规，标识混乱误导

12 月 21 日 深圳缴获私宰肉 13 吨，抽查多有瘦肉精

长沙公布"牛排掺鸭"抽检：28 份样品 18 份检出鸭源性成分

12 月 22 日 深圳肉丸加工黑窝点被捣毁：添加剂违规原料为恶臭肉糜

12 月 23 日 西媒热炒"塑料大米"涉华　我使馆：纯属泼脏水

12 月 24 日 北京一医生拿饮料当婴儿药开

12 月 25 日 汉丽轩自助烤肉"鸭肉变牛肉"，工作人员称"骗过了全世界"

湖北黄冈食药监执法被曝乱罚款、强搬商品，自称"依法抢劫"

12 月 26 日 西安一幼儿园给幼童吃变质米面，食药监部门介入调查

12 月 27 日 女子点外卖发现疑似老鼠腿，涉事员工已被开除

汉丽轩再被爆将顾客吃剩口水肉重新端上餐桌

12 月 28 日 海南经营假药货值超 1.05 万元将追刑责

温州一对夫妻利欲熏心售卖有毒有害"性保健品"被判刑

12 月 29 日 媒体聚焦：农村儿童何时与辣条说再见

医生使用两年前禁药 1 岁半男童输完液浑身起疙瘩

参考文献

［1］　吴林海，吕煜昕，洪巍，等 . 中国食品安全网络舆情的发展趋势及基本特征［J］. 华南农业大学学报（社会科学版），2015（04）：130-139.

［2］　张自力 . 健康传播研究什么——论健康传播研究的9个方向［J］. 新闻与传播研究，2005（03）：42-48.

［3］　胡百精 . 健康传播观念创新与范式转换——兼论新媒体时代公共传播的困境与解决方案［J］. 国际新闻界，2012（6）：6-10.

［4］　闫婧，李喜根 . 健康传播研究的理论关照、模型构建与创新要素［J］. 国际新闻界，2015（11）：6-20.

［5］　廖俊清，黄崇亚，杨晓强 . 20年以来我国大陆健康传播的文献计量学研究［J］. 现代预防医学，2012，39（15）：3884-3886.

［6］　赖泽栋，杨建州 . 食品谣言为什么容易产生？——食品安全风险认知下的传播行为实证研究［J］. 科学与社会，2014（1）：112-125.

［7］　吴文汐，刘博晰 . 食品安全事件的认知、态度与媒介使用——基于长春高校大学生的一项实证研究［J］. 新闻界，2013（3）：8-12.

［8］　尹金凤 . 食品安全传播问题初探：伦理与传播的综合视角［J］. 伦理学研究，2013（2）：119-123.

［9］　郑欣 ."舌尖上的广告"：概念泛化、健康幻想及其传播伦理［J］. 中国地质大学学报（社会科学版），2013（5）：77-83.

［10］　吴迪 . 健康传播发展的三个理论维度［J］. 当代传播 2014（4）：48-50.

［11］　洪小娟，姜楠，洪巍，等 . 媒体信息传播网络研究：以食品安全微博舆情为例［J］. 管理评论，2016，28（8）：115-124.

［12］　郭冬阳 . 从健康类公众号看社交媒体中健康信息的传播［J］. 东南传播，2016（5）：105-106.

［13］ 陈思，许静，肖明，等．北京市公众食品安全风险认知调查——从风险交流的角度［J］．中国食品学报，2014（6）：176-181.

［14］ 张阳春，王定立．网络舆情传播的层级演化——以魏则西事件为例［J］．新闻传播，2016（17）.

［15］ 靖鸣，郭艳霞，潘宇峰．"魏则西事件"主流媒体与社交媒体舆论监督的共振与互动［J］．新闻爱好者，2016.（7）：22-27.

［16］ 黄宇．突发公共卫生事件中微博、微信的议题呈现异同——以2016年山东"疫苗事件"为例［J］．科技传播，2016（16）：99-100.

［17］ 李良荣．新生态 新业态 新取向——2016年网络空间舆论场特征概述［J］．新闻记者，2017 (1)：16-19.